普通高等教育"十三五"规划教材

无机化学实验

第三版

北京科技大学化学与生物工程学院
周花蕾　主编

U0243813

化学工业出版社

·北京·

《无机化学实验》(第三版)包括性质实验、分析测定实验和综合设计实验三部分内容,是在上版的基础上,根据化学学科的发展和实验仪器的更新,结合教学实践,对部分内容和文字叙述进行了改进。分光光度计换成更先进的型号;重新编写了部分实验,还加强了综合实验训练。增加了两个实验:硫酸亚铁铵的制备、无机氧化铁黄颜料的制备。

《无机化学实验》(第三版)可供化学、化工、材料、环境、冶金、食品、地质、纺织、生物技术等专业的学生作为教材选用,也可供相关领域的科研人员参考。

图书在版编目(CIP)数据

无机化学实验/周花蕾主编. —3 版 . —北京:化学
工业出版社,2019.3(2024.8重印)
普通高等教育"十三五"规划教材
ISBN 978-7-122-33826-6

Ⅰ.①无… Ⅱ.①周… Ⅲ.①无机化学-化学实验-
高等学校-教材 Ⅳ.①O61-33

中国版本图书馆 CIP 数据核字(2019)第 019197 号

责任编辑:刘俊之 装帧设计:韩 飞
责任校对:宋 玮

出版发行:化学工业出版社(北京市东城区青年湖南街 13 号 邮政编码 100011)
印 装:北京天宇星印刷厂
787mm×1092mm 1/16 印张 10¼ 彩插 1 字数 263 千字 2024 年 8 月北京第 3 版第 5 次印刷

购书咨询:010-64518888 售后服务:010-64518899
网 址:http://www.cip.com.cn
凡购买本书,如有缺损质量问题,本社销售中心负责调换。

定 价:29.00 元

前　言

　　无机化学实验是高等学校化学、化工、材料、环境、冶金、食品、地质、纺织、生物技术等专业的一门基础必修课，它对于培养学生的动手动脑能力，科学的思维方式，创新意识和创新能力都具有重要意义。

　　北京科技大学无机化学教研室多年来一直承担着本校化学、材料、冶金、环境、生物技术等各专业大学一年级学生无机化学实验课程的教学工作，2002年在总结多年教学经验的基础上编写了工科《无机化学实验讲义》，在此基础上于2008年出版了《无机化学实验》，并在2013年进行了修订。但随着化学学科的不断发展和实验仪器的智能化，第二版教材中有部分内容已经不能满足目前教学的需要，因此，本书在第二版教材的基础上，对其中不适应现在教学体系的内容进行了改进，对文字叙述不恰当的段落进行了修改，另外又重新编写和补充了部分新的实验。本教材的主要内容包括性质实验、分析测定实验和综合设计实验三部分。

　　在"性质实验"中编撰了实验设计原理、实验条件设计原理等，引导学生用科学方法论剖析实验步骤，分析实验结果。通过实验训练，不仅使学生操作能力得到了提高，还可培养其分析问题、解决问题的能力和科学的思维能力。

　　在"分析测定实验"中，要求学生正确使用仪器并获得准确结果，为此，本教材介绍的内容除常规仪器外，还尽量详细地阐述各类仪器的使用方法和注意事项，以便学生通过自学就能掌握这些仪器的使用，为日后使用更先进、更复杂的仪器打下基础。

　　"综合设计实验"，即制备与测定的综合以及化学原理和实验技术的综合。在加强基础、强调应用的前提下，通过系统的内容编排和合理的设计，既体现了对无机化学基本理论、基本技能和基本规律的重视，又培养了学生的科学观念、科学思维能力、探索精神和创新精神。

　　在教材的编写过程中，本着研究型教学的思想，注重问题的设计，并启发引导学生思考问题和解决问题。实验分为三个层次：（1）有完整实验方案的实验；（2）在一定条件下的"半开放式"实验；（3）无任何限制条件的"全开放式"实验。以适应不同层次学生的需求和研究型教学模式的实施。

　　本书的编写既继承了我校无机化学教研室前辈的心血，又参阅了校外同类实验教材，在此特向前辈同行们表示衷心的感谢和敬意。

　　参加本书编写工作的有（按姓氏笔画排序）：王明文、刘世香、孙长艳、李文军、杨运旭、陆慧丽、张玮玮、周花蕾、原小涛、董彬、常志东、路丽英等。

　　由于我们水平有限，书中不妥之处在所难免，希望广大读者不吝指正。

编　者

2018 年 12 月

目 录

第一章 绪 论

第二章 常用仪器的使用方法

第三章 实验选编

附　录

参 考 文 献

第一章　绪　论

一、无机化学实验课程的目的

无机化学实验课程是无机化学学科的重要组成部分，是高等院校化学、化工、材料、冶金等专业一年级学生的基础必修课程。该课程不仅为学生所学的无机化学内容提供感性知识，更重要的是培养学生分析问题和解决问题的能力。能力与知识是辩证统一的关系。没有一定的知识谈不上有什么能力，但也不能说知识越多能力就越强。能力建立在一定的知识基础上，有了一定的能力便可通过实践，特别是科学实验亲自获得知识，最后做到有所发现、有所创造。能力是要培养的。学生应重视实验课，并把实验课作为培养能力、培养自己具有"科学家的元素组成 C_3H_3——Clear Head、Clever Hands、Clean Habit"（张资珙教授语）的一个重要场所。

大学一年级无机化学实验课培养的能力包括：动手能力、观察能力、思维能力。

1. 动手能力

动手能力是化学实验基本操作的能力；使用实验室常规仪器进行化学实验的能力；使用某些仪器测定有关化学数据的能力；根据给定的原料制取有用的单质和化合物的能力；安装简单的实验装置进行所要求实验的能力等。

实验技术迅猛发展，不断有新仪器出现，作为大学一年级无机化学实验课不可能、也没有必要在有限的学时内引入各种新仪器，关键是学会如何掌握从未见过和使用过的仪器的方法。本教材中安排了几种中学课程中未用过的仪器，要求学生通过实验自己学会使用仪器的方法，而不是教师手把手地去教。使用仪器一般的步骤是：使用前了解仪器的基本原理、要测定数据的误差、仪器使用方法及注意事项，使用时按照操作步骤逐步进行。

根据基本要求，学生要通过天平、pH 计、分光光度计、电导率仪等仪器的使用掌握下列操作：物质质量的准确称量；配制准确浓度的溶液和溶液浓度的标定；测定溶液的 pH；有色溶液吸光度的测定。

2. 观察能力

所谓观察能力是对客观事物有意识有计划地感知。对工科院校的学生来说不仅是观察一般自然现象和社会现象，更重要的是带有试验研究性质的观察。这种观察具有明确的目的性和周密的计划性。对于大学一年级无机化学实验课，是要确定实验目的，周密地设计实验方案、实验步骤，明确实验所要观察的实验现象。为此，本书在传统的目前国内外同类教材中普遍采用的"试管实验"部分增加了"有限发现式"实验。所谓"有限发现式"实验就是给出命题及所用的试剂，要学生按照给定试剂设计实验方案，通过实验得出结论。

3. 思维能力

思维能力包括创造力、想象力以及分析综合、演绎归纳、抽象概括、判断推理的能力。在大一无机化学实验课中思维能力突出表现在怎样设计实验步骤，怎样解释实验现象，怎样从实验现象得到符合逻辑的合理结论。实际上在整个实验过程中都需要思考。例如在使用仪器的实验中就要思考怎样做才能做得准、做得快，而且又不损坏仪器。"心灵手巧"意味着一个动手能力很强的人，其思维能力也很高。在性质实验中要随时考虑所得到的实验现象是否符合实验要求。若与预测的实验现象不相符，则要思考是预测有错还是操作有误；若是操作有误，是什么原因？怎样改进操作？所以在整个实验过程中都要积极地思维，不要只带手不带脑进实验室。

思维能力是要培养的，也是要一点一滴地积累的。所以要求学生在整个实验过程（预习实验、完成实验报告）中都要积极地思考。

二、怎样上好无机化学实验课

实验课是培养能力的重要环节。要在实验课上真正有所收获，必须做好下面三个环节。

1. 实验前的预习

为保证在有限的学时获得最大的效果，必须预习好。预习好的标志如下所述。

（1）对于有实验步骤的性质实验　要了解每一个小实验的目的，理解其原理，并预测所做实验的实验现象，更重要的是思考为什么要这样设计实验步骤，如果不按此实验步骤是否会得到同样的实验现象和达到同样的实验目的。

例如：取数滴 $KMnO_4$（$0.01mol \cdot L^{-1}$）溶液，加 1～2 滴 H_2SO_4（$2mol \cdot L^{-1}$），再逐滴加入 Na_2SO_3（$0.1mol \cdot L^{-1}$），观察颜色的变化。

从实验步骤中可知道该实验是要了解高锰酸盐在酸性介质中的氧化性。根据相应的标准电极电势可确定该反应是可以发生的。能观察到的现象是从紫红色转变到无色，即从 MnO_4^- 还原为 Mn^{2+}。还要考虑，若把 Na_2SO_3 和 H_2SO_4 加入次序颠倒，即先加 Na_2SO_3 再加 H_2SO_4，是否能得到同样的结果。

（2）对于设计实验　要根据化学原理设计出实验方案。方案中要有根据有步骤（包括加入的试剂种类、次序、用量及操作方法等）。为帮助学生设计出合理的方案，准备了一些实验前回答的问题，在预习中要先解决好这些问题。

（3）对于测定实验　在预习时不仅要了解原理，更重要的是要了解仪器的使用方法，该仪器测得数据的可能误差。预习时还要画出记录数据的表格。

（4）对于制备实验　要理解制备过程中每一步的原理及操作方法。要注意如何操作才能使最后得到的产品的纯度大、收率高。

为督促预习，要求写出预习报告，规定没有预习报告者不得进实验室做实验。在预习报告中应解决实验前思考的问题。

在后面列出预习报告的参考格式，供参考。

2. 实验过程中的要求

实验室就是课堂，是学生获取知识、培养能力的场所。因此进入实验室后必须保持肃静，不许大声喧哗、谈笑、唱歌，应立即进入自己的位置，开始做实验前的准备工作——洗涤玻璃仪器。必须树立一个观念，自己做实验的仪器必须亲自洗涤干净，否则实验中出现一些反常现象是无法找出原因的。洗涤仪器的方法按第二章中的规则做。当教师扼要讲解本次实验有关问题及注意事项时，要注意听讲并认真思考。开始实验前，就使自己的思维进入积极状态，按操作要求认真操作。观察现象要细致、全面，要思考所观察到的实验现象是否已经达到了预期，若已达到了则要立刻记录实验现象。若出现了与实验前预测的现象不同的情况，则要考虑是预测错误还是实验中某一环节出错。若是后者，则要分析是哪一个环节出了错，找出原因后，重做实验。这里要特别强调的是应有严肃的科学态度——实事求是。切勿用预测的实验现象代替实际观察的实验现象。实验现象是按你的实验步骤一步一步操作得到的必然结果，所以实验现象是事实，无所谓对或错。所谓错了，应该是你预测的实验现象的理论根据有误，或者在实验过程中操作有误。对"反常"现象认真分析，将会使你应用理论的能力和实际操作的水平提高。

实验课也是培养学生科学态度的场所。"Clean Habit"被称为科学家的"元素"之一，所以要求学生在实验时保持台面的整洁，各种仪器安放合理，把实验现象及时记录在报告上，不允许随手记在一张任意的纸上或写在手上，更不允许事后追记。应使整个实验过程有条不紊，一丝不苟。

当实验结束后，一定要认真整理台面，把所有仪器洗涤干净，排列整齐。

此外，实验过程中应安排好时间，组织好实验，充分利用实验课时，在有限的实验课时内得到最大的收获。本书还安排了一些选做实验，有能力的同学在征得教师同意后应尽力去做。

3. 实验后认真填写实验报告

实验后写出符合要求的实验报告，书写合格的实验报告是大学生应具备的能力。对报告的格式无一定的要求，但每次实验报告必须包含下列内容：实验目的、实验内容、实验步骤、实验现象、实验结果及对结果的分析。

要特别强调的是对于性质实验的实验结果和结果分析要作如下的理解，即从实验现象分析出发生了什么反应、生成了什么物质、为什么会发生反应（这就是解释）？从反应的发生可得到什么结论？切忌用化学反应方程式代替解释（怎样解释、怎样得出结论见后文）！例如：试管中加 10 滴 $MgSO_4$（$0.1 mol \cdot L^{-1}$）溶液，逐滴加入 $NH_3 \cdot H_2O$（$6 mol \cdot L^{-1}$），观察沉淀的生成。

实验现象：白色沉淀生成。

分析现象可知生成的沉淀是 $Mg(OH)_2$。

$MgSO_4$ 加 $NH_3 \cdot H_2O$ 是发生了如下反应：

$$MgSO_4 + 2NH_3 \cdot H_2O = Mg(OH)_2 \downarrow + (NH_4)_2SO_4$$

上述反应之所以能发生是因为在溶液中的：

$$c(OH^-) = [(3 \times 6/13) \times 1.8 \times 10^{-5}]^{1/2}$$
$$= 5.0 \times 10^{-3}$$
$$J = [c(Mg^{2+})/c^{\ominus}][c(OH^-)/c^{\ominus}]^2$$
$$= 0.1 \times (5.0 \times 10^{-3})^2$$
$$= 2.5 \times 10^{-6}$$
$$J > K_{sp}^{\ominus}[Mg(OH)_2]$$

为节省时间，整个实验报告分三次完成：实验前的预习（书写实验步骤等）；课堂上记录实验现象或实验数据；课后完成实验结果和结果分析。

三、实验报告参考格式

能书写出一份合格的实验报告是大学生应具备的基本能力。实验报告并没有一个固定的模式，但一份合格的实验报告必须有下列几方面的内容：完整的实验步骤、正确无误的原始记录、实验结果和结果讨论或分析（一份好的实验报告一定要有此部分）。

现将无机化学三类实验报告格式分列于下，供参考。

1. 元素及化合物性质实验

酸碱反应和沉淀反应

班级_____ 姓名_____ 时间_____

（1）实验目的（略）

（2）实验内容

实验步骤	现 象	反 应 式	解释或结论
$HAc(0.1mol \cdot L^{-1})$ 5 滴＋甲基橙 1 滴＋少量 $NaAc(s)$	红色 红色→黄色	$HAc \Longrightarrow H^+ + Ac^-$	甲基橙变色范围在 pH 为 $3.1\sim4.4$。$0.1mol \cdot L^{-1}HAc$ 的 pH<3.1，故呈红色 加入 Ac^-，由于同离子效应，HAc 解离度减小，使溶液 pH>4.4，故呈黄色
2 滴 $PbCl_2$（饱和）＋HCl（$2mol \cdot L^{-1}$）＋浓 HCl	白色沉淀生成 沉淀溶解	$Pb^{2+} + 2Cl^- \Longrightarrow PbCl_2(s)$ $PbCl_2 + 2Cl^- \longrightarrow [PbCl_4]^{2-}$	沉淀生成是由于同离子效应使 $PbCl_2$ 的溶解度降低。沉淀溶解是由于发生配位反应

（3）问题和讨论

2. 测定实验

HAc 解离常数的测定

班级_____ 姓名_____ 时间_____

（1）实验目的（略）

（2）实验原理（略）

（3）实验仪器（略）

（4）实验步骤

① 不同浓度 HAc 溶液配制。

10.00mL HAc（浓度为_____ $mol \cdot L^{-1}$）→100mL 容量瓶

20.00mL HAc（浓度为_____ $mol \cdot L^{-1}$）→100mL 容量瓶

② 测定 pH。

pH 计使用注意事项：

（5）数据记录及处理

编号	$c(HAc)/(mol \cdot L^{-1})$	pH	$c(H^+)/(mol \cdot L^{-1})$	$K_a^\ominus$	α
1					
2					
3					

$\overline{K_a^\ominus}$_____

数据处理：

（6）结果讨论：

3．制备实验

碳酸锰的制备

班级_____ 姓名_____ 时间_____

（1）实验目的（略）

（2）实验原理（略）

（3）实验仪器（略）

（4）实验步骤

① 碳酸锰的制备

流程图如图 1-1 所示。

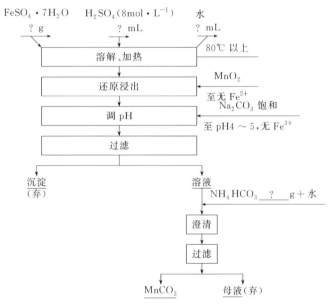

图 1-1 制备碳酸锰流程

② 碳酸锰中 Mn 含量的测定

准确称取制备的 $MnCO_3$ _____ g，……

（5）数据记录及结果

① 数据记录：制得 $MnCO_3$：_____ g

吸光度测定数据表：

项 目	Mn 标液	样品
吸光度		

② 实验结果

$MnCO_3$ 中的 Mn 含量为_____％

$FeSO_4$ 的利用率_____％

计算过程：……

（6）结果讨论

$MnCO_3$ 中 Mn 含量是否较高？如不高，请说明原因。Fe^{2+} 利用率如何？或其他结果，试讨论之。

四、化学实验室的基本知识

1. 实验室规则

（1）严格遵守实验室各项规章制度。

（2）实验前认真清点仪器。如发现破损或缺少，应立即报告教师，按规定手续向实验室补领。实验时仪器如有损坏，应按规定手续向实验室换取新仪器，不得擅自拿用别的位置上的仪器。

（3）实验时要爱护公物，小心使用实验仪器和设备，不得擅自拆装或挪动实验仪器。尤其在使用精密仪器时，必须严格按照操作规程进行。如发现仪器有故障，应立即停止使用并报告指导教师，以便及时妥善处理。

（4）实验时要注意节约水、电、药品。药品应按规定量取用，从试剂瓶中倒出的药品不应再倒回原瓶中，以免带入杂质。取用试剂后，应立即盖好瓶塞，并将试剂瓶放回原处，以免搞错瓶塞，污染试剂。

（5）实验室应保持肃静，不得大声喧哗；实验时应积极思考，认真操作，仔细观察现象，如实记录实验结果。

（6）实验完毕后，应将所用的仪器洗净并摆放整齐。火柴梗、废纸等废弃物应扔到废物箱，严禁投入水池内，规定回收的废液一定要倒入回收容器内，不得随意乱倒。严禁将实验仪器和化学药品带出实验室。

（7）实验结束时，由同学轮流值日，打扫和整理实验室，检查门窗、自来水和燃气开关是否关紧，电源是否切断。得到指导教师许可后方可离开实验室。

2. 实验室安全守则

化学药品中有许多是易燃易爆、有腐蚀性和有毒的。因此，为保证安全，首先要求每个同学在思想上高度重视安全问题，实验前充分了解有关安全方面的知识，实验时要有条理、井然有序，严格遵守安全操作规程，以避免事故的发生。

（1）一切盛有药品的试剂瓶应有标签，剧毒药品必须制定保管、使用制度，并严格遵守。此类药品应设专柜并加锁保管。挥发性有机药品应放在通风良好的处所、冰箱或铁柜内。爆炸性药品，如高氯酸、高氯酸盐、过氧化氢以及高压气体等，应放在阴凉处保管，不得与其他易燃物放在一起，移动或启用时不得剧烈震动。高压气瓶的减压阀严禁油脂污染。

（2）严禁将仪器当作餐具，严禁试剂入口（包括有毒的和无毒的），严禁在实验室内饮食、抽烟。有毒试剂不得接触皮肤和伤口，更不能进入口内。用移液管吸取有毒样品（如铝盐、钡盐、铅盐、砷化物、氰化物、汞及汞的化合物等）及腐蚀性药品（如强酸、强碱、浓氨水、浓过氧化氢、冰醋酸、氢氟酸和溴水等）时，应用洗耳球操作，不得用嘴。有毒废液不允许随便倒入下水管道，应回收集中处理。

（3）产生有毒、有刺激性气体（如 H_2S、Cl_2、Br_2、NO_2、CO 等）的实验以及使用 HNO_3、HCl、$HClO_4$、H_2SO_4 等浓酸或使用汞、磷、砷化物等毒物时，应在通风橱内进行。当需要嗅闻气体的气味时，严禁用鼻子直接对着瓶口或试管口，而应当用手轻轻扇动瓶口或管口，并保持适当距离进行嗅闻。

（4）开启易挥发的试剂瓶时（尤其在夏季），不可使瓶口对着他人或自己的脸部，因为开启瓶口时会有大量气体冲出，如果不小心容易引起伤害事故。

（5）使用浓酸、浓碱、溴、洗液等具有强腐蚀性试剂时，切勿溅在皮肤和衣服上，必要时应戴上防护眼镜和橡胶手套。稀释浓硫酸时，必须在耐热容器内进行，应将浓硫酸慢慢倒入水中，而不能将水往浓硫酸里倒，以免迸溅。溶解 NaOH、KOH 等发热物时，也必须在耐热容器内进行。如需要将浓酸和浓碱中和时，必须先行稀释。

（6）使用易燃的有机试剂（如乙醇、丙酮等）时，必须远离火源，用完立即盖紧瓶塞。钾、钠、白磷等在空气中易燃烧的物质，应隔绝空气存放（钾、钠保存在煤油中，白磷保存在水中），取用时必须用镊子夹取。

（7）加热和浓缩液体的操作应十分小心，不能俯视正在加热的液体，更不能将正在加热的试管口对着自己或别人，以免液体溅出伤人。浓缩溶液时，特别是有晶体出现之后，要不停地搅拌，避免液体迸溅、溅入眼睛或溅在皮肤和衣服上。

（8）实验中如需加热易燃药品或用加热的方法排除易燃组分时，应在水浴或电热板上缓缓地进行，严禁用电炉或火焰等明火直接加热。

（9）腐蚀性物品严禁在烘箱内烘烤。

（10）加热试管应使用试管夹，不允许手持试管加热。加热至红热的玻璃器件（玻璃棒、玻璃管、烧杯等）不能直接放在实验台上，必须放在石棉网上冷却。由于灼热的玻璃与冷玻璃在外表上没有什么区别，因此特别注意不要错握热玻璃端，以免烫伤。

（11）对于性质不明的化学试剂，严禁任意混合。严禁氧化剂与可燃物一起研磨，严禁在纸上称量 Na_2O_2 或性质不明的试剂，以免发生意外事故。

（12）玻璃管（棒）的切割、玻璃仪器的安装或拆卸、塞子钻孔等操作，往往容易割破手指或弄伤手掌，应按照安全使用玻璃仪器的有关操作规程去做。玻璃管或玻璃棒在切割后应立即烧圆，往玻璃管上安装橡皮管时，应先用水或甘油浸润玻璃管，再套橡皮管。玻璃碎片要及时清理，以防止事故的发生。

（13）实验室所有药品不得携出室外。

（14）实验完毕后，应关闭水、电、燃气，整理好实验用品，把手洗净，方可离开实验室。

3. 实验室意外事故的处理

实验中一旦发生意外事故，应积极采取以下措施进行救护。

（1）酸烧伤　若皮肤沾上酸液，用大量水冲洗即可。如果烧伤较重，水冲洗之后应用饱和 $NaHCO_3$ 溶液冲洗，然后再用水冲洗并涂抹凡士林油膏。若酸液溅入眼内，应立即用大量水冲洗，冲洗时水流不要直射眼球，也不要揉搓眼睛，冲洗后再用 2% 的 $Na_2B_4O_7$ 溶液或 3% 的 $NaHCO_3$ 溶液洗眼，最后用蒸馏水冲洗。烧伤严重者，临时处理后应立即送医院救治。

（2）碱烧伤　若皮肤沾上碱液，可用大量清水冲洗，直至无滑腻感，或用稀 HAc、2% 的硼酸溶液冲洗伤处之后，再用水冲净，并涂敷硼酸软膏。若碱液溅入眼内，立即用大量水冲洗，再用 3% 的 H_3BO_3 溶液淋洗，最后用蒸馏水冲洗。

（3）溴烧伤　若遇溴烧伤，可用乙醇或 10% 的 $Na_2S_2O_3$ 溶液洗涤伤口，再用水冲洗干净，并涂敷甘油。

（4）磷灼伤　用 5% 的 $CuSO_4$ 溶液洗涤伤口，并用浸过 $CuSO_4$ 溶液的绷带包扎，或用 1∶1000 的 $KMnO_4$ 湿敷，外涂保护剂并包扎。

（5）吸入刺激性或有毒气体　若吸入 Cl_2、Br_2、HCl 等气体时，可吸入少量酒精和乙醚的混合蒸气以解毒。吸入 H_2S 气体而感到不适或头晕时，应立即到室外呼吸新鲜空气。

（6）误食毒物　误食毒物，必须催吐、洗胃、再服用解毒剂。催吐时可喝少量（一般

15～25mL，最多不超过 50mL）1％的 $CuSO_4$ 或 $ZnSO_4$ 溶液，内服后，用手指伸入咽喉部，促使呕吐，吐出毒物，然后立即送医院治疗。

（7）热烫伤 烫伤后，可先用冷水冲洗降温，或药棉浸润浓（90％～95％）的酒精溶液轻涂伤处或用高锰酸钾或苦味酸溶液洗灼伤处，然后涂上烫伤膏、万花油或凡士林油。如起水泡，不要弄破，防止感染。烫伤严重的应送医院治疗。

（8）割伤 被玻璃割伤时，伤口内若有玻璃碎片，须先挑出，然后用消毒棉棒清洗伤口，或用碘酒消毒，洒上消炎粉或敷上消炎膏，并用创可贴或绷带包扎。若伤口大量出血，应在伤口上部包扎止血带止血，避免流血过多，并立即送医院救治。

（9）触电 遇有触电事故，应立即切断电源，或用木棍等绝缘物体将电源线拨开，触电者脱离电源后，必要时可进行人工呼吸。

（10）起火 应立即灭火，同时移走火源附近的易燃药品，并切断电源，采取一切可能的措施防止火势的蔓延。一般小火可用湿布、防火布或沙土覆盖燃烧物灭火。火势较大时，可根据起火原因选择适当的灭火器材进行灭火。

① 1211灭火器：灭火效果较好，主要用于油类、有机溶剂、高压电器设备、精密仪器等的着火。

② 四氯化碳灭火器：适用于电器失火，但是禁止用于扑灭 CS_2 的燃烧，否则会产生光气一类的有毒气体。CS_2 的燃烧可用水、二氧化碳或泡沫灭火器扑灭。

③ 干粉灭火器：适用于扑救油类、可燃气体、电器设备、精密仪器、文件记录和遇水燃烧等物品的初起火灾。

④ 二氧化碳灭火器：适用于电器灭火。

⑤ 泡沫灭火器：适用于油类着火，但是在电线或电器着火时禁用。

注意：油类、电线、电器设备、精密仪器等着火时，严禁用水灭火，以防触电，防止油随水漂流而扩大燃烧面积。

当身上衣服着火时，应立即脱下衣服；或就地卧倒打滚，或用防火布覆盖着火处。

扑救蒸气有毒的化学品引起的火灾时，要特别注意防毒。

（11）汞 水银温度计打破致使汞滴落或其他不慎使汞洒落时，应立即用蘸水或凡士林的毛刷将汞滴集中到一块儿，再用吸管或拾汞棒将微小的汞滴吸起，然后在洒落汞的实验台面或地面撒硫黄粉并用力压磨（让其生成硫化汞），覆盖一段时间后再清扫。

第二章 常用仪器的使用方法

第一节 常用玻璃仪器的洗涤和干燥

一、玻璃仪器的洗涤

化学实验所用的玻璃仪器是否"干净",往往会影响实验结果。此处"干净"具有纯净的含义。应重视仪器的洗涤工作。

洗涤仪器的方法很多,应根据实验的要求、污物的性质和沾污的程度来选择。一般说,附着在仪器上的污物有:可溶性物质、尘土和其他不溶性物质、油污和有机物,可分别采用下列洗涤方法。

(1) **用水刷洗** 适用于洗去仪器上只沾有尘土和可溶性物质以及没有沾得很牢的不溶性物质、油污和有机物,用毛刷直接就水刷洗。

(2) **用去污粉、肥皂或合成洗涤剂洗涤** 可用于洗涤沾有不溶性污物、油污和有机物的无精确刻度的仪器,如烧杯、锥形瓶、量筒等。洗涤方法是先将要洗的仪器用水润湿(水不能多),撒入少许去污粉或滴入少量洗涤剂,然后用毛刷来回刷洗,待仪器的内外壁都经过仔细地刷洗后,用自来水冲去仪器内外的去污粉或洗涤剂,要冲洗到没有细微的白色颗粒状粉末或没有洗涤剂的泡沫为止。最后,用少量蒸馏水润洗仪器三次以上,把由自来水中带入的钙、镁、氯等离子洗去。注意:根据"少量多次"的洗涤原则,每次的蒸馏水用量都应少一些,这样洗过后仪器的器壁就完全干净了。

(3) **用铬酸洗液洗涤** 洗液是重铬酸钾在浓硫酸中的饱和溶液(50g 重铬酸钾加到 1L 浓硫酸中加热溶解而得),具有很强的氧化性,对有机物和油污的去污能力特别强,适用于有油污的精确测量仪器或口小管细的仪器,如容量瓶、移液管、滴定管等。洗涤时先往仪器内加入少量洗液,然后边倾斜边慢慢转动仪器,使仪器内壁全部被洗液润湿,转几圈后,将洗液倒回原瓶中,然后用自来水把仪器壁上残留的洗液洗去,洗至无铬酸的黄色为止,最后用少量蒸馏水或去离子水润洗三次以上。

如果用洗液把仪器浸泡一段时间,或者用热的洗液则效率更高。但要注意安全,不要让洗液灼伤皮肤,因为洗液有很强的腐蚀性。洗液的吸水性很强,使用后应随手把装洗液的瓶子盖好,以防吸水而降低去污能力。当洗液使用到出现绿色时(重铬酸钾还原到硫酸铬的颜色),就失去了去污能力,不能再继续使用。

能使用(1)和(2)所述洗涤方法洗涤干净的仪器,就不要用铬酸洗液洗,因为铬酸洗液价格较高,并且会带来严重的污染。

另外，玻璃仪器还可用超声波清洗器清洗。

检验玻璃仪器是否洗干净的标准是：将仪器倒置，仪器透明且内壁不挂水珠。

洗净后的仪器不能再用布或纸去擦拭，否则，布或纸的纤维会留在器壁上而沾污仪器。

二、玻璃仪器的干燥

实验用的仪器除要求洗净外，有些实验还要求仪器干燥，不附有水膜。干燥的方法有以下几种。

(1) 晾干　不等急用的仪器在洗净后可放在仪器柜内或仪器架上，任其自然晾干。

(2) 吹干　用电吹风热风直接吹干。

(3) 烤干　能直接加热的仪器，如试管、烧杯、蒸发皿等可以直接在煤气灶或酒精灯上用小火烤干。烘烤试管时要注意：应把试管口向下，以免水珠倒流而炸裂试管，烘烤时应不断来回移动试管；烤到不见水珠后，再将管口朝上，赶尽水汽。

(4) 烘干　洗净的玻璃仪器（不包括精度高的容量仪器）可以放在电烘箱内，控制在150℃左右烘干。仪器放进烘箱前应尽量把水倒净，并在烘箱的最下层放一个搪瓷盘，防止容器上滴下的水珠落入电热丝中，烧坏电热丝。

(5) 用丙酮、乙醇等有机溶剂快速干燥　带有刻度的计量仪器（如移液管、吸量管、容量瓶等），不能用加热的方法进行干燥，因为加热会影响仪器的精密度。可以用易挥发的有机溶剂（最常用的是乙醇或乙醇和丙酮1∶1的混合物）润洗已洗净的玻璃仪器，仪器壁上的水和这些有机溶剂互相溶解混合，倾出含水混合液后（含水混合液可回收），少量残留液很快即可挥发并晾干。

第二节　试　管　实　验

一、试管实验常用仪器及其使用

1. 试剂瓶

常见的化学试剂瓶有滴瓶、细口瓶、广口瓶和下口瓶。滴瓶、细口瓶和下口瓶是用来盛装液体试剂的，这三种瓶子的区别只是盛装试剂的量不同，滴瓶装的最少，下口瓶装的最多。广口瓶是用来盛装固体药品的。试剂瓶从颜色上可分为白色（即无色）和棕色，棕色的试剂瓶用于盛装需避光保存的试剂，如碘化钾、硝酸银、高锰酸钾等。从瓶口上还可分为磨口的和不磨口的，不磨口的试剂瓶常用于盛装碱性试剂和浓的盐溶液，瓶口配以橡皮塞或软木塞。磨口试剂瓶的塞子是固定的，为保证瓶口的严密性，瓶塞不可随意调换。磨口试剂瓶不宜盛装碱性和易结晶的试剂（如盐类浓溶液）。如装上这类试剂，由于试剂与玻璃反应或试剂的结晶使塞子固住而不易打开。如果磨口瓶长期不使用，为防止上述情况，需将瓶口和塞子间衬上一张纸条。

化学试剂瓶应贴有标签，无标签的化学试剂不得随便使用，以免发生危险。

从滴瓶中取用化学试剂时，应先将滴头的胶帽捏扁，然后松开，将瓶中试剂吸到滴管中，再将滴管置于试管管口上方，轻捏胶帽，使试剂逐滴滴入试管或其他反应容器中。使用中应注意：

① 滴管管尖不得插入试管中，以免试管壁上的液体沾污滴管（如图2-1所示）；

② 滴管使用完毕应立即插回原瓶中，不得插错，如使用滴瓶直接倒取溶液时，应将滴

管夹在食指和中指之间，不得随便放在实验台上；

　　③ 滴管吸入溶液后，不允许倒过来拿，以免溶液流入滴管的胶帽中，腐蚀胶帽。

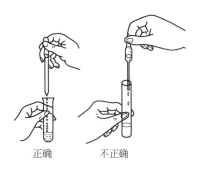
正确　　不正确

图2-1　往试管中滴加液体试剂

图2-2　往试管中倒取液体试剂

图2-3　往烧杯中倒入液体试剂

　　从滴瓶或细口瓶中直接倒取试剂时，应左手拿住盛接容器（试管或量筒等），右手掌心向着标签握住试剂瓶，使瓶口紧靠盛接容器的边缘慢慢倾倒，防止溶液流出沾污标签。若试剂瓶两面贴有标签，应按图2-2所示操作。倒完后应将试剂瓶口在容器上靠一下，再使瓶子竖直，以免液滴沿外壁流下。如往烧杯中倒液体时，则应左手斜持玻璃棒，将瓶口靠在玻璃棒上，使液体沿着玻璃棒往下流（如图2-3所示）。

　　药品取完后应盖好瓶塞，以防有些试剂吸水或被氧化。

2. 试管、离心管和试管夹

　　试管、离心管和试管夹是做元素和化合物性质实验最常用的仪器。

　　往试管中滴加液体试剂时，应用左手垂直地拿试管，右手持滴管橡皮头，将滴管管尖置于试管口正中上方（如图2-1所示），然后挤捏滴管的橡皮头，使液体滴入试管中。绝不可将滴管伸入试管中，否则滴管沾上试管壁上的其他液体，再插回试剂瓶中时会沾污瓶中的试剂。试剂的取量一般不应超过试管体积的1/3，否则会影响操作。

　　往试管中加固体药品时，可用左手水平地拿试管，右手握药匙，用药匙盛取少量固体，平行地伸入试管中，药匙快要接触试管底部时，迅速将试管垂直，抖落匙中药品，然后拿出药匙。注意：药匙的两端一大一小，取大量固体时用大匙一端，取少量固体时用小匙一端。使用前应将药匙洗净擦干且专匙专用。试剂取用后应将试剂瓶盖严并放回原处。

　　固体试剂还可用纸条夹裹送入试管内（如图2-4所示）。

　　在火焰上加热试管时，应用试管夹夹住试管的中上部，夹好后手持试管夹的长柄即可。如果加热液体，试管与桌面应成约60°倾斜（图2-5），先加热液体的中上部，慢慢移动到试管下部，然后不时上下移动并振荡试管，务使各部分液体受热均匀，以免管内液体受热不均而骤然喷溅。管口不能对着他人，以免液体喷出伤人。

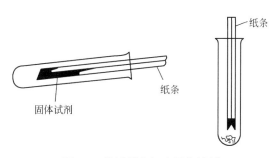
固体试剂　　纸条　　纸条

图2-4　往试管中加入固体试剂

　　直接加热试管中的固体时，试管口应稍稍向下倾斜，略低于试管底部（图2-6），防止加热时产生的水汽冷凝后流到灼热的试管底部致使试管炸裂。

图 2-5　用试管加热液体　　　　　　　　图 2-6　用试管加热潮湿的固体

3. 离心机

利用离心力把液体中悬浮的固体颗粒或两种互不相溶的混合液体分离开来的方法叫离心分离。离心分离的效率要比重力沉降和过滤高得多，是操作简单并且快速高效的一种分离方法。离心分离常用于一些不易过滤的黏度较大的溶液、乳浊液或油类溶液等，也可用于沉淀的洗涤。实验室常用的离心机见图 2-7。

使用离心机时，先将离心管放入离心机，然后盖上离心机盖，再转动转速旋钮至所需的挡别。使用时应注意以下几点。

① 离心机中应当使用离心试管。禁止将普通试管放入离心机中使用，否则容易打碎试管，流出溶液，腐蚀机器。

② 为保持离心机在转动时的平衡，离心管应对称地放入离心机的套管中，相互对称的离心管的质量也应尽量相等，即离心管中溶液的高度应大体一致。如只有一份试样时，须在与之对称的另一套管内也装入一支盛有相同体积水的离心试管。

③ 开动离心机（旋转转速旋钮）时，应慢慢地逐渐加速。当发现声音不正常时，要停机检查，排除故障（如离心管不对称、质量不相等、离心机位置不水平等）后再工作。

图 2-7　电动离心机

④ 关闭离心机时，也要逐渐减速，直至自动停止，严禁用手或其他物体作为阻力强制使其停止。

⑤ 离心机在工作时要将盖盖好。确保安全操作。

4. 酒精灯

在实验室的加热操作中，可使用酒精灯、酒精喷灯、煤气灯和电炉等，酒精灯是最常用的加热装置（本节先介绍酒精灯的使用，其他加热器具的使用放在后面讲述）。

酒精灯由灯壶、灯芯和灯罩三部分组成（图 2-8）。使用酒精作加热燃料，通常温度可达 $400\sim500℃$。

使用酒精灯时应注意以下几点。

① 灯内酒精不可装得太满，以灯壶容量的 2/3 为宜，以免移动时酒精洒出或点燃时受热膨胀而溢出，造成火灾。

② 点燃酒精灯时要用火柴引燃，切勿用已点燃的酒精灯直接对着去点燃别的酒精灯。熄灭酒精灯时，不能用嘴吹，可将灯罩盖上，待火焰熄灭后再提起灯罩，等灯口稍冷再盖上灯罩，这样可防止灯口破裂。

③ 酒精灯连续使用的时间不可过长，避免火焰使酒精灯本身灼热后，灯内酒精大量气

化形成爆炸混合物。

④ 不用时，必须将灯罩盖好，以免酒精挥发。

5. 坩埚、坩埚钳和泥三角

坩埚的种类很多，有瓷坩埚、铁坩埚、白金坩埚、银坩埚、镍坩埚、聚四氟乙烯坩埚等，可根据反应物的性质和反应的条件选用合适的坩埚，通常使用的是瓷坩埚。

试管实验中，当需要固体试剂在高温下反应时，可把固体试剂放在坩埚中，将坩埚架在泥三角上，用火焰直接加热，见图 2-9。如需要搅拌固体时，应用坩埚钳夹紧坩埚，以防止坩埚翻倒。从火焰上取下的坩埚不能直接放在实验台上，应放在石棉网上，以免坩埚炸裂或烧坏桌面。

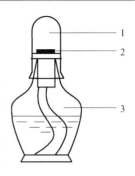

图 2-8　酒精灯
1—灯罩；2—灯芯；
3—灯壶

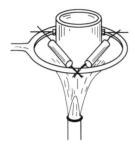

图 2-9　坩埚的灼烧

图 2-10　坩埚钳放法

坩埚钳是用来夹取坩埚的，必须使用干净的坩埚钳。用前先在火焰旁预热一下钳的尖端，然后再去夹取。坩埚钳用完后，应按图 2-10 所示，尖端向上平放在桌上，保证坩埚钳尖端洁净。

6. 各种试纸的使用

试管实验中可用试纸来鉴别某些元素、化合物或它们的某些性质。常用的试纸有：pH 试纸、石蕊试纸、淀粉碘化钾试纸、醋酸铅试纸等。下面分别介绍它们的用途和使用方法。

（1）pH 试纸　pH 试纸可用来直接测定溶液的 pH。pH 试纸分为广泛 pH 试纸和精密 pH 试纸两大类，广泛 pH 试纸的 pH 为 1～14，测试范围较宽，但测量值略粗。精密 pH 试纸则可用于测试不同范围段的 pH，并且测量值较为精确，如 2.7～4.7、3.8～5.4、5.4～7.0、6.9～8.4、8.2～10.0、9.5～13.0 等。

用 pH 试纸测定溶液的 pH 时，可用玻璃棒蘸取少许溶液点在 pH 试纸上，待试纸变色后和标准色阶对照，读数。读数时应注意，变色后试纸的颜色接近哪个标准色，即读该标准色的值。若介于两个标准色之间，则可读 X～Y，例如：使用广泛 pH 试纸测得某弱酸溶液的 pH 值介于 3 和 4 之间，可读作 3～4，而不能读成 3.5 或 3.6。读出的值应与标准色阶的值相符。

（2）石蕊试纸　石蕊试纸分为红色石蕊试纸和蓝色石蕊试纸。红色石蕊试纸在碱性溶液中变蓝，而蓝色石蕊试纸在酸性溶液中变红。它们的使用方法与 pH 试纸相类似，只是不能读数而已。如检验试管中是否有 NH_3 气体生成，则可将红色石蕊试纸润湿后，置于试管口检查。检查有无 HCl、SO_2 等酸性气体则用蓝色石蕊试纸。

（3）淀粉碘化钾试纸　可用来检验氧化剂（特别是游离卤素）。若检验溶液中的氧化剂，可按类似 pH 试纸的使用方法，观察试纸是否变蓝，试纸变蓝则表明溶液中有氧化剂。若检验反应中是否有氯气生成，可将用水润湿的淀粉碘化钾试纸悬在试管管口，待反应后观察试纸是否变色，如果试纸变蓝色，则说明反应中有氯气生成。

(4) 醋酸铅试纸　白色醋酸铅试纸可用来检验痕量的 H_2S 气体。使用方法与淀粉碘化钾试纸相同。

二、试管实验注意事项

试管实验是化学实验的基础，通过试管实验，可以综合培养动手、观察、分析和判断能力。为了更好地做好试管实验，实验中应注意以下几方面的问题。

1. 实验现象的观察

如何准确地观察实验现象是试管实验重要的环节之一。因为不能准确地观察实验现象，就无法作出正确的判断，也就得不到正确的结果。在化学反应中应观察以下几方面的现象。

① 化学反应过程中溶液颜色的变化。对有些连续性的反应，反应过程中会有一系列的颜色变化，应逐一记录。

② 反应中有无沉淀生成以及沉淀的颜色、状态，在沉淀转化的实验中观察沉淀颜色及状态的变化。这里要注意区分沉淀的颜色和溶液的颜色。例如：沉淀转化的实验中，在 Ag_2CrO_4 沉淀中加入 NaCl 让其转化为 AgCl 沉淀，观察到的现象应是溶液变黄色，沉淀由砖红色转变为白色。但由于沉淀存在于溶液中，沉淀的白色往往容易被溶液的颜色遮盖，加上有的人观察不细，则会误以为 AgCl 沉淀是黄色。此时应举起试管观察试管底部沉淀的颜色，或者将溶液倒出再观察溶液和沉淀的颜色。

③ 反应中有无气体生成，生成的气体有无特殊颜色、气味以及特征性反应。例如 NO_2 的棕色、H_2S 气体的臭鸡蛋味、Cl_2 对淀粉碘化钾试纸的反应等。

2. 实验操作

试管实验中实验操作技能对实验的成败起着至关重要的作用。但是许多人只注重实验原理，而忽略实际操作。在试管实验中，加入相同的试剂并不一定都能得到同样正确的结论，原因就是没有掌握正确的操作方法和技能。实验是一门特殊的、独立的课程，不同于理论课，它是要从自己的实践中获取知识。实验操作中应注意以下几个问题。

(1) 选择适当的介质、介质的加入量和加入顺序　性质实验往往需要在一定的介质中进行。例如：$KMnO_4$ 和 Mn^{2+} 在加入浓 H_2SO_4 时生成 Mn^{3+}，而在强碱性介质中可生成 MnO_4^{2-}，当酸度或碱度降低时，则生成 MnO_2 沉淀。由此可以看到，相同的反应物在不同介质中反应，得到的产物是完全不同的。因此，要想得到所需的产物，必须考虑选择适当的介质以及介质的浓度和加入量。实验中，介质的加入顺序有时也会对反应的结果产生影响。例如：上述 $KMnO_4$ 和 Mn^{2+} 制备 Mn^{3+} 的反应，如果在试管中先加入 $KMnO_4$ 和 Mn^{2+}，然后再加浓 H_2SO_4，是得不到 Mn^{3+} 的。因为 $KMnO_4$ 和 Mn^{2+} 一经混合就会生成 MnO_2 沉淀，根据电极电势可知，MnO_2 和 Mn^{2+} 是不能反应生成 Mn^{3+} 的。因此，介质的加入顺序同样也应是试管实验中要考虑的一个重要因素。

(2) 振荡、搅拌　振荡、搅拌是试管实验中最基本的操作，但却往往不被重视。有些人加入反应试剂后，不经振荡或搅拌就急于观察实验现象，结果实验失败。虽然加入了相同的试剂却得不到相同的结果。例如：在分步沉淀的实验中，利用 CuS 和 CdS 两者 $K_{sp}^{\ominus}$ 值的差别，让其分步沉淀，将其分离。但是，有些同学在 Cu^{2+} 和 Cd^{2+} 的混合溶液中加入 Na_2S 后却得不到黑色的 CuS 沉淀，而得到棕黄色的 CuS 和 CdS 的混合物。原因就在于其加入试剂后没有进行充分的振荡和搅拌，溶液没有混合均匀，反应只在反应物的界面上进行。在局部地方，S^{2-} 的浓度过高，Cd^{2+} 和 S^{2-} 的浓度积已大于 CdS 的 $K_{sp}^{\ominus}$，因此形成了共沉淀。要想做好这个实验，操作中应逐滴慢加并振荡和搅拌，在振荡和搅拌的过程中，由于局部过浓而生成的 CdS 沉淀会转化为 CuS 沉淀，达到分离的目的。在性质实验中，简单地依照理论，"照方抓药"是做不好实验的，应重视实验操作。

（3）固液分离以及沉淀的洗涤 试管实验中经常要进行固液分离，分离的方法是将溶液装入离心管中在离心机内离心，离心后用吸管吸出上清液。如需要上清液可将其保留在另一试管中；如需要沉淀，则需要进行沉淀的洗涤。沉淀洗涤的方法是在分离上清液后的剩有沉淀的离心管中加少量去离子水，用玻璃棒充分搅拌，让吸附在沉淀上的其他离子进入溶液，然后将离心管放入离心机中离心，如此反复操作几遍，直至沉淀洗净为止。沉淀的洗涤在离子分离和鉴定中是十分重要的，其操作如图 2-11 所示。

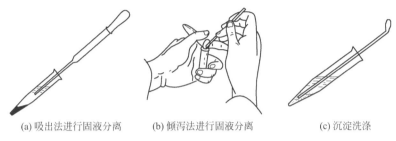

(a) 吸出法进行固液分离　　(b) 倾泻法进行固液分离　　　　(c) 沉淀洗涤

图 2-11　固液分离方法及沉淀洗涤方法

（4）对照实验 根据实验现象准确无误地判断某一反应是否发生或某一反应进行的程度，常常需要做对照实验。例如，为确切判断 Ac^- 对 HAc 解离的同离子效应，可做下列对照实验：

$$HAc + 甲基橙 \longrightarrow 呈红色$$
$$HAc + NaAc + 甲基橙 \longrightarrow 呈橙色$$

比较两种颜色可明显得出 HAc 加 NaAc 后溶液的 pH 增加，$c(H^+)$ 降低。又例如为判断 H_2O_2 与 Fe^{2+} 是否发生反应，即：

$$H_2O_2 + 2Fe^{2+} + 2H^+ \Longrightarrow 2Fe^{3+} + 2H_2O$$

往往加 SCN^-，观察体系的颜色是否变红。若变红说明有 Fe^{3+} 生成，这样判断就有点武断了。实验结果所显示的红色并不能说明 Fe^{3+} 是原有的还是反应生成的。因为所有 Fe^{2+} 的试剂中或多或少均含有 Fe^{3+}，所以要做对照实验。

$$Fe^{2+}(aq) + SCN^- \longrightarrow 呈红色$$
$$Fe^{2+}(aq) + H_2O_2 + SCN^- \longrightarrow 呈红色$$

观察两个红色的深浅，若第二个实验的红色比第一个深得多，说明上述反应发生了。若第二实验的红色与第一个红色相近，则不能说明溶液中 Fe^{3+} 浓度有所增加，反应一定发生。第一个实验是第二个实验的对照实验。

再如，为说明 Cu^{2+} 与 NH_3 反应情况，做两组实验：

$$第一组 \begin{cases} CuSO_4(aq) + NH_3(过量) \longrightarrow + NaOH(aq) \\ CuSO_4(aq) + NaOH(aq) \end{cases}$$

$$第二组 \begin{cases} CuSO_4(aq) + NH_3(过量) \longrightarrow + Na_2S(aq) \\ CuSO_4(aq) + Na_2S(aq) \end{cases}$$

第一组实验的现象不同，第一个实验无蓝色沉淀生成，第二个实验有蓝色沉淀生成。

第二组实验得到相同的实验现象，均有黑色沉淀生成。

这两组实验说明 $CuSO_4$ 溶液加入过量 NH_3（aq）后，发生了配位反应，使溶液中 Cu^{2+}（aq）浓度大大减小，以致不可能与 OH^- 生成 $Cu(OH)_2$（蓝色）。但 Cu^{2+}（aq）和 NH_3（aq）的配位反应并不完全。溶液中仍有少量 Cu^{2+}（aq），它能与 Na_2S 生成黑色 CuS。

3. 分析实验现象，适时调整实验操作或实验方案

现以 $CuCl$（s）生成实验为例。其实验方案如下所述。

在 10 滴 $CuCl_2$（$1mol \cdot L^{-1}$）溶液中，加入 10 滴浓盐酸，再加入少许铜粉，加热至沸，待溶液呈黄色时，停止加热。用滴管吸出少量这种溶液，加到盛有半杯水的小烧杯中，观察白色沉淀的生成。

有的人反复做了几次均未得到预期的结果，分析其原因可能有下列几个方面。

（1）加热程度不够 任何反应都有一定的反应速率，对于反应速率不大的反应，没有一定的反应时间，反应进行的程度就小，得不到预期的结果。对上述反应来说，即使 HCl（浓）、Cu 粉加入量够了，但反应时间短，反应

$$Cu + Cu^{2+} + 4Cl^- == 2[CuCl_2]^-（aq）$$

进行的程度很小，即溶液中 $[CuCl_2]^-$ 浓度很低，可能得不到 CuCl 白色沉淀。

（2）铜粉的加入量不够 特别是实验室保存的铜粉已被氧化（因长期保存的结果），众所周知，Cu 量少（即反应物少）就不可能得到有一定浓度的 $[CuCl_2]^-$，也就得不到 CuCl 沉淀。

（3）HCl 量不够 Cl^- 是 Cu^{2+} 的配位体，没有一定浓度的 Cl^-，上述反应不能进行。虽然可能是按实验步骤中的加入量加入的，但由于铜粉表面的氧化，它们会消耗更多的浓 HCl，相对来说加入的 $c(Cl^-)$ 就偏低了，使实验得不到预期结果。

分析出可能的原因，依次改进实验操作和实验方案，即可得到预期的实验效果。

三、书写反应方程式注意的几个问题

众所周知，一个化学反应方程式表示哪些物质参与反应，生成了什么物质。它是根据事实书写的，绝不可凭主观想象任意撰写。化学方程式有分子方程式和离子方程式两种。一般在溶液中进行的反应写其离子方程式。

（1）在书写离子方程式时，弱电解质、水、难溶物、气体在方程式中要写其化学式 例如，铋酸钠（$NaBiO_3$）是不溶于水或酸的固体，所以在书写离子方程式时只能写 $NaBiO_3$，不能写其离子 BiO_3^-。

（2）要根据事实书写反应方程式 而实验中观察到的是实验现象，如颜色的变化、沉淀的生成或溶解、气体的生成或吸收等，所以首先要从实验现象分析出生成物是什么物种。其次要辨别在实验中加入的物质是参与反应的反应物还是反应必须的介质条件。只有分析清楚上述两条才能写出正确的反应方程式。

例如，取少量 $MnSO_4$ 溶液，加入 $AgNO_3$（aq）、H_2SO_4，再加入 $(NH_4)_2S_2O_8$（aq），煮沸，观察到溶液由无色转变成紫红色。从现象及元素化学知识可分析出溶液转变成紫红色是 Mn^{2+}（aq）被 $S_2O_8^{2-}$（aq）氧化成 MnO_4^-（aq），而 $S_2O_8^{2-}$（aq）被还原成 SO_4^{2-}（aq），Ag^+（aq）是催化剂。H^+（aq）是不是反应物呢？可先配平反应方程式，即：

$$Mn^{2+} + S_2O_8^{2-} \longrightarrow MnO_4^- + SO_4^{2-}$$

$$2Mn^{2+} + 5S_2O_8^{2-} \longrightarrow 2MnO_4^- + 10SO_4^{2-}$$

$$2Mn^{2+} + 5S_2O_8^{2-} + 8H_2O \longrightarrow 2MnO_4^- + 10SO_4^{2-} + 16H^+$$

发现 H^+(aq) 不是反应物，是使该反应发生所必需的介质条件。

又如，取几滴 $CoCl_2$（0.1mol·L）溶液，加 NH_4Cl（1mol·L^{-1}）数滴，再加入过量 $NH_3·H_2O$（6mol·L^{-1}）溶液，观察到溶液的颜色由粉红转变成棕红。根据元素化学知识及现象可得出是生成了 $[Co(NH_3)_6]^{3+}$(aq)，配平反应式，即：

$$4Co^{2+}(aq)+24NH_3·H_2O+O_2 \longrightarrow 4[Co(NH_3)_6]^{3+}+4OH^-+22H_2O$$
$$4Co^{2+}+24NH_3+O_2+2H_2O \longrightarrow 4[Co(NH_3)_6]^{3+}+4OH^-$$

从配平发现 NH_4^+ 并没有参与反应。那么加入 NH_4^+ 的作用是什么？实验发现不加 NH_4^+ 或加入量不够时，当滴加 $NH_3·H_2O$ 时开始有沉淀生成 [应是 $Co(OH)_2$ 沉淀]，加过量 NH_3(aq) 时沉淀才溶解。而加入足量 NH_4^+ 时未见沉淀生成，说明加入的 NH_4^+ 是为了更易生成配离子，而不是反应物。

（3）串联反应 若是"串联"反应，即第一个反应的生成物是第二个反应的反应物，则可以分步写其反应方程式，也可只写其总反应式。

如上例，分步写其反应方程式为：

$$Co^{2+}(aq)+2NH_3·H_2O = Co(OH)_2(s)+2NH_4^+$$
$$Co(OH)_2+6NH_3 = [Co(NH_3)_6]^{2+}+2OH^-$$
$$4[Co(NH_3)_6]^{2+}+O_2+2H_2O = 4[Co(NH_3)_6]^{3+}+4OH^-$$

也可只写其总反应方程式：

$$4Co^{2+}(aq)+24NH_3+O_2+2H_2O = 4[Co(NH_3)_6]^{3+}+4OH^-$$

又如，在饱和 $HgCl_2$ 溶液中加入 KI(aq)，观察到橘红色 HgI_2 沉淀生成。当继续加入 KI(aq)，观察到 HgI_2 沉淀溶解。

分步写其反应式为：

$$HgCl_2(aq)+2I^- = HgI_2(s)+2Cl^-$$

注：$HgCl_2$ 在水中基本不解离，以分子形态存在。

$$HgI_2(s)+2I^- = [HgI_4]^{2-}(aq)$$

也可以只写其总反应式：

$$HgCl_2(aq)+4I^- = [HgI_4]^{2-}(aq)+2Cl^-$$

"串联"反应的实验现象表现为先出现一个现象，当继续加同一试剂时，又出现另一个实验现象。以上两例中均是先出现沉淀，后沉淀消失。

（4）并列反应 若是并列反应，即加入某一试剂同时发生两个或两个以上的反应，则要分别书写其反应方程式，不要将并行发生的反应写一个"总"反应式。

因为一个配平的反应方程式中化学计量数不仅表示反应物与生成物之间物质的量的关系，也表示反应物与反应物之间物质的量的关系。这种关系是唯一确定的。

例如：在含 Fe^{3+}、Ni^{2+} 的混合溶液中逐滴加入 NaOH 溶液，发现相继有红棕色和绿色沉淀生成。显然加入的 NaOH 同时与 Fe^{3+} 和 Ni^{2+} 作用，其反应式为：

$$Fe^{3+}+3OH^- = Fe(OH)_3(s)$$
$$Ni^{2+}+2OH^- = Ni(OH)_2(s)$$

不要写成

$$Fe^{3+}+Ni^{2+}+5OH^- = Fe(OH)_3(s)+Ni(OH)_2(s)$$

这样的"总"反应式（化学中不允许写这种所谓"总"反应，所以总字加引号）。

因为这样的"总"反应式所表示 Fe^{3+} 与 Ni^{2+} 的物质的量关系只是 1:1。只有当混合溶液中这两种离子浓度相等才符合 1:1 的关系。若这两种离子浓度不相等，则该"总"反应式表示的物质的量之间的关系不符合实际。

又如，在含淀粉的 KI 溶液中加入 H_2O_2，观察到溶液变成蓝色并有气体生成。

溶液转变成蓝色说明有 I_2 生成，生成的气体只可能是 O_2。I_2 的生成是由于 H_2O_2 氧化了 I^-，即：

$$H_2O_2 + 2I^- + 2H^+ \Longrightarrow I_2 + 2H_2O$$

O_2 的生成是由于 H_2O_2 的歧化反应：

$$2H_2O_2 \Longrightarrow 2H_2O + O_2$$

这两个反应不能合并成一个"总"反应：

$$3H_2O_2 + 2I^- + 2H^+ \Longrightarrow I_2 + O_2 + 4H_2O$$

因这"总"反应意味着加入的 H_2O_2 有 1/3 物质的量氧化 I^-，2/3 物质的量的 H_2O_2 发生歧化反应。实际上该反应有多少 H_2O_2 氧化 I^-，有多少 H_2O_2 发生歧化反应，从实验现象是无法确切知道的。所以上述关系并不成立。这样的实验只能写两个并列反应式不能写一个"总"反应式。

四、验证性实验的设计原理

所谓验证性实验就是用可观察的实验现象，如颜色的变化、沉淀的生成或溶解、气体的逸出等直观的实验现象，检验与证明性质、规律、理论等理性认知的正确性。

验证性实验设计一般分成三步。

① 把要验证的命题，由演绎推理转变成可由实验直接观察的命题。

② 把可直接观察的命题设计为可进行的实验步骤。

③ 论证。

例如：实验证实醋酸 HAc 解离的同离子效应。

第一步：转换命题

HAc 是弱酸，存在解离平衡。根据同离子效应的概念，在体系中加入该弱酸解离出的相同离子，可使该弱酸的解离度降低。即在 HAc 溶液中加入 H^+ 或 Ac^-，则可使 HAc 的解离度降低，也就是使 HAc 解离出的 $c(Ac^-)$ 或 $c(H^+)$ 减小。

若用加入 NaAc 来增加体系中 $c(Ac^-)$，则虽然 HAc 解离出的 $c(Ac^-)$ 降低了，但体系中总的 Ac^- 浓度：

$$c_{总}(Ac^-) = c_{NaAc}(Ac^-) + c_{HAc}(Ac^-)$$

不是减小而是增加。所以要考察的是溶液中 $c(H^+)$ 的减小。则上述一般性命题转变成可由实验考察的命题，即"实验证实加入 NaAc 后，HAc 溶液中 $c(H^+)$ 降低"。

同理，若加入的是 HNO_3，则命题转化为"实验证实加入 HNO_3 后，HAc 溶液中 $c(Ac^-)$ 降低"。

第二步：设计实验步骤

对于命题"加入 NaAc 后，HAc 溶液中 $c(H^+)$ 降低"，可直接由实验证实。因为测定溶液中 $c(H^+)$ 即 pH 的方法很多，可用 pH 试纸或 pH 计测定溶液的 pH，也可用指示剂判别溶液的 pH。

但在设计实验步骤时还要注意下列两点。

① 加 NaAc 时，不要使 HAc 变稀，因为 HAc 解离出的 $c(H^+)$ 与原始 $c(HAc)$ 有关（稀释定律）。若加入 NaAc 后，使原 HAc 溶液浓度降低得很多，则不好辨别 $c(H^+)$ 降低是由同离子效应引起的，还是由稀释引起的。所以加入 NaAc 最好是固体。

思考题：若做实验时无 NaAc 固体，而只有已配制好的 NaAc 水溶液时应怎样做实验？即怎样排除稀释的影响？

② 若用指示剂的颜色判别溶液中 $c(H^+)$，则要根据指示剂的变色范围选择合适的指示剂。粗略估计 $0.1mol \cdot L^{-1}$ HAc 溶液 pH 为 3，$0.1mol \cdot L^{-1}$ HAc-$0.1mol \cdot L^{-1}$ NaAc 溶液的 pH 为 5，则可选择甲基橙作指示剂。

这样可以设计如下几个实验方案。

① 用 pH 试纸测定 $0.1mol \cdot L^{-1}$ HAc 溶液的 pH；在试管中加若干 HAc（$0.1mol \cdot L^{-1}$），加入少量固体 NaAc，振荡使 NaAc 溶解，再用 pH 试纸测定该溶液的 pH。

② 取 1mL HAc（$0.1mol \cdot L^{-1}$）溶液，加入 2 滴甲基橙，观察溶液的颜色。再加入少量 NaAc（s），振荡使其溶解，观察溶液颜色的变化。

③ 取 1mL HAc（$0.1mol \cdot L^{-1}$），加入 1mL 去离子水，用 pH 试纸测定其 pH。另一试管中加入 1mL HAc（$0.1mol \cdot L^{-1}$）和 1mL NaAc（$0.1mol \cdot L^{-1}$）溶液，用 pH 试纸测定其 pH。

对于命题"加入 HNO_3，使 HAc 溶液中 $c(Ac^-)$ 降低"的实验证实就不那么简单了。因为不能找到直接观察溶液中 $c(Ac^-)$ 降低的简便方法。可以找一个间接证明溶液中 $c(Ac^-)$ 减小的方法。

从溶度积表中发现 AgAc 是难溶物，其 $K_{sp}^{\ominus} = 4.4 \times 10^{-3}$。根据溶度积规则，当溶液中 $c(Ag^+)$ 相同时，若有 AgAc 白色沉淀生成，则溶液 $c(Ac^-)$ 大；若没有 AgAc 生成，则 $c(Ac^-)$ 小。

可设计下列步骤：取 1mL HAc（$2mol \cdot L^{-1}$）溶液，加入 1mL $AgNO_3$（$3mol \cdot L^{-1}$）溶液，振荡并用玻璃棒摩擦试管壁，观察白色沉淀的生成。滴加 HNO_3（$6mol \cdot L^{-1}$）溶液，观察沉淀的消失。

思考题：请用计算说明选用试剂的浓度和体积。

第三步：论证

论证过程必须符合逻辑推理过程，所以先介绍逻辑学中演绎推理的三个模式。

① 如果 H，则 C。C 真，所以 H 真。

② 如果 H，且 E，则 C。C 真，所以 H 真。

③ 如果 H，且 E，则 C。非 C，所以非 H 或非 E。

把演绎推理三个模式应用到上述例子中，则可以得到下列逻辑推理过程。

如果 HAc 的解离有同离子效应（H），则加入 NaAc 后 HAc 解离出的 $c(H^+)$ 降低，溶液的 pH 升高（C）。实验结果溶液的 pH 升高（C 真），所以 HAc 的解离受同离子效应的影响是正确的（H 真）。

对于第二个命题的演绎推理过程如下。

如果 HAc 的解离受同离子效应的影响，HAc 溶液中加入 HNO_3，溶液中 $c(Ac^-)$ 降低（H），由于溶液中 $c(Ac^-)$ 降低，则使溶液中 $[c(Ag^+)/c^{\ominus}][c(Ac^-)/c^{\ominus}] < K_{sp}^{\ominus}$（AgAc）（E），AgAc 沉淀溶解（C）。实验结果 AgAc 沉淀消失（C 真）。所以 HAc 的解离受溶液中 $c(H^+)$ 影响是正确的（H 真）。

若实验结果发现 AgAc 沉淀没有溶解（非 C），则或者是 HAc 解离不受同离子效应的影响，或者是溶液中 $[c(Ag^+)/c^{\ominus}][c(Ac^-)/c^{\ominus}] \geqslant K_{sp}^{\ominus}$（AgAc）（或非 H 或非 E）。

介绍逻辑学中演绎推理的三个模式，只是说明在论证过程中的逻辑，并不要求学生在学习或在实验报告中使用上述逻辑语言。

五、实验条件的设计原理

众所周知，反应条件——参与反应的物种的浓度、温度等对反应有很大影响，可以影响反应的速率、反应进行的程度、反应的方向等。选择合适的反应条件是化学研究中一个很重要的方面。

大学一年级无机化学实验课程中的性质实验大多数是在敞口的条件下在水溶液中进行的反应，而且是定性或半定量的实验，但要求反应的现象明显、直观，即能用人的感官（眼、鼻）直接感知反应的发生。有些实验只要观察到溶液的颜色变化、沉淀的生成就可判断反应发生了并不要求反应进行的程度有多大。如 $Na_2S_2O_3$ 溶液中加入氯水，当加入 $BaCl_2$ 溶液观察到白色的 $BaSO_4$ 沉淀生成，即可判断 Cl_2 氧化了 $S_2O_3^{2-}$。但对有些实验，如沉淀的溶解反应要求进行得较为完全彻底。

又由于性质实验是定性或半定量的实验，所以对于加入的每一种试剂的浓度和用量并非都要特别严格，仅对加入的某一、两种试剂的浓度和加入量有严格的要求。那么对于某一反应来说哪一种试剂的浓度和加入量要求特别严格？怎样选择其浓度和用量呢？一般有演绎法和实验法两种。

1. 演绎法

所谓演绎法就是根据化学原理，特别是化学平衡原理，应用可查到的常数计算出参与反应的物种浓度，从而确定关键试剂及其浓度和用量。

例 1 用下列试剂制取 $[HgI_4]^{2-}$。

给定试剂：$HgCl_2$（饱和，约 $0.24mol \cdot L^{-1}$），KI（$0.1mol \cdot L^{-1}$）

HgI_2 是难溶化合物，其 $K_{sp}^{\ominus}=5\times10^{-29}$，配离子 $[HgI_4]^{2-}$ 累积生成常数 $\beta_4 = 6.75\times10^{29}$。所以在 $HgCl_2$ 溶液中逐滴加入 KI（aq）时，首先生成的是 HgI_2 沉淀（橘红色）。$[HgI_4]^{2-}$（无色）是由加成反应

$$HgI_2(s)+2I^-(aq)\Longrightarrow[HgI_4]^{2-}(aq)$$

生成的。该反应的平衡常数为：

$$K^{\ominus}=K_{sp}^{\ominus}(HgI_2)\beta_4([HgI_4]^{2-})=34$$

设上述加成反应平衡时 $c(HgI_4^{2-})$ 为 $x\,mol \cdot L^{-1}$，则根据给定条件，平衡时 $c(I^-)$ 为 $(0.1-2x)\,mol \cdot L^{-1}$。代入 $K^{\ominus}$ 得：

$$\frac{x}{(0.1-2x)^2}=34$$

解得 $x=0.0345mol \cdot L^{-1}$。即当 KI 的起始浓度为 $0.1mol \cdot L^{-1}$，反应生成 $[HgI_4]^{2-}$ 的浓度最大为 $0.0345mol \cdot L^{-1}$。试管实验中溶液的总体积为 5mL，则生成的 $[HgI_4]^{2-}$ 最大的物质的量为 $0.0345mol \cdot L^{-1}\times5\times10^{-3}L=1.725\times10^{-4}\,mol$。从上述反应可知 $[HgI_4]^{2-}$ 是由 $HgI_2(s)$ 生成的，当 HgI_2 的物质的量小于 $1.725\times10^{-4}\,mol$ 时，可观察到 HgI_2 沉淀完全溶解。反之，若 HgI_2 的物质的量大于 $1.725\times10^{-4}\,mol$，则 HgI_2 沉淀不能完全溶解。由于试管反应要求现象直观明显，只有沉淀完全溶解才能正确无误地判定该反应发生了，若仅是沉淀量的减小，则表现出的现象是溶液的浊度减小。而浊度的减小可能是由于反应引起的，也可能是稀释引起的。所以，为准确无误地判定反应

$$HgI_2(s)+2I^-(aq)\Longrightarrow[HgI_4]^{2-}(aq)$$

的发生，HgI_2 沉淀的量必须小于 $1.725\times10^{-4}\,mol$。而 HgI_2 沉淀是由反应

$$HgCl_2(aq)+2I^-(aq)\Longrightarrow HgI_2(s)+2Cl^-(aq)$$

生成的。所以给定试剂 $HgCl_2$ 的加入量为：

$$\frac{1.725\times10^{-4}\,mol}{0.24\,mol\cdot L^{-1}}=7.2\times10^{-4}\,L=0.72\,mL$$

从上述粗略计算可知，在给定试剂浓度的条件下，要使制取 $[HgI_4]^{2-}$ 实验现象明显，关键是 $HgCl_2$（饱和）的用量。所以可以设计下列实验步骤：取 2～3 滴 $HgCl_2$（饱和）溶液，逐滴加入 KI（$0.1\,mol\cdot L^{-1}$）至橘红色沉淀完全消失。

在上述方案中规定了 $HgCl_2$ 的用量，没有规定 KI 的用量。

上述粗略计算忽略了下列几点：

① HgI_2 沉淀是由 $HgCl_2$ 溶液加入 KI 溶液生成的，若不弃去生成 HgI_2 沉淀后的母液，则计算中的 KI 起始浓度应小于 $0.1\,mol\cdot L^{-1}$；

② Hg^{2+}(aq) 与 I^- 还可能生成 $[HgI_3]^-$ 等配离子，但未予考虑；

③ 所用的常数是离子强度 $\mu\to0$ 条件下测定的，而实验条件下不是 $\mu\to0$。

例 2 根据下列给定试剂，实验 AgBr 沉淀与 $[Ag(NH_3)_2]^+$(aq) 的相互转换。

给定试剂：$AgNO_3$（$0.1\,mol\cdot L^{-1}$）；NH_3(aq)（$2\,mol\cdot L^{-1}$、$6\,mol\cdot L^{-1}$、浓）；KBr（$0.1\,mol\cdot L^{-1}$）。

AgBr(s) 与 $[Ag(NH_3)_2]^+$(aq) 相互转换的反应方程式为：

$$[Ag(NH_3)_2]^+(aq)+Br^-(aq)\Longrightarrow AgBr(s)+2NH_3(aq)$$

反应的平衡常数 $K^\ominus$ 值为：

$$K^\ominus=1/\{K_{sp}^\ominus(AgBr)K_f[Ag(NH_3)_2]^+\}=1.8\times10^5$$

若要求由 $[Ag(NH_3)_2]^+$(aq) 转化为 AgBr(s)，即反应向正方向进行，则要求该反应方程式的反应商 $J<K^\ominus$。

设 $AgNO_3$（$0.1\,mol\cdot L^{-1}$）与 $NH_3\cdot H_2O$（$6\,mol\cdot L^{-1}$）是等体积加入的，且 $AgNO_3$ 与 $NH_3\cdot H_2O$ 的混合溶液总体积为 a。又设加入 KBr（$0.1\,mol\cdot L^{-1}$）溶液的体积为上述混合溶液的总体积（a）的 x 倍。则 $[Ag(NH_3)_2]^+$ 与 Br^- 反应前，各物种的浓度为：

$$c(NH_3)=\frac{2.9a}{(1+x)a}=\frac{2.9}{1+x}\,mol\cdot L^{-1}$$

$$c([Ag(NH_3)_2]^+)=\frac{0.05a}{(1+x)a}\,mol\cdot L^{-1}=\frac{0.05}{1+x}\,mol\cdot L^{-1}$$

$$c(Br^-)=\frac{0.1ax}{(1+x)a}\,mol\cdot L^{-1}=\frac{0.1x}{1+x}\,mol\cdot L^{-1}$$

注：上述计算是认为 Ag^+ 与 NH_3 完全反应生成了 $[Ag(NH_3)_2]^+$(aq)。

则

$$J=\frac{\left(\frac{2.9}{1+x}\right)^2}{\frac{0.05}{1+x}\times\frac{0.1x}{1+x}}=\frac{1.682}{x}\times10^3<1.8\times10^5$$

$$x>0.00934$$

即当 KBr（$0.1\,mol\cdot L^{-1}$）加入的体积大于 $AgNO_3$ 和 NH_3(aq) 混合体积的 0.00934 倍时就有 AgBr 沉淀生成。所以观察到 $[Ag(NH_3)_2]^+$ 转化成 AgBr 的实验条件是宽松的。这样可设计如下实验：取若干 $AgNO_3$（$0.1\,mol\cdot L^{-1}$）溶液，逐滴加入 NH_3(aq)（浓度可选任何一种）至过量（即若有沉淀生成至沉淀完全溶解），加入数滴 KBr（$0.1\,mol\cdot L^{-1}$），观察沉淀的生成。

若要反应向逆方向进行，即要使 $AgBr(s)$ 转化为 $[Ag(NH_3)_2]^+(aq)$，根据上述要求 $AgBr(s)$ 完全溶解，那么参与反应的 $AgBr(s)$ 的量与加入 $NH_3(aq)$ 的浓度和体积的关系可用下列方法粗略计算确定。

设要溶解的 $AgBr(s)$ 的物质的量为 n mol，且加入氨水的浓度为 M mol·L^{-1}，体积为 V L。则平衡时各物种的浓度为：

$$AgBr(s) + 2NH_3(aq) \Longrightarrow [Ag(NH_3)_2]^+(aq) + Br^-(aq)$$

平衡浓度/mol·L^{-1} 　　　$M - 2\dfrac{n}{V}$ 　　　$\dfrac{n}{V}$ 　　　$\dfrac{n}{V}$

$$\frac{\{c([Ag(NH_3)_2]^+)/c^{\ominus}\}[c(Br^-)/c^{\ominus}]}{[c(NH_3)/c^{\ominus}]^2} = \frac{1}{K^{\ominus}} = 5.6 \times 10^{-6}$$

$$\frac{(n/V)^2}{\left(M - 2\dfrac{n}{V}\right)^2} = 5.6 \times 10^{-6}$$

解得　$n = 2.36 \times 10^{-3} MV$ mol

即若溶解 1×10^{-4} mol $AgBr(s)$ 需 $NH_3(aq)$（2mol·L^{-1}）21mL；需 $NH_3(aq)$（6mol·L^{-1}）7.1mL；需浓 $NH_3(aq)$（按 15mol·L^{-1} 计）2.8mL。而若溶解 1×10^{-5} mol $AgBr(s)$ 需 $NH_3(aq)$（2mol·L^{-1}）2.1mL；需 $NH_3(aq)$（6mol·L^{-1}）0.71mL；需浓 $NH_3(aq)$（按 15mol·L^{-1}）0.28mL。

从以上的粗略计算可知，要完成 $AgBr(s)$ 转化成 $[Ag(NH_3)_2]^+$ 实验的关键是生成 $AgBr(s)$ 量要少，使用氨水浓度要大。这样可以设计如下实验步骤：取 2~5 滴 $AgNO_3$（0.1mol·L^{-1}）加 2~5 滴 KBr（0.1mol·L^{-1}），振荡，离心分离，弃去清液，再加入 $NH_3(aq)$（6mol·L^{-1}）2mL，振荡。观察 $AgBr(s)$ 的溶解情况。

上述两例是根据平衡的一般原理演绎推理出反应的条件。要强调指出的是：

① 上述计算是粗略计算（已在例 1 中说明了）；

② 上述计算得出的反应条件未考虑反应速率对反应的影响，是热力学允许的反应，由于速率很慢也不一定能观察到反应的进行。所以是否能观察到反应的进行，必须经过实验去证实！

2. 实验法

所谓实验法就是通过实验确定最佳的实验条件。由于演绎法的缺点（有时查不到所需的常数）及局限性（有的反应条件无法从平衡计算确定），所以常常采用由实验选择最佳反应条件。

由实验确定反应的最佳条件时首先要确定考察的目标，如试剂的消耗量、反应的转化率、反应所得产品的质量等。其次要确定哪些反应条件将影响所考察的目标，如加入试剂的浓度、加入方式、反应温度、压力等。

有两种选择最佳条件的方法：单因子法；多因子法。

所谓单因子法就是固定其他反应条件只改变一个反应条件，如改变试剂浓度的数值来观察所考察目标的变化（如反应转化率的变化）。

所谓多因子法就是进行一系列实验，其中每一个实验的条件按一定的规律设置，测定每一个实验所得的实验结果，最后分析出最佳的反应条件。常用正交设计来设置每一个实验的实验条件。

现着重介绍试管实验中由实验法确定反应最佳条件的方法。首先要决定哪个是关键试剂，再确定其用量。现举例说明。

例3　实验证实在不同酸碱度的介质中，MnO_4^- 有不同的还原产物。

给定试剂：$KMnO_4$（0.01mol·L^{-1}）；Na_2SO_3（0.1mol·L^{-1}）；H_2SO_4（1mol·L^{-1}，0.1mol·L^{-1}）；$NaOH$（6mol·L^{-1}，0.1mol·L^{-1}）。

MnO_4^- 中锰的氧化值为+7，它可被还原成 MnO_4^{2-}(aq)(+6)、$MnO_2·xH_2O$(s)(+4)、Mn^{2+}(aq)(+2)。其还原产物与介质的酸、碱度有关。命题非常明确，就是要找出什么酸度 MnO_4^- 生成 Mn^{2+}，什么碱度 MnO_4^- 生成 MnO_4^{2-}，什么酸碱度 MnO_4^- 生成 $MnO_2·xH_2O$(s)。为此，要固定 $KMnO_4$（0.01mol·L^{-1}）和 Na_2SO_3（0.1mol·L^{-1}）的用量。假设总体积为 20 滴，$KMnO_4$（0.01mol·L^{-1}）用 10 滴，Na_2SO_3（0.1mol·L^{-1}）用 3 滴，其他的 7 滴用加入不同浓度的 H_2SO_4 或 $NaOH$ 或去离子水补足。则可设计出下列方案。

（1）取 10 滴 $KMnO_4$（0.01mol·L^{-1}），加 H_2SO_4（1mol·L^{-1}）7 滴，加 3 滴 Na_2SO_3（0.1mol·L^{-1}），观察现象。

（2）取 10 滴 $KMnO_4$（0.01mol·L^{-1}），加去离子水 7 滴，加 3 滴 Na_2SO_3（0.1mol·L^{-1}），观察现象。

结果发现，实验（1）紫红色消失成为无色溶液，即证明生成了 Mn^{2+}(aq)。实验（2）出现棕色沉淀，即证明生成了 $MnO_2·xH_2O$(s)。实验（1）的酸度 $c(H^+)$ 为 0.35mol·L^{-1}。实验（2）可认为近中性（因未加酸、碱）。这样可设计第三个实验。

（3）取 10 滴 $KMnO_4$（0.01mol·L^{-1}），加 H_2SO_4（1mol·L^{-1}）2 滴，加去离子水 5 滴，再加 3 滴 Na_2SO_3（0.1mol·L^{-1}），观察实验现象。

若实验现象表明已转变成无色溶液，即生成的是 Mn^{2+}（aq），此时溶液中的酸度为 0.1mol·L^{-1}，则可进一步降低溶液的酸度。

（4）取 10 滴 $KMnO_4$（0.01mol·L^{-1}），加 H_2SO_4（0.1mol·L^{-1}）4 滴，加去离子水 3 滴，再加 3 滴 Na_2SO_3（0.1mol·L^{-1}），观察实验现象。

若实验现象表明已转变成无色溶液，则进一步降低 H_2SO_4 用量以减小体系中 $c(H^+)$。

若实验现象表明出现了棕色沉淀，则可增加 H_2SO_4 用量，以增加体系中 $c(H^+)$。直至粗略找到体系的酸度条件。当体系酸度大于该 $c(H^+)$ 生成的是 Mn^{2+}(aq)，而小于该 $c(H^+)$ 时生成的是 $MnO_2·xH_2O$(s)。

同样可以设计出一套实验，粗略地找出体系的 $c(OH^-)$，当大于该 $c(OH^-)$ 时生成的是绿色的 MnO_4^{2-}（aq），小于该 $c(OH^-)$ 时生成的是棕色的 $MnO_2·xH_2O$(s) 沉淀。

上述过程就是通常称的单因素搜索。

这里要强调指出的是试剂加入的次序。试剂加入的次序应是 $KMnO_4$＋酸（或碱）＋Na_2SO_3。其原因是显然的，只有后加入还原剂 Na_2SO_3，先加入酸或碱，才能保证 MnO_4^- 的还原反应是在所希望的酸碱度条件下进行。若将加入次序颠倒，即 $KMnO_4$＋Na_2SO_3＋酸（或碱），则在未加酸或碱前，$KMnO_4$ 就已与 Na_2SO_3 在中性介质反应。虽然，$KMnO_4$＋H_2SO_4＋Na_2SO_3 与 $KMnO_4$＋Na_2SO_3＋H_2SO_4 的最终实验现象相同。但后者将多一个实验现象，即 $KMnO_4$＋Na_2SO_3 出现棕色沉淀 $MnO_2·xH_2O$，加 H_2SO_4 后沉淀溶解，转变成无色的 Mn^{2+}(aq)。发生了两个反应，即：

$$2MnO_4^-+3SO_3^{2-}+H_2O \longrightarrow 2MnO_2+3SO_4^{2-}+2OH^-$$

$$MnO_2 + SO_3^{2-} + 2H^+ \longrightarrow Mn^{2+} + SO_4^{2-} + H_2O$$

这就与原命题不符合了。若 $KMnO_4 + NaOH$（浓）$+ Na_2SO_3$ 与 $KMnO_4 + Na_2SO_3 + NaOH$（浓），则最终的现象完全不同，前者由紫红色转变成绿色，即由 MnO_4^- 转变成 MnO_4^{2-}，后者则由紫红色转变成棕色沉淀，即生成了 MnO_2。因为上述第一个反应生成了 MnO_2 后，再加入多浓的 $NaOH$ 也不可能生成 MnO_4^{2-}。可见加入试剂的顺序在此实验中是至关重要的。

综上所述，由实验法确定试管实验的实验条件，其步骤为以下几点。

① 确定哪一个试剂是该反应的关键试剂。

② 确定其他试剂的浓度和用量。

六、离子分离

离子分离的目的一是在分析鉴定过程中去除干扰离子，二是在制备无机纯净物时净化溶液。例如为鉴别溶液中是否存在 Cu^{2+}，可用以下特征反应判别：

$$2Cu^{2+}(aq) + [Fe(CN)_6]^{4-}(aq) \Longrightarrow Cu_2[Fe(CN)_6] \downarrow$$
$$\text{（红棕色）}$$

即往溶液中加入 $K_4[Fe(CN)_6]$，如出现红棕色沉淀，则可确定有 Cu^{2+}，反之可确定无。但若溶液中还有 $Fe^{3+}(aq)$，则由于 $K_4[Fe(CN)_6]$ 与 Fe^{3+} 反应生成特征的深蓝色沉淀掩盖了红棕色沉淀，所以必须先分离出 $Fe^{3+}(aq)$。

又如由菱锰矿（主要成分是 $MnCO_3$）制取纯碳酸锰，先用稀酸溶解，溶解时除 Mn^{2+} 进入溶液外，菱锰矿中含有的杂质元素，特别是一些重金属元素（如 Fe^{2+}）也进入了溶液。为使碳酸氢铵从溶液中沉淀出纯净的 $MnCO_3$，必须事先除去 Fe^{2+} 等重金属离子。

离子分离的方法很多，有一般的化学法、离子交换、溶剂萃取等。

一般化学法进行离子分离是把某些离子转化成沉淀，另一些离子仍留在溶液中，经固液分离（可用离心分离、过滤等手段）将离子分离开。一般情况下，是将干扰离子或杂质离子从溶液中沉淀出去。但当被测离子或所要制备的无机物所含离子在溶液中含量特别低时，则可将它们沉淀出来，以达到富集的目的。

用于阳离子分离的沉淀类型常见的有氧化物、硫酸盐、硫化物和氢氧化物沉淀。

设计用化学法进行阳离子分离方案时要考虑的几个问题。

1. 溶解度的差别

希望要沉淀的离子当加入沉淀剂后在溶液中的溶解度越小越好，而欲留在溶液中的离子却不沉淀。除碱金属、NH_4^+、Ba^{2+} 离子外其他金属离子硫化物均不溶于水。但由于各硫化物的 $K_{sp}^{\ominus}$ 不相同，可利用控制溶液的 pH，使有些 $K_{sp}^{\ominus}$ 值较大的金属离子在通入 $H_2S(g)$ 或滴加 Na_2S 溶液时不沉淀。溶液的酸度可从下列反应方程式计算。

$$M^{2+}(aq) + H_2S(g) \Longrightarrow MS(s) + 2H^+(aq)$$

反应式的 $K^{\ominus}$：
$$K^{\ominus} = \frac{K_1^{\ominus} K_2^{\ominus}(H_2S)}{K_{sp}^{\ominus}(MS)}$$

欲使 M^{2+} 不生成硫化物沉淀，其溶液的 $c(H^+)$ [设 M^{2+} 的浓度为 $0.1\,mol \cdot L^{-1}$，通入 $H_2S(g)$ 达饱和] 为：

$$c(H^+) \geqslant \sqrt{\frac{0.1 \times 0.1 \times K_1^{\ominus} K_2^{\ominus}(H_2S)}{K_{sp}^{\ominus}(MS)}}$$

欲使 M^{2+} 完全沉淀，其溶液的 $c(H^+)$ 为

$$c(\text{H}^+) \leqslant \sqrt{\frac{0.1 \times 10^{-5} \times K_1^\ominus K_2^\ominus(\text{H}_2\text{S})}{K_{\text{sp}}^\ominus(\text{MS})}}$$

注：饱和 H_2S 浓度为 $0.1\text{mol} \cdot \text{L}^{-1}$。

如溶液含有 Mn^{2+}、Co^{2+}（浓度均为 $0.1\text{mol} \cdot \text{L}^{-1}$）用硫化物分离时，由于 CoS 的 $K_{\text{sp}}^\ominus = 4.0 \times 10^{-21}$ 小于 MnS 的 $K_{\text{sp}}^\ominus = 2.5 \times 10^{-10}$，所以通入 H_2S（g）时，CoS 应先沉淀。为完全分离 Mn^{2+}、Co^{2+}，则溶液的 $c(\text{H}^+)$ 为：

Mn^{2+} 不沉淀

$$c(\text{H}^+) \geqslant \sqrt{\frac{0.1 \times 0.1 \times 1.0 \times 10^{-21}}{2.5 \times 10^{-10}}} = 2 \times 10^{-7} \ (\text{mol} \cdot \text{L}^{-1})$$

Co^{2+} 完全沉淀

$$c(\text{H}^+) \leqslant \sqrt{\frac{0.1 \times 10^{-5} \times 1.0 \times 10^{-21}}{4.0 \times 10^{-21}}} = 5 \times 10^{-4} \ (\text{mol} \cdot \text{L}^{-1})$$

注：$K_1^\ominus K_2^\ominus(\text{H}_2\text{S}) = 1.0 \times 10^{-21}$。

即溶液 $c(\text{H}^+)$ 在 $2 \times 10^{-7} \sim 5 \times 10^{-4} \text{mol} \cdot \text{L}^{-1}$（即 pH 在 $3.3 \sim 6.7$ 之间）之间通入 H_2S（g）可使 Mn^{2+} 不生成 $\text{MnS}\downarrow$，而 Co^{2+} 完全沉淀。

可设计的实验步骤为：在含 Mn^{2+} 和 Co^{2+} 溶液中加入 HCl 溶液使溶液的 pH 在 $4 \sim 6$ 之间，通入 H_2S（g），并不断滴加稀 NaOH 溶液，使溶液的 pH 始终保持在 $4 \sim 6$ 之间，待 H_2S 饱和，加热使沉淀熟化，离心分离，清液中含 Mn^{2+}，而沉淀是 CoS。

为什么在通入 H_2S（g）过程要不断加稀 NaOH 呢？因为在生成 CoS 沉淀同时，也生成了 H^+，$0.1\text{mol} \cdot \text{L}^{-1}$ Co^{2+} 完全沉淀生成的 H^+ 浓度为 $0.2\text{mol} \cdot \text{L}^{-1}$，不把生成的 H^+ 中和，则不可能使 Co^{2+} 完全沉淀。

在实验室中进行 Mn^{2+} 和 Co^{2+} 的分离，由于用稀 HCl 或稀 NaOH 调节溶液的 pH 保持在一定范围内的操作要求比较细致、小心，所以可在含 Mn^{2+}、Co^{2+} 的溶液中加入 HAc-NaAc 缓冲溶液，以保证在通 H_2S(g) 的整个过程中，pH 始终保持在 $4 \sim 6$ 之间。

若两种金属离子用 S^{2-} 沉淀时，它们的 $K_{\text{sp}}^\ominus$ 值相差太小，则不可能通过生成硫化物沉淀使其完全分离。所以一般将硫化物沉淀分成两组，组内离子不易完全分离，组间离子可控制 pH 使其完全分离。这两组是：

① 难溶于水而溶于稀酸（$0.3\text{mol} \cdot \text{L}^{-1}$ HCl），即 MnS、FeS、CoS、NiS、ZnS；

② 难溶于水和稀酸（$0.3\text{mol} \cdot \text{L}^{-1}$ HCl），即 CdS、SnS、SnS_2、PbS、Sb_2S_3、Bi_2S_3、As_2S_3、As_2S_5、Sb_2S_5、CuS、Ag_2S、HgS、Au_2S_3、Cu_2S、Hg_2S。

用氢氧化物沉淀进行离子分离时，常要把某些离子氧化成高价态。因为低价态的离子，特别是第一过渡系的二价态离子，其 $K_{\text{sp}}^\ominus$ 相差不大，很难用控制 pH 的方式使一个离子完全沉淀，另一个离子不沉淀。只有把某些离子氧化成高价态，扩大其氢氧化物的溶解度差别，才能用氢氧化物沉淀将这几种离子分离。

例如：若溶液中含 Fe^{2+}、Mn^{2+}，令 Fe^{2+} 完全沉淀 $[c(\text{Fe}^{2+}) = 1.0 \times 10^{-5}\text{mol} \cdot \text{L}^{-1}]$ 的 pH 为 8.95。而 Mn^{2+}（$0.1\text{mol} \cdot \text{L}^{-1}$）开始沉淀的 pH 为 8.14，完全沉淀的 pH 为 10.14。即 Fe^{2+} 还没有沉淀完，Mn^{2+} 就开始沉淀了。若将 Fe^{2+} 氧化成 Fe^{3+}，则 Fe^{3+} 完全沉淀的 pH 为 3.2，与 Mn^{2+} 开始沉淀的 pH 相距甚远。则可用调节溶液 pH 的方法将 Fe^{3+} 完全沉淀。

可以设计的实验方案为：在含 Mn^{2+}、Fe^{2+} 的溶液中加入稀 H_2SO_4，加 KClO_3（s），加热使 Fe^{2+} 完全氧化成 Fe^{3+} ｛用 $\text{K}_3[\text{Fe}(\text{CN})_6]$ 检查无蓝色沉淀｝，调节溶液的 pH 在 $4 \sim$

5 之间，加热使沉淀熟化，离心分离，清液中含 Mn^{2+}，沉淀为 $Fe(OH)_3$。

这种为便于离子分离而令离子变价的方法也用于三价离子。如一溶液中含有 Fe^{3+}、Al^{3+}，它们的浓度均为 $0.1mol \cdot L^{-1}$。Fe^{3+} 完全沉淀为 $Fe(OH)_3$ 的 pH 为 3.2，而 Al^{3+} 开始生成 $Al(OH)_3$ 沉淀的 pH 为 3.4，两者相差太小，以致在操作过程中不可能自始至终保持溶液的 pH 在 3.2～3.4 之间。可用还原法将 Fe^{3+} 还原为 Fe^{2+}。Al^{3+} 完全沉淀为 $Al(OH)_3$ 的 pH 为 4.8，而 Fe^{2+} 开始生成 $Fe(OH)_2$ 沉淀的 pH 为 7.1。由于变价扩大了 Fe 与 Al 沉淀的 pH 差别，易实现完全分离。

可设计如下实验方案：在含 Fe^{3+}、Al^{3+} 的溶液中加入 Fe 粉，使 Fe^{3+} 完全转变为 Fe^{2+} ｛用 $K_4[Fe(CN)_6]$ 溶液检查，无蓝色沉淀生成说明无 Fe^{3+}｝。过滤去多余的 Fe 粉，加稀 NaOH 使溶液的 pH 保持在 5～7 之间，使 Al^{3+} 沉淀完全。离心分离，清液含 Fe^{2+}，沉淀为 $Al(OH)_3$。

2. 沉淀的形态

用化学法进行离子分离是把某几种离子转变成沉淀，经固液分离把离子分开。易于固液分离，要求沉淀的颗粒粗大。在沉淀过程中一定要避免生成颗粒太细的沉淀，特别是胶态沉淀。细粒沉淀、胶态沉淀不仅不易沉降，不易过滤，而且固态中吸附、夹带的母液量大（含未沉淀的离子），影响分离效果。为避免生成沉淀的粒度过细尤其是生成胶态沉淀，一是要控制沉淀的条件，二是要把生成的沉淀（分离前）加热使其熟化，为的是使其颗粒长大或使胶粒团聚。

在氯化物、硫酸盐、硫化物、氢氧化物沉淀中，氢氧化物最易形成胶态沉淀，所以常用控制反应条件的手段，令其不生成氢氧化物而生成氧化物的水合物或复盐沉淀。如 Fe^{3+}，当加 NaOH 溶液，生成的是胶态的 $Fe(OH)_3$ 沉淀，极不易过滤，也不易离心分离。可在控制 Fe^{3+} 的浓度条件下，使其生成 FeO(OH)（针铁矿）粒度粗大的沉淀；也可在溶液有碱金属离子存在下，以高温（85℃以上）令 Fe^{3+} 水解生成黄铁矾大粒沉淀。

3. 在碱性条件下金属离子被氧化

当分离溶液中含有两性金属离子如 Al^{3+}、Cr^{3+} 时，可利用 $Al(OH)_3$、$Cr(OH)_3$ 能溶于碱性溶液生成 $Al(OH)_4^-(aq)$、$Cr(OH)_4^-(aq)$ 进行分离。例如当溶液中含有 Al^{3+}、Mg^{2+} 则可加入过量的 NaOH，使 Al^{3+} 生成 $Al(OH)_4^-(aq)$，Mg^{2+} 生成 $Mg(OH)_2$ 沉淀进行分离。但若含有可变价离子，一定要注意这种离子在碱性介质中能否被空气中的氧氧化成高价，这种高价态的氢氧化物沉淀是否具有酸性，即能否溶于碱溶液。例如含 Cr^{3+}、Mn^{2+} 的混合溶液，不能仅考虑 Cr^{3+} 的 $Cr(OH)_3$ 能溶于碱生成 $Cr(OH)_4^-$ 了，而 $Mn(OH)_2$ 不溶于碱，还要考虑在碱性溶液中 $Mn(OH)_2$ 能被空气氧化成 $MnO_2 \cdot xH_2O$，特别是在温度比较低的情况下，生成 $MnO_2 \cdot xH_2O$ 的粒度很细，更易溶于碱，这样在 $Cr(OH)_4^-$ 溶液中便会含一定量的 Mn，造成分离效果不好。所以分离溶液中 Cr^{3+}、Mn^{2+} 时，溶液碱度不能太大，而是通过氧化方法，使 Cr^{3+} 转变成 CrO_4^{2-}，扩大 Cr 与 Mn 溶解度的差别，来分离 Cr、Mn。

第三节　测定实验

一、测定实验常用仪器及其使用

1. 量筒和量杯

通常，在量取体积要求不太精确的液体或配制浓度要求不太精确的试剂时，可直接用量筒或量杯量取溶液。量杯还可直接将溶质加在其中配制试剂（但溶解热效应不能太大），量杯的精确度比量筒更差。它们的规格有：5mL、10mL、20mL、25mL、50mL、100mL、250mL、500mL、1000mL、2000mL 等。

量取液体时可根据需要选用不同规格的量筒，要注意，不同规格的量筒测量误差是不同的。例如，若使用 100mL 量筒，则会产生±1mL 的测量误差，而使用 10mL 的量筒量取，测量误差仅±0.1mL。

用量筒量取液体体积时，应使视线与量筒内液面的凹液面最低处保持水平，偏高或偏低都会造成较大误差。

2. 移液管、吸量管和洗耳球

移液管又称吸量管，是用来准确移取一定体积溶液的量器。常见的有两种，即单标胖肚式（又称移液管）和刻度管式（又称吸量管），如图 2-12 所示。常用的规格有：1mL、2mL、5mL、10mL、20mL、25mL、50mL 等。

移液管是一根细长并且中间膨大的玻璃管，管的上端刻有表示移液管体积的环行标线，膨大部分标有它的容积和标定时的温度。使用时，将溶液吸入管内，使溶液凹液面的最低点与标线相切，再让溶液自由流出，则流出的溶液体积就等于管上标示的容积。10mL 吸量管是带有刻度的玻璃管，最小刻度为 0.1mL。吸量管一般用于量取小体积的溶液。使用吸量管时，通常使液面从最高刻度降至某一刻度，两刻度之差即为所放出溶液的

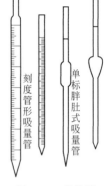

图 2-12 移液管和吸量管

体积。在同一实验中应使用同一支吸量管的同一部位量取，以减少吸量管的测量误差。

移液管和吸量管的使用方法如下。

移液管在使用前应用铬酸洗液、自来水将管内壁洗至不挂水珠。再用蒸馏水或去离子水淋洗三次。

移取溶液前，可用滤纸将管尖端内外的水吸尽，然后用待吸溶液润洗三次，以保证所取溶液的浓度不变。

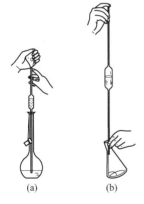

图 2-13 移液管的使用

吸取溶液时，用右手拇指及中指拿住移液管上端，将移液管伸入容器内液面下，左手捏紧洗耳球，并对准移液管上口按紧［如图 2-13（a）所示］，轻轻松开洗耳球，使溶液从管的下端徐徐上升，待液面上升到标线以上时，迅速用右手食指堵住管口，将移液管提出液面，并用滤纸条将移液管下口外壁擦干后，再将其靠在容器壁上，然后稍稍放松食指，同时轻轻转动移液管，使液面缓慢下降至标线，当凹液面最低点与标线相切时按紧管口，使溶液不再流出。此时，将移液管移入接收溶液的容器（如锥形瓶）中，使出口尖端紧靠接收容器的内壁，让接收容器倾斜而移液管直立。抬起食指，使溶液自由地顺壁流下［如图 2-13（b）所示］，溶液全部流尽后，停靠 15s，取出移液管。这时，在管尖端部分仍留有少量溶液，一般不要吹出，因为移液管标示的容积不包括这部分体积。

吸量管的使用方法基本上与移液管相同，区别在于管内的最后一滴溶液应吹出，因为吸量管标示的容积包括这部分体积。

使用移液管时还应注意以下几点。

① 吸取溶液时，移液管下端应插入液面下 1cm 左右，不可插得太深，以免移液管外壁沾的溶液过多，也不可伸入太少，以免液面下降时吸入空气。

② 移液管用完后应放在专用的移液管架上，不允许随便放在实验台上；以免污染移液管，影响再次使用。

③ 如不再继续移取同一种溶液，应立即洗涤干净。若分别吸取同一种不同浓度的溶液，则应先吸取浓度低的溶液，吸取浓溶液前，只要用该溶液润洗即可。但若先吸取了浓溶液再吸稀溶液，则在吸取稀溶液前必须先用去离子水润洗，再用稀溶液润洗，才可吸取稀溶液。

3. 容量瓶

容量瓶是用于配制一定体积的标准溶液和定容实验用的容器。它是一种细颈梨形的平底瓶，带有磨口玻璃塞或塑料塞，瓶颈上刻有标线，瓶上标有 20℃ 时的容积。容量瓶有白色和棕色两种，棕色瓶可用于配制应避光保存的溶液。容量瓶通常有 25mL、100mL、250mL、500mL、1000mL、2000mL 等各种规格。

使用容量瓶前应先检查瓶塞是否漏水。检查方法如下：在瓶中加入自来水，盖好瓶塞，用左手食指按住瓶塞，其余手指拿住瓶颈标线以上部位，右手托住瓶底边缘，倒置容量瓶（如图 2-14 所示），检查瓶塞周围有无漏水现象，如不漏水，将瓶直立，转动瓶塞 180°，再次检查，如不漏水，方可使用。

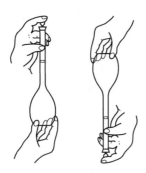

图 2-14　检查漏水操作

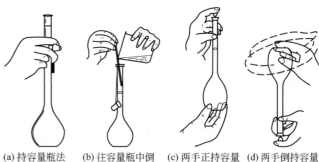

(a) 持容量瓶法　　(b) 往容量瓶中倒溶液(或溶剂)　　(c) 两手正持容量瓶进行摇动　　(d) 两手倒持容量瓶进行摇动

图 2-15　容量瓶配制溶液操作方法

用容量瓶配制溶液，有以下两种情况。

① 固体物质配制标准溶液时，可先将准确称量好的固体物质置于小烧杯中，用少量水或其他溶剂将固体溶解（必要时可加热），待溶液冷却至室温后，再将溶液定量转移到容量瓶中。定量转移时，应右手拿玻璃棒悬空插入容量瓶内，玻璃棒下端要靠住瓶颈内壁，但不要太接近瓶口，以免溶液溢出。左手拿烧杯，将烧杯嘴紧靠玻璃棒，使溶液沿玻璃棒流入容量瓶内（如图 2-15 所示），待溶液流尽后，将烧杯沿玻璃棒慢慢向上提起，然后将烧杯直立使附着在烧杯嘴上的少许溶液流回烧杯中。玻璃棒在容量瓶内壁停靠几秒钟，迅速提起放入烧杯内，注意不要使玻璃棒上的溶液滴落在实验台上。此时用少量的去离子水（或其他溶剂）冲洗玻璃棒和烧杯内壁，再将烧杯内的溶液按上述方法转移到容量瓶中。如此洗涤、转移的操作应重复 3～4 次，以保证转移完全。这时可用洗瓶加去离子水（或其他溶剂）稀释，应一边加一边摇动容量瓶，使溶液逐步混合。待接近标线时，可用滴管逐滴加水至液面的凹液面最低点与标线相切。盖紧瓶塞，按图 2-15(c)、（d）所示，倒置容量瓶，摇荡数次，再倒过来，如此反复倒转摇荡十多次，使瓶内溶液充分混匀。

② 若用容量瓶稀释溶液，则用移液管准确吸取一定体积的溶液，放入容量瓶中，然后用上述方法混合均匀。

使用容量瓶时应注意以下几点。

① 容量瓶和瓶塞应配套使用，不可乱用乱放。

② 容量瓶不能量取热溶液，不能直接用火加热，也不能放在烘箱中烘烤。

③ 强碱会严重腐蚀玻璃，因此不能用容量瓶储存强碱溶液。否则，容量瓶的体积会有变化，造成误差。

4. 锥形瓶

锥形瓶又称三角烧瓶，在滴定分析中用来盛装反应溶液的容器。锥形瓶是用硬质玻璃制成的，因此，可直接用火加热。

5. 加液器

加液器是定量加取溶液的一种器具，由于它使用方便，比较安全，常用来加取一些对体积要求不太严格而又具有腐蚀性或毒性的液体，如：定铁实验中的氯化汞、硫磷混酸等溶液。加液器的下半部是一个塑料瓶，上半部是加液管（如图 2-16 所示）。加液管有 5mL、10mL、15mL、20mL、25mL 等各种规格，实验中可根据需要选择所需的加液器。

加液器在使用时只需轻轻挤压塑料瓶，瓶中的液体就会上升到加液管中，待液体上升到加液管支管部位以上时松开手，此时留存在加液管内液体的体积就是所需的体积。

图 2-16　加液器

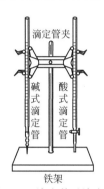

图 2-17　滴定管及滴定台

6. 滴定管

滴定管是定量分析中准确测量流出溶液体积的量器。

（1）滴定管的种类　滴定管按体积大小可分为普通滴定管和微量滴定管。常用的 50mL 和 25mL 为普通滴定管，10mL 以下为微量滴定管；按颜色可分为无色、棕色、无色带蓝线的；按用途又可分为酸式滴定管和碱式滴定管（图 2-17）。酸式滴定管下部带有磨口玻璃活栓，用以控制滴定时液体的流出。酸式滴定管适于装酸性溶液、氧化性溶液和盐类稀溶液。碱式滴定管的下端是用一小段橡皮管代替玻璃活塞连接管身和滴头，橡皮管内放一个大小合适的玻璃圆球，起活塞的作用。碱式滴定管适于盛装碱性溶液。

（2）滴定管使用前的准备

① 检漏。滴定管在使用前应检查是否漏水，活塞是否转动灵活。若酸式滴定管漏水或活塞不灵，应拆下活塞，重新安装。安装的方法是：用滤纸将活塞及活塞槽内的油、水擦净，用手指将凡士林均匀地涂抹在活塞上。涂层要薄，因为如凡士林涂抹过多，活塞孔易被堵塞，造成滴定管不流水。涂好后将活塞插入活塞槽中，按同一方向旋转活塞，直至全部透明。最后，用橡皮筋将活塞扎紧或剪一小段乳胶管套在活塞小头一端，防止活塞滑脱打碎。若碱式滴定管漏水，可更换橡皮管或玻璃球。

② 洗涤。滴定管若无油污，可直接用自来水冲洗。若有油污（即滴定管内壁挂有水珠），则需用铬酸洗液洗。将铬酸洗液倒入滴定管中约 10～15mL，两手平端滴定管，上口略向上倾斜，不断转动滴定管，直至洗液布满全管。然后打开活塞，将洗液放回原瓶中（注

意：洗液不要弄到皮肤上或衣服上，也不可倒入水池），用自来水将滴定管冲洗干净，再用去离子水或蒸馏水洗涤3次（每次约10～15mL左右）。碱式滴定管洗涤时注意洗液不要长时间接触橡皮管，以免腐蚀橡皮管。

③ 装入操作溶液。加入操作溶液之前，应先用该溶液将滴定管润洗三次，以洗去滴定管内残留的水分，确保操作溶液的浓度不变。然后，加入操作溶液。

④ 出口管中气泡的排除。当滴定管装入溶液后，应检查酸式滴定管活塞下出口管处或碱式滴定管胶管下端出口处有无气泡。如有气泡，应予以排除，否则会影响溶液体积的测量。排除的方法是：对于酸式滴定管，可迅速打开活塞，让溶液急速流出，即可将管内的气泡带出。对于碱式滴定管，则需一手斜握滴定管，另一只手捏住玻璃球附近的乳胶管，使胶管弯曲，尖嘴玻璃管向上翘起，挤压玻璃球，气泡即可和溶液一同冲出（如图2-18所示）。

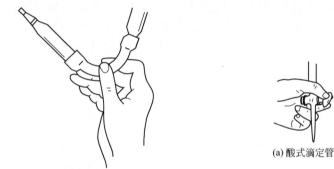

图2-18 碱式滴定管排除气泡的方法　　　　图2-19 滴定操作的手法

(a) 酸式滴定管　　　　(b) 碱式滴定管

（3）滴定操作 将滴定管内溶液准确调整至刻度"0.00"处或零刻度线某一点，然后将滴定管垂直地夹在滴定台上。

滴定操作在锥形瓶中进行时，滴定管尖端应伸入锥形瓶内约1～2cm，锥形瓶底离桌面约2～3cm。左手控制活塞或玻璃球，右手的拇指、食指和中指拿住锥形瓶，其余两指辅助。使用酸式滴定管时，应用左手将活塞拢在手心内，左手的拇指、食指和中指轻轻捏住活塞柄，无名指和小指向手心弯曲［如图2-19(a)所示］。注意勿使手心顶着活塞，以防手心把活塞顶出，造成漏水。使用碱式滴定管时，可用左手轻轻捏住玻璃球斜右上方的乳胶管［如图2-19(b)所示］，使溶液从玻璃球旁边的空隙流出。注意不要捏玻璃球或玻璃球的下方，以免白费力气或带入空气。

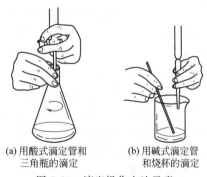

(a) 用酸式滴定管和三角瓶的滴定　　(b) 用碱式滴定管和烧杯的滴定

图2-20 滴定操作方法示意

滴定过程中，左手控制开关边滴加溶液，右手边摇动锥形瓶［如图2-20(a)所示］。摇动时应微动腕关节，使锥形瓶做圆周运动，溶液就向同一方向旋转，使溶液混合均匀。滴定开始时，速度可稍快，以每秒3～4滴为宜，不可成流水状。近终点时，速度应放慢，逐滴加入或半滴半滴加入，直至滴定终点（溶液颜色出现明显变化）为止。

半滴溶液的加入方法是：用酸式滴定管时，可稍稍转动活塞，让液滴悬挂在出口的尖嘴上，形成半滴，再用锥形瓶的内壁靠在尖嘴上将溶液沾下或用洗瓶中的水将其冲下。用碱式滴定管滴加半滴溶液时，应先松开拇指和食指，将悬挂的半滴溶液沾在锥形瓶内壁上。这样可以避免尖嘴玻璃管内出现气泡。

滴定还可在烧杯中进行，将烧杯放在滴定台上，调节滴定管高度，使其下端伸入烧杯内约 1cm，左手滴加溶液，右手持玻璃棒搅拌溶液 [如图 2-20（b）所示]。搅拌应做圆周运动，不要碰到烧杯壁和杯底。当接近终点滴加半滴溶液时，可用玻璃棒下端承接悬挂的半滴溶液放入烧杯中，直至滴定结束。

滴完一份溶液后，应将滴定管装满再滴下一份，不允许不加溶液连续滴定。每份样品所用滴定液的量最多不超过所用滴定管的最大容量，即一份样品在滴定时，不应装两次溶液，以避免误差。

滴定结束后，滴定管内剩余的溶液应弃去，不可倒回原瓶中，以免污染标准溶液。滴定管应洗净放好。

（4）滴定管的读数 滴定管读数正确与否是很重要的，读数不正确是造成分析误差的重要原因之一。读数应遵循以下原则。

① 滴定管读数时应用拇指、食指和中指握住滴定管上端无刻度处，使滴定管保持自然垂直状态。不可用手握住有溶液的部位进行读数。

② 装入溶液或放出溶液时，均应等 1～2s，待附着在内壁上的溶液流下来后，再进行读数。

③ 普通滴定管读数可读至小数点后第二位，即 0.01mL 位。对于无色和浅色溶液，应读取凹液面下线最低点（如图 2-21 所示），读数时，视线应与弯月面最低点成水平。对于有色不透明溶液（如 $KMnO_4$），应读取弯月面上两侧最高点（如图 2-22 所示）。对于白底蓝线衬背的滴定管，应读取蓝线上下两尖端相对点的位置（如图 2-23 所示）。

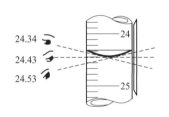

图 2-21 刻度的读取

图 2-22 有色溶液读取数据示意

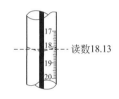

图 2-23 蓝线滴定管读取数据示意

7. 称量瓶和干燥器

称量瓶是在定量分析中用于盛放被称量的固体试剂的容器。称量瓶中的试剂受潮时，可直接将称量瓶放入烘箱中烘烤。烘烤时，应将称量瓶盖半开，烘干后，再将带有磨口的瓶盖盖好。待稍加冷却后放入干燥器内保存。

干燥器用于冷却和保存经烘干的样品和称量瓶，或存放怕潮湿的小型贵重仪器和仪器零件。按口径大小划分，从 10～50cm 有多种规格。

干燥器底层放有干燥剂。常用的干燥剂有氯化钙和硅胶。干燥剂上层放置一带孔的瓷板，以放置待干燥的物品。干燥器的盖与干燥器的接触面是磨口的，必须涂抹凡士林以保证密封。干燥器的盖子应及时盖好，避免吸收空气中的水分。干燥剂变色或经一段时间后，应及时更新，以保证确实有效。

打开干燥器时，应一手扶住干燥器的下部，另一只手轻轻平推干燥器的盖子，即可打开。切忌将盖子提起，以免提起后干燥器下部跌落而打碎干燥器。搬动干燥器时，要双手捧住，并将两个拇指压住盖沿（如图 2-24 所示），以免盖子滑下打碎。长期不用的干燥器，尤其在冬天，常发生盖子打不开的现象，这是因为凡士林凝固的原因，可用热的湿毛巾热敷或放在温暖的地方，待凡士林熔化后再打开。

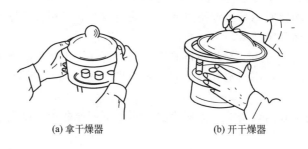

(a) 拿干燥器　　　　　　　　　　(b) 开干燥器

图 2-24　干燥器

二、误差和有效数字

1. 测量中的误差

（1）准确度和误差　准确度是指测定值与真实值之间的偏离程度。

绝对误差　绝对误差指测定值与真实值之差（绝对误差＝测定值－真实值）。

相对误差　指绝对误差与真实值之比（占百分之几）。

$$相对误差 = \frac{绝对误差}{真实值} \times 100\%$$

绝对误差与被测量值的大小无关，而相对误差与被测量值的大小有关。一般用相对误差来反映测定值与真实值之间的偏离程度（即准确度），这比用绝对误差更为合理。

（2）精密度和偏差　精密度指测量结果的再现性（重复性）。

偏差　通常被测量的真实值很难准确知道，于是用多次测量结果的平均值作为最后的结果。单次测定的结果与平均值之间的偏离就称为偏差。偏差也有绝对偏差和相对偏差之分。

$$绝对偏差 = 单次测定值 - 平均值$$

$$相对偏差 = \frac{绝对偏差}{平均值} \times 100\%$$

为了说明测量结果的精密度，最好以单次测量结果的平均偏差表示。

$$平均偏差\ d = \frac{|d_1| + |d_2| + \cdots + |d_n|}{n}$$

式中，n 为测量次数；d_1 为第一次测量的绝对偏差；d_n 为第 n 次测量的绝对偏差。也常用均方根偏差。

$$\sigma = \sqrt{\frac{d_1^2 + d_2^2 + \cdots + d_n^2}{n-1}}$$

单次测量的相对平均偏差为：

$$相对平均偏差 = \frac{平均偏差}{平均值} \times 100\%$$

从相对偏差的大小可以反映出测量结果再现性的好坏，即测量的精密度。相对偏差小，可视为再现性好，即精密度高。

（3）准确度和精密度　准确度高一定需要精密度高，但精密度高不一定准确度高。精密度是保证准确度的先决条件，精密度低说明测量结果不可靠，在这种情况下，自然失去了衡量准确度的前提。

准确度和精密度、误差与偏差具有不同的含义。但是严格说来，由于任何物质的"真实值"无法准确知道，一般所知道的"真实值"，其实就是采用各种方法进行多次平行测量所得到的相对正确的"平均值"。用这一平均值代替真实值计算误差，得到的结果仍然是偏差。所以在实际工作中，有时不严格区分误差和偏差。

(4) 产生误差的原因 产生误差的原因很多，一般可分为系统误差和偶然误差两大类。

① 系统误差。由于某些固定的因素所造成的误差称为系统误差。系统误差的特点是在多次重复测量时，结果总是偏高或总是偏低，会重复出现，具有"单向性"。

产生系统误差的主要原因有：实验方法不完善、所用的仪器准确度差、药品不纯等。

系统误差可以用改善方法、校正仪器、提纯药品等措施来减少，有时也可以在找出误差原因后，算出误差的大小而加以修正。

② 偶然误差。由一些难以控制的因素所造成的误差称为偶然误差。

例如测量时环境温度、湿度和气压的微小波动，仪器性能的微小变化，测量人员对各次测量的微小差别等，都可能带来误差。偶然误差是在测量过程中无法避免的。但偶然误差符合一般的统计规律。

a. 正误差和负误差出现的概率相等。

b. 小误差出现的次数多，大误差出现的次数少，个别特别大的误差出现的次数极少。所以通常可采用"多次测定，取平均值"的方法来减小偶然误差。

③ 过失差错。除了上述两类误差以外，还有由于工作粗枝大叶、不遵守操作规程等原因造成测量的数据有很大的误差称为过失差错。如果确知由于过失差错而引进了误差，则在计算平均值时应剔除该次测量的数据。通常只要加强责任感，对工作认真细致，过失差错是完全可以避免的。

2. 有效数字及计算规则

(1) 有效数字 用某一测量仪器测定物质的某一物理量，其准确度都是有一定限度的。测量值的准确度决定于仪器的可靠性，也与测量人员的判断力有关。测量的准确度是由仪器刻度标尺的最小刻度决定的（假定刻度标尺是正确的）。

如托盘天平最小刻度标尺是 0.5g，而分析天平最小刻度标尺是 0.1mg。前者准确度低，后者准确度高。又如，50mL 量筒最小刻度是 1mL，而 50mL 滴定管的最小刻度是 0.1mL，前者准确度低，后者准确度高。

在测量过程中，被测物体的某一物理量的标线在仪器标尺的两刻度之间，则需利用判断力估计最后一位数。如测量液体的体积：用 50mL 量筒测量，若液体凹液面底部（标线）在 24mL 与 25mL 的两刻度之间，则需估计最后一位数，甲读得 24.3mL，乙读得 24.4mL，丙读得 24.2mL。前两位数都是很准确的，第三位数因为没有刻度，是估计出来的，所以稍有偏差。这第三位数字不甚准确，称为可疑值。但它并不是臆造的，所以记录时应该保留它。用 50mL 滴定管测量时，液体的凹液面底部（标线）在 24.3mL 与 24.4mL 两条刻度线之间，也需要估计最后一位数，甲可能读得 24.33mL，乙可能读得 24.32mL，丙可能读得 24.34mL。前三位数都是很准确的。第四位数是估计值，不甚准确，记录时也应该保留它。

所谓有效数字，就是在一个数中，除最后一位数是不甚确定的外，其他各数都是确定的。也就是说，有效数字就是实际上能测到的数字。用 50mL 量筒测到的有效数字是三位（所取液体体积要大于 10mL），用 50mL 滴定管测到的有效数字是四位（体积要大于 10mL）。若用量筒测量液体体积时读出 24.25mL 就错了，因为 24.25 中 2 已是估计的，人眼睛无法再判断最后一位 5。同理，若用 50mL 滴定管测量液体体积时读出 25.3 mL，也错了，因为未估计最后一位数。前者有效数字多一位，后者有效数字少一位，这意味着前者扩大了仪器测量的准确度而后者缩小了仪器测量的准确度。

看看下面各数的有效数字的位数：

1.0008	4318.1	五位有效数字
0.1000	10.98%	四位有效数字
0.0382	1.98×10^{-10}	三位有效数字
5.4	0.0040	二位有效数字
0.05	2×10^5	一位有效数字
3600	100	有效数字位数不确定

在以上数据中"0"起的作用是不同的，它可以是有效数字，也可以不是有效数字。例如 1.0008 中，"0"是有效数字。在 0.0382 中，"0"只起定位作用，不是有效数字，因为这些"0"只与所取的单位有关，而与测量的精密度无关，如果将单位缩小 100 倍，则 0.0382 就变成 3.82，有效数字只有三位。在 0.0040 中，前面三个"0"不是有效数字，后面一个"0"是有效数字。另外还应注意，像 3600 这样的数字，有效数字位数不好确定，应该根据实际的有效数字位数写成 3.6×10^3（二位）、3.60×10^3（三位）、3.600×10^3（四位）。

那些不需要经过测量的数值，如倍数或分数，可认为它们是无限多位有效数字。

（2）有效数字的运算规则

① 加减法。几个数据相加或相减，它们的和或差只能保留一位不确定数。例：

$$
\begin{array}{r}
18.2154\underset{?}{} \\
2.563\underset{?}{} \\
4.55\underset{?}{} \\
+)\quad 1.008 \\
\hline
26.3364\underset{???}{}
\end{array}
$$

所以上述四数的和应为 26.34。（保留一位不确定数。）

在加减法中，所得的和或差的小数点后面的位数，应该与各加减数中小数点的位数最少者相同。有效数字的位数确定后，其余数字应按四舍五入的法则弃去。

为简便计算，可在进行加减前把数值先简化，使各数值中小数点后面的位数和各加减数中小数点后的位数最少者相同。例如：

$$
\begin{array}{r}
18.2154\underset{?}{} \\
2.563\underset{?}{} \\
4.55\underset{?}{} \\
+)\quad 1.008\underset{?}{} \\
\hline
26.3364\underset{???}{}
\end{array}
\qquad 简化为 \qquad
\begin{array}{r}
18.22 \\
2.56 \\
4.55 \\
+)\quad 1.01 \\
\hline
26.34\underset{?}{}
\end{array}
$$

② 乘除法。几个数据相乘或相除，它们的积与商也应只保留一位不确定数。例如：

$$
\begin{array}{r}
?? \ ?? \\
1\,00.15 \\
0.20\,)\overline{\,20.03\,} \\
20 \\
\hline
00\ 0 \\
00\ 0 \\
\hline
03 \\
00 \\
\hline
30 \\
20 \\
\hline
1\,00 \\
1\,00
\end{array}
$$

$$
\begin{array}{r}
20.03 \\
\times\ 0.20 \\
\hline
00\ 00 \\
400\ 6 \\
\hline
4.00\ 60
\end{array}
$$

即

$$20.03 \times 0.20 = 4.0 \qquad\qquad 20.03 \div 0.20 = 1.0 \times 10^2$$

从上例可看出，在乘除法中，所得的积或商的有效数字位数应与各数值中有效数字位数最少者相同。与小数点的位置无关。

③ 对数、反对数。对数的首数是确定真数中小数点的位置的，所以对数的首数不是有效数字，对数的尾数的有效数字的位数应与相应真数的有效数字位数相同。

例 1 2×10^2 与 2×10^{-7} 的有效数字位数均是一位，10^2 与 10^{-7} 是决定小数点位置的，这两个数的对数的首数 2、-7，不是有效数字。对数中尾数的有效数字的位数与真数的有效数字的位数相同。所以有：

$$\lg(2 \times 10^2) = 2.3$$
$$\lg(2 \times 10^{-7}) = -6.7$$

例 2 求下列数字以 10 为底的对数。

$$2.0 \times 10^{-2}, \quad 2.00 \times 10^{-2}, \quad 2.000 \times 10^{-2}$$

解： 2.0×10^{-2} 有二位有效数字

$\lg(2.0 \times 10^{-2}) = -1.70$ （有二位有效数字）

2.00×10^{-2} 有三位有效数字

$\lg(2.00 \times 10^{-2}) = -1.699$ （有三位有效数字）

2.000×10^{-2} 有四位有效数字

$\lg(2.000 \times 10^{-2}) = -1.6990$ （有四位有效数字）

例 3 计算 pH 为 2.3、2.30、2.300 溶液的 $c(\mathrm{H}^+)$。

解： ① pH=2.3

$\lg \dfrac{c(\mathrm{H}^+)}{c^{\ominus}} = -2.3 = -3 + 0.7$ （一位有效数字）

$$\frac{c(\text{H}^+)}{c^\ominus} = 5 \times 10^{-3} \qquad\qquad （一位有效数字）$$

② pH=2.30

$$\lg \frac{c(\text{H}^+)}{c^\ominus} = -2.30 = -3 + 0.70 \qquad （二位有效数字）$$

$$\frac{c(\text{H}^+)}{c^\ominus} = 5.0 \times 10^{-3} \qquad\qquad （二位有效数字）$$

③ pH=2.300

$$\lg \frac{c(\text{H}^+)}{c^\ominus} = -2.300 = -3 + 0.700 \qquad （三位有效数字）$$

$$\frac{c(\text{H}^+)}{c^\ominus} = 5.01 \times 10^{-3} \qquad\qquad （三位有效数字）$$

3. 无机化学实验中定量测定的准确度与仪器准确度的关系及仪器的匹配使用

无机化学实验中能直接定量测定的物理量有：物体的质量（g 或 mg）、液体的体积（L 或 mL）、溶液的 pH、有色溶液的吸光度等。相应使用的仪器有天平、量筒、移液管、滴定管、pH 计、分光光度计等。

根据上述有效数字的概念，要估读一位不甚准确值（或说可疑值），一般认为这仪器所测量的绝对误差为估读数的±2倍。例如粗天平的最小刻度为 0.5g，用粗天平称量时要估读到 0.1g，所以认为粗天平称量的绝对误差为±0.2g。

但要注意的是有些仪器的测量准确度要低于从标尺的估读数。例如电光分析天平，从光屏的刻度标尺可估读到 0.01mg，但实际上该类天平 0.1mg 这位数就是可疑值，所以电光天平称量的绝对误差为±0.2mg，不能认为是±0.02mg。上面所说的测量值的绝对误差都是假定其估读前的数为准确值，但实际情况并不完全如此，所以有时要对仪器进行校正，校正方法可参考有关书籍。

无机化学实验中有很多要测定的物理量是复合量。如浓度是复合量，它由溶质的物质的量（mol）与溶液体积（L）组合而成的。又如弱酸的标准解离常数 $K_a^\ominus$ 也是一个复合量，根据其定义式：

$$K_a^\ominus = \frac{[c(\text{H}^+)/c^\ominus][c(\text{A}^-)/c^\ominus]}{[c(\text{HA})/c^\ominus]}$$

要实验确定 $K_a^\ominus$ 的数值，则要先分别测定出同一溶液中 $c(\text{H}^+)$、$c(\text{A}^-)$ 及 $c(\text{HA})$，由上式计算出其数值。再如，一个物体中某一组分的质量分数 w_B，其定义式为 $w_B = m_B/m$（所取试样质量），所以质量分数是一个复合量。要实验确定，则要首先分别测定 m_B 及 m（所取试样质量），根据定义式计算得出。

由于一个复合量是不能直接由实验测定的，要由实验测定几个物理量通过计算得到。一般可认为由实验确定的复合量的准确度决定于误差最大的物理量的准确度。

例如欲用浓 HCl 配制一定浓度的 HCl 溶液，由于市售浓盐酸的 HCl 含量并不是一个确定值，分析纯的浓盐酸其 HCl 含量在 36%～38% 之间变化，即物质的量浓度在 11～12mol·L^{-1} 之间变化。所以不管配制的 HCl 溶液的体积准确度多高，其浓度准确度也是不高的，浓度的有效数字只有二位，相对误差可达 10%。因为所配 HCl 溶液的浓度误差是由浓 HCl 的物质的量浓度误差决定的。即使测定浓 HCl 体积及所配溶液的体积再准确，也不能提高所配溶液浓度的准确度，根据前面叙述的有效数字运算规则，体积也只要两位有效数字即可。为此用浓 HCl 配制一定浓度的 HCl 溶液所用仪器只要量筒、烧杯就行了，不需要也没有必要用移液管及容量瓶。

从上例可知，当配制溶液的溶质不可能准确地量取（或称取）其物质的量，如用浓 HCl、浓 H_2SO_4、浓 HNO_3、浓氨水等配制相应的稀溶液；组成不确定的溶质——含结晶水不定的盐；组成不稳定的溶质，如 NaOH(s) 遇空气要吸水或 CO_2，又如亚铁盐在空气中被氧化为铁盐等，配制溶液时，所配溶液的浓度准确度也是由其所含的物质的量决定的。所以配制这样的溶液用粗天平称量，用量筒量取体积即可。所配溶液的浓度也只有二位有效数字。

若配制溶液的溶质是稳定的，且组成是确定的，则所配溶液的浓度的准确度由称量误差或溶液的体积误差决定。如果所配溶液的浓度准确度要求不高（只要二位或一位有效数字），则用粗天平称量，用量筒量其体积即可。如果配制溶液的浓度准确度要求高，要三位或四位有效数字，则要用分析天平称量，用容量瓶决定溶液的体积。若用粗天平称量，用容量瓶决定溶液的体积或用分析天平称量，用量筒量取溶剂的体积，其浓度均达不到要求的准确度。

所以配制溶液时，应粗天平与量筒相匹配使用；分析天平与容量瓶相匹配使用。稀释溶液时，量筒与烧杯匹配使用；移液管与容量瓶匹配使用。

要测定浓度只有二位有效数字的溶液的精确浓度（浓度要有四位有效数字），常用滴定法（酸碱滴定、络合滴定、氧化还原滴定法等）。

所测溶液的溶质浓度由等物质的量规则

$$|\nu_B| \cdot c(B) = |\nu_A| \cdot c(A) \cdot V(A)/V(B)$$

计算而得。式中 B 为待测溶液的溶质，A 为标准溶液的溶质；ν_A、ν_B 为 A、B 参与反应的化学反应方程式中相应的化学计量数，因规定反应物的化学计量数为负值，所以要加绝对值符号；$c(A)$、$c(B)$ 分别表示溶质 A、B 物质的量浓度；$V(A)$、$V(B)$ 分别表示 A、B 物质的体积。

从上式可知，要得到 $c(B)$ 有四位有效数字，则要求标准溶液的浓度 $c(A)$ 也有四位有效数字。另外，$V(A)$、$V(B)$ 的测定也都要有四位有效数字。若 $V(A)$ 用移液管量取（要大于 10mL），则 $V(B)$ 由滴定管读出。所以由滴定管一定要估读到 0.01mL。

滴定法测定溶质浓度时移液管和滴定管相匹配使用，滴定管读数要估读到 0.01mL。

若用测定某一弱酸溶液的 pH 来确定其 $K_a^\ominus$ 的数值，根据上述 $K_a^\ominus$ 的准确度是 $c(H^+)$、$c(A^-)$ 和 $c(HA)$ 中误差最大的一个的准确度决定。而 $c(H^+)$ 是用 pH 计测定的，一般的 pH 计测定的 pH 只能估读到 0.01 位，所以 $c(H^+)$ 只有二位有效数字，即使 $c(HA)$ 的准确度再高，所得到的 $K_a^\ominus$ 最多只有二位有效数字。所以在配制弱酸溶液时完全没有必要用移液管-容量瓶配套配制。

当然有时考虑到误差的传递和累加，其他物理量的误差要比决定复合量准确度的那个物理量的误差小一个数量级，所以要求 $c(HA)$ 有三位有效数字。

用比色法测定溶液中溶质的浓度时，是根据下列关系（详见第五节）

$$\frac{D_标}{c_标} = \frac{D_{未知}}{c_{未知}}$$

由实验测定 $D_标$、$D_{未知}$，从已知 $c_标$ 计算出 $c_{未知}$。

i2 型分光光度计所测定的吸光度 D 数值有三位有效数字，所以计算得出的 $c_{未知}$ 也可有三位有效数字。但要得到有三位有效数字的 $c_{未知}$，必须要有三位有效数字的 $c_标$。所以在配制浓度为 $c_标$ 的标准溶液及配制待测溶液时，所使用的仪器是用分析天平称量，用容量瓶确定体积；若溶液太浓需用移液管、容量瓶配套使用稀释溶液。否则得不到应用的有效数字位数。

上面仅从有效数字位数讨论了所测定物理量的准确度及仪器的匹配使用。至于所测定物理量的偏差到底多大，有专著论述，这里不再叙述。

第四节　制 备 实 验

一、制备实验常用仪器及其使用

1. 加热装置

实验室常见的加热装置有：酒精灯、酒精喷灯、煤气灯、电炉、电热板、恒温水浴、油浴、沙浴、管式炉、高温炉（马弗炉）等，这些加热装置的加热温度、使用范围各不相同，实验中可根据具体情况进行选择。

（1）煤气灯

① 煤气灯的构造。煤气灯是实验室中最常见的加热器具，它的式样虽多，但构造、原理是相同的。它由灯管和灯座组成（图2-25）。灯管的下部有螺旋与灯座相连。灯管下部还有几个圆孔，为空气入口，旋转灯管即可完全关闭或不同程度地开启气孔，以调节空气进入量。灯座侧面有煤气入口，可接上橡皮管把煤气导入灯内。灯座侧面或下面有一螺旋针形阀，用以调节煤气的进入量。

煤气灯的正常火焰分为三层（图2-26）。

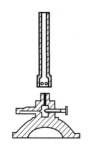
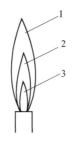
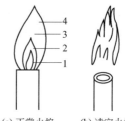

(a) 正常火焰　(b) 凌空火焰　(c) 侵入火焰

图 2-25　煤气灯　　　图 2-26　正常火焰的各个部分　　　图 2-27　各种火焰
　　　　　　　　　　　　1—氧化焰；2—还原焰；3—焰心　　　　1—焰心；2—还原焰；
　　　　　　　　　　　　　　　　　　　　　　　　　　　3—最高温度处；4—氧化焰

焰心——内层火焰，即未燃区，由未燃烧的煤气与空气组成的混合物，温度为300℃左右。

还原焰——中层火焰，煤气不完全燃烧，并分解为含碳的产物，所以这部分火焰具有还原性，温度较高，火焰呈淡蓝色。

氧化焰——外层火焰，煤气完全燃烧，过剩的空气使这部分火焰具有氧化性，最高温度处在还原焰顶端上部的氧化焰中，最高可达到1500℃（煤气的组成不同，火焰温度略有差异），火焰呈淡紫色。实验时一般都用氧化焰加热，可避免加热容器被熏黑。

② 煤气灯的使用方法。点燃煤气灯时，应先关闭空气入口，擦燃火柴并放在灯管口边缘，然后打开煤气开关，将灯点燃。调节煤气和空气进入量，使煤气燃烧完全，此时可得到淡紫色分层的正常火焰［图2-27(a)］。

若空气或煤气的进入量调节的不合适，会产生不正常的火焰。当煤气和空气的进入量都很大时，气流冲出管外，火焰在灯管上空燃烧，称为"凌空火焰"［图2-27(b)］。当煤气进入量很小、空气的进入量很多时，煤气在灯管内燃烧，火焰呈绿色，细长，并发出特殊的

"嘶嘶"声，这种火焰称为"侵入火焰"［图 2-27（c）］。如煤气量因某种原因突然减少时，就会产生侵入火焰，这种现象称为"回火"。遇到临空火焰或侵入火焰时都应立即关闭煤气阀门，重新调节和点燃。

（2）酒精喷灯 酒精喷灯是用酒精做燃料的加热器具。常用的有挂式和坐式两种。坐式酒精喷灯构造如图 2-28 所示，喷灯下部为一燃料罐，可从灯座上的加液口加入酒精。加入酒精后，必须盖好加液口的盖子以防不慎引燃罐内的酒精。燃料罐上方有一个预热槽。使用时，可在槽中装酒精并点燃，待槽内酒精快干时，灯管已被灼热，此时，罐内酒精气化，从管口喷出，将划着的火柴移近管口，即可点燃。升降进气口调节杆调节进气量，以控制火焰的大小。

必须注意：在点燃喷灯前灯管必须充分预热，要使喷出的酒精全部气化；否则，酒精呈液态喷出，易形成"火雨"，引起火灾。挂式酒精喷灯不用时，应关闭储罐下的活塞开关，以免酒精漏失，酿成后患。

（3）电炉和电热板 电炉和电热板（图 2-29）可以代替酒精灯或煤气灯用于加热容器中的液体。可以通过调节变压器来控制温度。加热容器（烧杯、蒸发皿等）和电炉之间要隔一块石棉网，使之受热均匀。

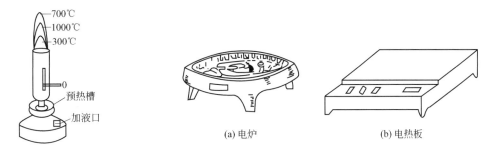

图 2-28　酒精喷灯　　　　　　　　　　　　　图 2-29　电热设备

电热板与加热容器的接触面是金属板，电流通过电热丝发热后再传到金属板上。电热板的加热面积比电炉大，用于加热体积较大或数量较多盛装待加热试样的容器。

（4）电热恒温水浴 电热恒温水浴常用于被加热物质要求受热均匀而温度又不能超过100℃的低温加热实验，或有挥发性的易燃有机溶剂的加热。恒温水浴是利用热水或水蒸气加热（图 2-30）。

使用方法和注意事项如下所述。

① 将水浴锅内注入适量清水，如加入热水可节约加热时间。

② 打开恒温水浴的盖子，放入盛有被加热物质的容器（烧杯或锥形瓶等）并固定好，注意水浴箱里的水不要流入容器内。

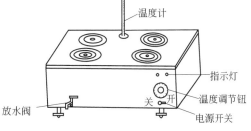

图 2-30　恒温水浴

③ 接好地线，打开电源开关，此时加热指示的红灯亮起，当达到所需温度时，调自动控制钮至断接点，即可保持箱内水温的恒定。此时恒温指示绿灯和红灯交替亮灭。

④ 加热时，槽内不要缺水，因炉丝套管是焊接密封的，缺水时易烧坏，使管内进水而烧坏炉丝或发生触电危险。

⑤ 使用完毕后应关闭电源，并及时放出水槽里的水。

（5）管式炉和高温炉（马弗炉） 管式炉［图 2-31(a)］有一个管状炉膛，利用电热丝或硅碳棒来加热，温度较高，可达 900℃以上。炉膛中插入一根耐高温的瓷管或石英管，瓷管中再放入盛有反应物的瓷舟，炉内可通入空气或其他气氛。

高温炉也叫马弗炉［图 2-31(b)］，它和管式炉一样也是用电热丝或硅碳棒来加热，加热元件为电炉丝的高温炉，最高可加热到 1000℃，硅碳棒可加热到 1300℃，马弗炉的炉膛为长方体，正面有一个炉门。使用时，可将试样放入坩埚或其他耐高温的容器中，打开炉门，用长柄坩埚钳将坩埚放入炉内，关好炉门进行灼烧。操作时应注意以下几点。

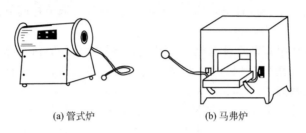

(a) 管式炉　　　　　　　(b) 马弗炉

图 2-31　管式炉和马弗炉

① 升温时不能一次将温度调高，应分阶段逐渐升温。低温挡处停 15min 后可调到中温挡，待电流增大后，再调至高温挡。

② 灼烧完毕后，高温炉应立即断电。但不要立即打开炉门，以免炉膛骤冷碎裂。

③ 高温炉不使用时，应将炉门关好，以防耐火材料受潮气侵蚀，并将电闸拉下，切断电源。

④ 高温炉近旁不能放置精密仪器，也不要存放易燃物质，特别是有机物。在有高温炉的房间内要准备好灭火器材。

（6）恒温干燥箱 恒温干燥箱最高使用温度一般为 200℃，常用温度小于 150℃，用于物质的烘焙、干燥等。其外形结构以实验室常用鼓风干燥箱为例，如图 2-32 所示。

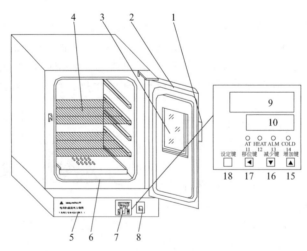

图 2-32　恒温干燥箱的外形结构

1—门拉手；2—箱门；3—观察窗；4—搁板；5—铭牌；6—硅橡胶密封圈；7—控温仪；8—带指示灯电源开关；其中控温仪中：9—PV 显示器，显示测量值；10—SV 显示器，显示设定值；11—运行指示灯；12—加热指示灯，当有加热输出时亮；13—报警指示灯；14—制冷指示灯；15，16—用于调整各类参数数值或进入自整定状态；17—移位键：用于设定值、内部参数的移位和观察定时运行时间；18—功能（SET）键，设定值修改，参数符号的调出及参数修改的确认恒温干燥箱使用电炉丝加热。主要使用方法及应注意事项如下。

① 将需干燥处理的物品放入干燥箱内，关好箱门。注意：不得放入易燃、易爆、易挥发及产生腐蚀性的物质进行干燥、烘焙；禁止将要烘干的样品直接放在搁板上，应放在称量瓶、玻璃或瓷质器皿中。

② 接通电源，把电源开关拨至"1"处，此时电源指示灯亮，控温仪上有数字显示。当所需加热温度与设定温度相同时不需重新设定，反之则需按下列操作重新设定：先按控温仪的功能键"SET"，进入温度设定状态，此时 SV 设定显示闪烁，再按移位键，配合加键"△"或减键"▽"操作，将温度调至所需温度，设定结束需按一下功能键"SET"确认。温度设定结束，程序进入定时设定。当 PV 窗显示 Tl 时，进入定时设定，出厂时 SV 窗为 0 00 0，表示定时器不工作，如不需要定时，即按 SET 键退出，如需定时，可用移位键配合加键把 SV 窗设定为所需时间（一般以分钟为单位），设定结束后，按 SET 键确认。

③ 此时干燥箱进入升温状态，加热指示灯亮。当箱内温度接近设定温度时，加热指示灯闪烁，反复多次，控制进入恒温状态。

④ 干燥结束后，把电源开关拨至"0"处，如马上打开箱门取出物品时小心烫伤，可使用隔热手套进行相关操作。

2. 固液分离的仪器和使用方法

固液分离一般有三种方法：离心分离法、倾泻法和过滤法。

(1) 离心分离法　使用离心机分离，实验室中常用于沉淀少量或胶体沉淀和颗粒很细的沉淀的固-液分离，离心机的使用见试管实验部分。

(2) 倾泻法　倾泻法用来分离结晶颗粒较大或密度较大的沉淀（或晶体），这种沉淀或晶体容易沉降至容器底部。操作时，先将烧杯倾斜静置，待沉淀沉降至烧杯底部时，将玻璃棒竖直搁在烧杯嘴上，慢慢将沉淀上部的清液沿玻璃棒倒入另一只烧杯中（图 2-33），而将沉淀尽可能留在烧杯内，使沉淀与溶液分离（而后再加入水反复洗几次即可得纯净沉淀）。

(3) 过滤法　过滤法是最常用的分离方法，根据沉淀的性质可选择不同的过滤方法。常用的过滤方法有常压过滤和减压过滤。

① 常压过滤。在常压下使用锥形玻璃漏斗过滤是最为简便和常用的方法。操作步骤如下。

a. 滤纸的选择　滤纸是最常用的过滤介质，其他过滤介质还有棉布、丝绸、多孔瓷板和多孔玻璃板等。

滤纸按燃烧后灰分的多少可分为定性滤纸和定量滤纸。定性滤纸灰分较多，适于做定性实验，而定量滤纸灰分的质量在分析天平上可忽略不计（所以也称无灰滤纸），因此适于做定量分析中的质量分析。滤纸按直径大小又可分为 7cm、9cm、11cm 等规格。按滤纸纤维孔隙的大小还可分为快速、中速、慢速三种。使用时根据沉淀的性质和数量选用滤纸。

b. 滤纸的折叠和安放　用洁净的手将滤纸对折两次，使其展开后成 60°角的圆锥体（如图 2-34，一边为一层，另一边为三层），然后把三层一边的外两层撕去一个小角，用食指把滤纸按在漏斗内壁上，使滤纸紧贴内壁。撕下的滤纸角保存在干燥的表面皿中，以备擦拭烧杯中残留的沉淀用。注意：如果漏斗的规格不标准（非 60°角），滤纸和漏斗将不密合，这时需重新折叠滤纸，改变第二次对折的角度，以使滤纸紧贴漏斗内壁。

图 2-33 倾泻法

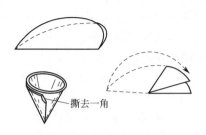

撕去一角

图 2-34 滤纸的折叠法

滤纸装好后，滤纸边缘应低于漏斗边 0.5～1cm。此时可加水润湿滤纸，轻压滤纸赶去气泡，再加水至滤纸边缘，让漏斗颈内全部充满水并形成水柱。若颈内不能形成水柱，可用手指堵住漏斗下口，稍稍掀起滤纸一边，用洗瓶向滤纸和漏斗的空隙内加水，使漏斗颈与锥体的大部分被水充满，然后压紧滤纸边，松开堵在下口的手指，即可形成水柱。具有水柱的漏斗，由于水柱的重力牵引，使过滤速度加快。

图 2-35 过滤

c. 沉淀的过滤　过滤时漏斗要放在漏斗架上，漏斗下放一洁净的盛接滤液的烧杯，漏斗颈紧靠烧杯壁，转移溶液时，应按图 2-35 所示，将玻璃棒放在滤纸三层一侧的上方（注意玻璃棒尖不要顶在滤纸上），烧杯嘴紧靠玻璃棒使溶液沿玻璃棒缓缓流入漏斗中。随着溶液的倾入，玻璃棒应逐渐提高，以免触及液面，待漏斗中液面距滤纸边缘 5mm 处时，暂时停止倾倒溶液，以免少量沉淀沿滤纸纤维向上越过滤纸，造成损失，待溶液流下后再继续倾倒。停止倾倒时，应注意烧杯嘴和玻璃棒上的溶液不掉在漏斗以外的任何地方，玻璃棒绝对不可以放在桌上，也不可放在烧杯嘴处，以免沾在玻璃棒上的少量沉淀丢失或污染。

d. 沉淀的洗涤　沉淀表面往往吸附大量的母液，如果需要洗涤沉淀，则等溶液转移完毕并滤干后，往盛有沉淀的容器中加入少量洗涤剂，充分搅拌后，将洗涤液转移至漏斗中，如此重复操作几遍后将沉淀全部转移到滤纸上，再用洗瓶从滤纸边缘稍下一些的部位，按螺旋形向下冲洗，洗至达到要求为止。洗涤时要贯彻"少量多次"的原则，即每次用量要少，尽可能多洗几次。每次应等洗涤液流尽之后再加入洗涤液，以提高洗涤效率。

② 减压过滤。减压过滤又称抽滤或真空过滤。由于减压过滤速度快，抽得干，因此，适用于颗粒较小的沉淀。但是却不适用于胶体沉淀和颗粒很细的沉淀。因为后者在减压下更容易透过滤纸，前者的颗粒容易堵塞滤纸孔，使过滤速度减慢。

减压过滤装置由布氏漏斗（或玻璃砂芯漏斗）、抽（吸）滤瓶、安全缓冲瓶和抽滤泵组成，如图 2-36 所示。实验室中抽滤泵一般采用循环水式真空泵（图 2-37）。抽滤瓶口和安全瓶口均应安装胶塞，以防漏气，各仪器之间的连接应使用耐压的硬质白胶管或真空胶管，不能用乳胶管代替。抽滤是利用水泵中急速流动的水流将系统内的空气带走，使抽滤瓶内形成负压，在布氏漏斗的液面上和抽滤瓶间造成一个压差，从而提高过滤速度。安全瓶用以防止因关闭循环水真空泵时，瓶内和外界的压差使泵内循环水倒吸入抽滤瓶中而污染瓶内的滤液。如果不用安全瓶，在过滤时应切记先断开吸滤瓶与水泵的连接，再关闭水泵。

减压过滤的一般操作方法：剪一张比布氏漏斗内径略小的圆形滤纸，滤纸的大小以能盖严布氏漏斗上的小孔为准，将滤纸平整地放在漏斗内，用少量水润湿，把漏斗安放在抽滤瓶上，注意漏斗下端的斜口应对着抽滤瓶侧面的支管（见图2-36）。打开循环水真空泵的开关，使抽滤瓶内形成负压，滤纸紧贴漏斗底部，检查无漏气现象后，再将溶液和沉淀一起转移至漏斗进行过滤，注意：每次转入的量不要超过漏斗高度的2/3。持续减压，直至将溶液抽干。如果沉淀较多，可在沉淀基本抽干后用小角匙或玻璃棒将沉淀压实，以尽量减少沉淀中的水分。抽滤完毕后，应先拔掉连接抽滤瓶的胶管或先取下布氏漏斗，然后关闭真空循环水泵的开关，以防止循环水倒吸。用玻璃棒轻轻揭起滤纸边缘，以取下滤纸和沉淀，滤液由抽滤瓶的上口倾出，注意不能从侧口（只用作连接抽滤泵）倒出，以免使滤液污染。

浓的强酸、强碱或强氧化性的溶液，过滤时不能使用滤纸，因为滤纸会和这些溶液作用而被破坏，可用石棉纤维代替。强酸性和强氧化性的溶液过滤时可使用玻璃砂芯漏斗，但强碱性溶液会腐蚀玻璃，不能使用这种漏斗。玻璃砂芯漏斗（或叫烧结玻璃漏斗）是玻璃质的，底部是多孔陶瓷，按孔隙大小可分为 $1 \sim 7$ 个等级，其中 1 号的孔径最大，实验时可根据沉淀颗粒的不同选用不同规格。玻璃砂芯漏斗使用后要先用水洗去可溶物，然后在 $6 \, mol \cdot L^{-1}$ 的 HNO_3 溶液中浸泡一段时间，再用水洗干净后，放置备用。

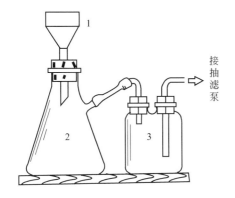

图 2-36 减压抽滤装置
1—布氏漏斗或玻璃砂芯漏斗；
2—吸滤瓶；3—安全瓶

图 2-37 循环水真空泵
1—真空表；2—指示灯；3—开关；
4—抽（吸）滤瓶接入口

3. 气体的发生和净化

在实验室制取气体物质的反应类型有以下几种。

固体热分解，如：

$$KClO_3 \xrightarrow[\triangle]{MnO_2} KCl + O_2 \uparrow$$

固液反应，如：

$$MnO_2(s) + HCl(浓) \xrightarrow{\triangle} MnCl_2 + Cl_2 \uparrow + H_2O$$

$$CaCO_3(s) + HCl \longrightarrow CaCl_2 + CO_2 \uparrow + H_2O$$

溶液反应，如：

$$HCOOH \xrightarrow{\text{浓}\ H_2SO_4} CO_2 \uparrow + H_2O$$

（1）固体热分解制取气体的装置　常用的装置是在铁架台上夹一个管口略向下倾斜的大试管，试管口塞一个带有玻璃管的橡皮塞。试管底部装固体，需要发生气体时在试管底部均匀加热即可。若是排水法收集气体，停止加热前应先从水中取出导气管，以免不加热时水倒吸，引起试管炸裂。

（2）固液反应制取气体的装置　启普发生器由一个葫芦状的玻璃容器和漏斗组成（如图2-38）。固体药品放在中间圆球内，可在固体下面放些玻璃丝来承受固体，以免固体从缝隙处掉至下部半球内。酸等液体从球形漏斗加入。使用时只要打开活塞，由于压力差，酸液自动上升进入中间球内，与固体接触而产生气体。停止使用时，只要关闭活塞，继续发生的气体会把酸液从中间球内压入下球及漏斗内，使酸液与固体不再接触而停止反应。再使用时，只要重新打开活塞即可，使用十分方便。

启普发生器中的酸液长久使用后会变稀。此时可把下球侧口的玻璃塞（有的是橡皮塞）拔下，倒掉废酸。塞好塞子，再向球形漏斗中加入新的酸液。若要更换或添加固体，先倒出酸液，再拨出中间球侧的塞子，将原来的固体残渣从侧口取出，更换新的固体。

启普发生器不能加热，装入的固体反应物又必须是较大的颗粒，不适用小颗粒或粉末状的固体反应物。

常用启普发生器制备的气体有氢气、二氧化碳、硫化氢等。

可加热的固液反应气体发生装置：用 MnO_2 与浓盐酸反应制取氯气一定要加热，其装置如图2-39所示。

固体加在蒸馏瓶内，液体装在分液漏斗中。使用时，打开分液漏斗的活栓，使液体均匀地滴加在固体上，就产生气体。若需要加热，可在蒸馏瓶底部微微加热。气体由蒸馏瓶支管导出。

蒸馏瓶也可改成锥形瓶、大试管等。塞锥形瓶、大试管的塞子应打两个孔。一孔装分液漏斗，另一孔装一根玻璃弯管作导出气体用。

（3）溶液反应气体发生装置（图2-39）　在蒸馏瓶中加一种液体，在分液漏斗中装另一种液体。使用时，打开分液漏斗栓，使两种液体混合，即可产生气体。有必要时也可微微加热。

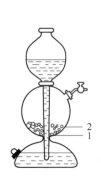

图2-38　启普发生器装置
1—玻璃丝；2—固体药品

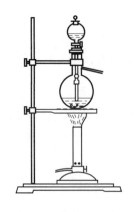

图2-39　气体发生装置

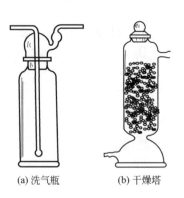

(a) 洗气瓶　　(b) 干燥塔

图2-40　洗气瓶和干燥塔

（4）**气体的净化和干燥**　实验室中发生的气体常常带有酸雾和水汽，需要净化和干燥。通常用洗气瓶和干燥塔（图 2-40）进行。洗气瓶中装有吸收剂，一般是水或浓硫酸；干燥塔装有干燥剂，如无水氯化钙、硅胶等。净化和干燥气体时，一般是将气体先用水洗以除去酸雾，然后再通过浓 H_2SO_4 或无水 $CaCl_2$ 再除去水汽。如系有还原性的气体（H_2S）或碱性气体（NH_3）就不能用浓硫酸干燥，前者可用无水氯化钙，后者可用固体氢氧化钠干燥。

4. 实验室用纯净水的制备

实验室中，清洗仪器、配制溶液、分析测定都需要大量的纯水，但自来水含有各种杂质，不符合实验的要求。通常使用蒸馏或离子交换法获取纯净水。

（1）**蒸馏水**　自然界的水经过蒸馏器冷凝制得的水叫蒸馏水。实验室中可用蒸馏烧瓶、冷凝管等仪器制取蒸馏水（图 2-41）。将自来水放入烧瓶中加热气化，水蒸气上升经冷凝管冷凝后流入接收器中，成为蒸馏水。也有供实验室使用的电热蒸馏水器。蒸馏水仍含有微量的杂质，一般在 25℃时其电导率为 $2.8×10^{-6}\,S·cm^{-1}$。

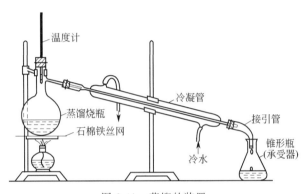

图 2-41　蒸馏的装置

（2）**去离子水**　用离子交换法制备的纯净水叫去离子水。这种方法目前已广泛被各实验室和工业部门采用。离子交换法除用于制备去离子水外，还可用于稀有金属的分离和提纯、金属的回收、抗菌素的提取等各方面。

① **交换原理**　离子交换法是将自来水依次通过装有阳离子、阴离子交换树脂的离子交换柱，以除去水中的杂质离子。

离子交换树脂是具有网状骨架结构的固态高分子聚合物。在其骨架结构上的活性官能团与水中的离子进行交换。如聚苯乙烯磺酸型阳离子交换树脂，就是苯乙烯和一定量的二乙烯苯的共聚物，经过浓硫酸处理，在共聚物的苯环上引入磺酸基（—SO_3H）而成，它是强酸性的阳离子交换树脂。当树脂经过水浸，充分膨胀之后，骨架内的空隙扩大了，处在苯环上的磺酸基（—SO_3H）的氢离子便可与水中的阳离子（如 Ca^{2+}、Na^+、Mg^{2+} 等）交换。

$$R—SO_3^-H^+ + Na^+ \rightleftharpoons R—SO_3^-Na^+ + H^+$$

$$2R—SO_3^-H^+ + Ca^{2+} \rightleftharpoons (R—SO_3^-)_2Ca^{2+} + 2H^+$$

式中 R 是苯乙烯和二乙烯苯的共聚物。

阴离子交换树脂是在共聚物的网状骨架上引入胺基等碱性基团，如季铵盐型强碱性阴离子交换树脂 $R≡N^+OH^-$，其中 OH^- 可以与水中的阴离子 X^- 进行交换。

$$R \equiv N^+ OH^- + X^- \Longrightarrow R \equiv N^+ X^- + OH^-$$

② 交换装置　制备纯净水的装置通常使用离子交换柱，去离子水制备装置如图 2-42 所示。自来水先经过阳离子交换柱除去水中的 Ca^{2+}、Mg^{2+} 等阳离子。除去阳离子的水流入阴离子交换柱，水中的阴离子又与交换树脂中的 OH^- 发生交换，两柱中置换出来的 H^+ 和 OH^- 结合成 H_2O。经过多次交换即可得到去离子水。

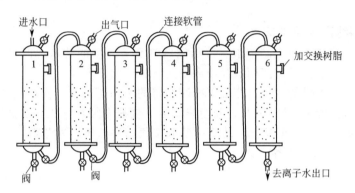

图 2-42　去离子水制备装置
1,4—阳离子柱；2,3,5,6—阴离子交换柱

③ 制备操作　新购进来的离子交换树脂中常含有一些低聚物、色素、灰砂等，使用时必须除去杂质，进行转型处理。

a. 漂洗处理　将新树脂置于盆中，用低于 40℃ 的水反复漂洗，洗至上层清液呈无色，然后将阴、阳离子交换树脂分别装入交换柱中，加水浸泡 24h。

b. 强酸性阳离子交换树脂的转型处理　将阳离子交换柱串联在一起，加入 2 $mol \cdot L^{-1}$ 的 HCl 将柱内的水替换出去，静置 2～3h，用水洗至流出液的 pH 为 3～4。再加入 2 $mol \cdot L^{-1}$ 的 NaOH 溶液静置 2～3h 后水洗至流出液的 pH 为 9～10。然后再用 2 $mol \cdot L^{-1}$ HCl 进行转型处理，1kg 树脂消耗酸 4.5L。注意：转型时 HCl 的流速不可过快，大约以 60 $mL \cdot min^{-1}$ 为宜。盐酸加完后，用去离子水洗至流出液的 pH 约为 4 即可。

c. 强碱性阴离子交换树脂的处理　将阴离子交换树脂串联在一起（注意：阴离子交换树脂的用量应是阳离子交换树脂的两倍），加入 2 $mol \cdot L^{-1}$ NaOH 溶液将柱内的水替换出去，并静置 2～3h，用去离子水（或经过阳离子树脂的水）淋洗至流出液的 pH 为 9～10，再用 2 $mol \cdot L^{-1}$ HCl 溶液淋洗至洗出液的 pH 为 3～4，然后用 2 $mol \cdot L^{-1}$ NaOH 溶液进行转型处理，耗碱量的计算与碱液的流出速率与阳离子交换树脂的相同，当 NaOH 加完后，用去离子水淋洗至流出液的 pH 为 9～10。

将以上经活化、转型处理的离子交换树脂重新装柱，排除树脂层的气泡，即可进水作水处理，最初流出的水应弃去。

离子交换树脂使用一段时间后，会失去交换能力。此时，应进行再生处理。处理方法为：阳离子交换柱用 HCl 溶液处理，阴离子交换柱用 NaOH 溶液处理，溶液的浓度、用量、处理方法与树脂的转型处理相同。

④ 去离子水的质量检验

a. 酸碱度　在两支试管中加入去离子水，一支试管中滴加甲基红指示剂不得显红色；另一支试管中滴加 0.1% 的溴百里酚蓝指示剂不得变蓝色。

b. 钙镁离子　取 10mL 待查的去离子水，加氨性缓冲溶液（20g NH_4Cl 加入 1L

$2mol \cdot L^{-1}$ 的 $NH_3 \cdot H_2O$ 溶液中），调 pH 至 10 左右，加入铬黑 T 指示剂不得显红色。

c. 氯离子 在试管中加入待检测的去离子水，用 $2mol \cdot L^{-1}$ 的 HNO_3 酸化，再滴入 $0.1mol \cdot L^{-1}$ $AgNO_3$ 溶液 1 滴摇匀，不得有浑浊现象。

d. 电导率 用电导率仪测定去离子水的电导率，以判断水的质量。水的纯度越高，杂质离子的含量越少，水的电阻率越高，电导率越低，一般去离子水的电导率在 25℃ 时为 $4.0 \times 10^{-5} \sim 8.0 \times 10^{-7} S \cdot cm^{-1}$。

二、制备实验注意事项

某一物质的制备方法首先与该物质的性质有关，其次与所用的原料有关，第三与所得产品的要求（如纯度要求，物性要求——粒度大小，磁、光、电学性质要求，颜色要求等）有关。所以即使是同一种化合物往往也有许多种制备方法（目前已知的无机化合物就达 800 多万种）。所以选择合理的合成路线是制备实验中首先要考虑的问题。

选择合理的合成路线的原则如下所述。

① 合成过程中的每一个化学反应从热力学方面考虑应是可能的，从动力学角度分析应是现实的。

② 从经济的角度看，投入产出比要高。即在得到同样产品数量、质量的条件下，原料的利用率要高，试剂的消耗要少，投入的人工要省，能源消耗、设备折旧要低。所以从经济的角度考虑无论是古老的还是现代的工艺手段均可以用，只要经济效果好。

③ 环境污染要少。化学工业是环境污染的大户，人们在大量制造化学制品为人类造福的同时，又给人类赖以生存的环境造成了污染，从而危及了人类的生存。这是一对严重的矛盾，所以在制定合成路线时，一定要考虑减少和消除环境污染。要选择污染少的合成路线，同时必须考虑污染的治理。

近年来提出的无污染的合成路线是一种新思路，必须重视。

④ 在保证质量、经济效益及无污染的条件下，要求工艺简单。

在各类制备无机物的化学反应中，水溶液中进行的反应得到较为广泛的应用。其中沉淀反应被用来制备产品（该产品不溶于水）、除杂质（提高产品纯度）等。对这类反应的要求是：沉淀反应进行得完全，沉淀尽量少带杂质，且易于固液分离。

一般说来，沉淀可分为晶形沉淀和非晶形沉淀。晶形沉淀结构紧密，颗粒较大，吸附、包藏的杂质较少。而非晶形沉淀是由许多微小晶体颗粒不规则地聚集而成的，它结构疏松，吸附、包藏的杂质较多。特别是氢氧化物沉淀，含有大量的配位水分子，体积更为庞大，吸附能力更强，包含的杂质更多。

生成沉淀的晶形主要受两个因素——成核速率（即构晶离子聚集起来生成微小晶核的速率）和晶核长大速率（即构晶离子在晶核上有规则地排列成晶格的速率）的影响。当成核速率小、晶核长大速率大，构晶离子能够整齐地排列成晶格，可得到晶形沉淀。反之，若成核速率大、晶核长大速率小，构晶离子来不及整齐地排列，就容易形成非晶形沉淀。

为制备晶形沉淀，就要特别注意沉淀的条件，简单说来，可以归纳为五个字"稀、慢、搅、热、陈"。

"稀"：反应溶液和沉淀剂的浓度都要适当稀一些，这样成核速率相对就小，易生成晶形沉淀。溶液较稀时，杂质的浓度也相应小，被吸附的可能性也小些，但溶液太稀，则体积大，会影响收率，增加沉淀时间，从而降低生产效率。

"慢"和"搅"：应在充分搅拌下缓慢地加入沉淀剂，特别是在开始阶段应在不断搅拌下滴加。通常在加入沉淀剂的局部区域，由于来不及扩散，沉淀剂的浓度要比其他区域浓度高，使得该局部区域过饱和程度大，成核速率大。为了尽量减小沉淀剂局部过浓现象，限制成核速率，在操作上强调"慢"和"搅"。

"热"：应将溶液加热后进行沉淀，一般说，沉淀的溶解度随温度升高而增大，所以在热溶液中沉淀时，溶液的过饱和度相对较小，成核速率相对于晶核长大速率也小，易于生成过滤性能好的晶形沉淀。另外，沉淀吸附杂质的量随温度升高而减少，所以在热溶液中可得到较纯净的沉淀。

需要注意的是，应冷却后过滤，以免因温度高沉淀在母液中溶解得多而降低收率。

"陈"：在沉淀完全析出后，将刚生成的沉淀与母液在一定温度下放置一段时间，这一过程称为"陈化"。在陈化过程中，小颗粒沉淀溶解，大颗粒沉淀长大。可得到过滤性能好、杂质含量低的沉淀。

对于有些沉淀，特别是溶解度非常小的沉淀，即使严格控制反应条件，其成核速率还是远大于晶核长大速率，必然得到非晶形沉淀（无定形沉淀），尤其是一些氢氧化物沉淀。

所以在设计、选择制备流程时首先应尽量避免形成这类沉淀（详见后文离子分离部分所述）。若实在无法避免生成这类非晶型沉淀（也称无定形沉淀），在沉淀过程中应考虑设法破坏胶体，防止胶溶和加速沉淀微粒的凝聚。其操作要点是在较浓的热溶液中进行沉淀，并在沉淀时加入大量的电解质。

在水溶液中制备溶解度很大的无机化合物时，常采用蒸发浓缩结晶的手段。

溶液的浓缩可用加热蒸发的方法，常用的容器是蒸发皿。将溶液倒入蒸发皿时应注意溶液体积不应超过其容量的 2/3。蒸发一般在水浴上进行，若溶液很稀，也可先直接加热蒸发，然后再放在水浴上蒸发。蒸发到一定程度后，就可析出结晶。

晶体析出的过程叫结晶。结晶过程分两个阶段进行，即晶核的形成阶段和晶核的成长阶段。在结晶过程中，通过控制结晶条件来控制晶核的数目，可以调整晶体的大小和结晶纯度。

结晶的方式有两种：对于溶解度随温度下降变化不大的物质，如氯化钠、氯化钾等，将溶液蒸发至稀粥状后冷却，即可析出结晶；对溶解度随温度变化较大的物质，如硝酸钾、硝酸钠等，只需蒸发到液面出现晶膜后，即可冷却使其结晶。如果冷却后析不出结晶，可以振荡器皿，或用玻璃棒小心地摩擦器壁，促使晶核生成，也可以投入晶种，结晶就会逐渐增多。结晶颗粒的大小取决于冷却速度，迅速冷却饱和溶液，析出的结晶颗粒小。缓慢地冷却则析出较为粗大的结晶颗粒。

为了得到较高纯度的产品，可把得到的结晶进行重结晶，即重新加入适量溶剂并加热使晶体溶解，然后再冷却结晶。对产品的纯度要求越高，重结晶的次数应越多。重结晶的收率不高，因为饱和母液中含有大量的溶质。因此，重结晶的母液不可随便丢弃。

第五节　几种常见仪器介绍

一、天平

1. 各种天平称量的准确度

实验室中使用不同等级的电子天平，各种天平称出的物体质量的准确度也不同。

万分之一天平，一般能称准至 0.1mg，即 0.1mg 位是不准确数。

千分之一天平，一般能称准至 1mg，即 1mg 位是不准确数。

百分之一天平，一般能称准至 10mg，即 10mg 位是不准确数。

十分之一天平，一般能称准至 0.1 g，即 0.1 g 位是不准确数。

2. 电子天平

最新一代的天平是电子天平，它是利用电子装置完成电磁力补偿的调节，是物体在重力场中实现力的平衡，或通过电磁力矩的调节，使物体在重力场中实现力矩的平衡。常见电子天平的结构都是机电结合式的，由载荷接受与传递装置、测量与补偿装置等部件组成。可分成顶部承载式和底部承载式两类，目前常见的大多数是顶部承载式的上皿天平。从天平的校准方法来分，则有内校式和外校式两种。前者是标准砝码预装在天平内，启动校准键后，可自动加码进行校准。后者则需人工去拿标准砝码放到秤盘上进行校正。

3. 梅特勒-托利多 L-IC 系列天平

（1）天平的构造 见图 2-43。

（2）操作键功能一览 该天平具有两种操作方式：称量方式和菜单方式。根据所选择的操作方式和按键时间的长短，各键有不同的含义（图 2-44）。

（3）天平的校准 为了获得准确的称量结果，必须进行校准以适应当地的重力加速度。

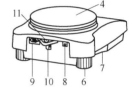

图 2-43 天平的构造

1—操作键盘；2—显示屏；3—秤盘；4—防风罩；5—水平调节螺丝；6—用于下挂称量的秤钩孔；7—交流电源适配器插座；8—RS232c 接口；9—防盗锁链接环；10—水平泡

以下情况校准是必要的。

① 首次使用天平称量之前。

② 称量工作中定期进行。

③ 改变放置位置后。

两种校准方式如下所述。

① 内部校准 让秤盘空着，按住 Cal 键不放，直到在显示屏上出现 CAL int 字样后松开该键。天平自动进行校准。当在显示屏上短时间出现信息 CAL donE，紧接着出现 0.00g 时，天平校准结束，天平又回到称量工作方式，等待称量（图 2-45）。

（注：内校时请确认 MENU 中 CAL 项为 CAL int。）

② 外部校准 准备好校准用校准砝码。让秤盘空着。按住 Cal 键不放，直到在显示屏上出现 CAL 字样后松开该键。所需的校准砝码值会在显示屏上闪烁。放上校准砝码（在秤盘的中心位置）。天平自动地进行校准。当 0.00g 闪烁时，移去砝码。当在显示屏上短时间出现（闪现）信息 CAL donE，紧接着又出现 0.00g 时，天平的校准结束。天平又回到称量工作方式，等待称量（图 2-46）。（注意外校时请确认 MENU 中 CAL 项为 CAL。）

注意：天平的校准工作由教师完成，学生不得擅自校准。

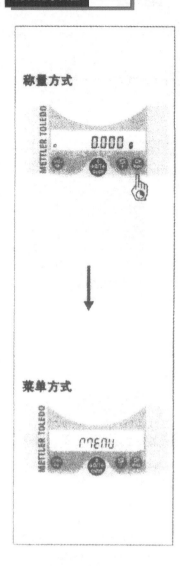

称量方式下的操作键功能			
短时间按键		长时间按键	
1/10d	● 实际分度值减小	Cal	● 调整(校准)
On → O/T ← C	● 开机 ● 清零/去皮 ● 取消功能	Off	● 关机
↻	● 转换 ● 改变设置	F	● 功能调用; 所需功能须在菜单中激活,否则在显示屏上将出现"F nonE"
⇥	● 通过接口传输称量数据到激活的打印机 ● 数据设置确认	Menu	● 菜单调用(按住键不放,直到出现"MENU")

菜单方式下的操作键功能			
短时间按键		长时间按键	
1/10d	● 改变设置 ● 显示数增减小1位	1/10d	● 数值快速减小
C	● 退出菜单 (不保存退出)		
↻	● 改变设置 ● 显示数值增加1位	↻	● 数值快速增加
⇥	● 选择下一个菜单项	Menu	● 保存并且退出菜单

图 2-44　操作键功能一览

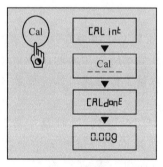

图 2-45　内部校准

(4) 称量

① 开机、关机

开机:在开机前要查看水平仪,如不水平,请教师通过水平调节脚调至水平。接通电源,预热 120min（若天平长时间没用）后方可开启显示器进行操作使用。

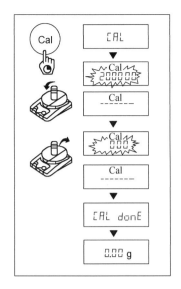

图 2-46 外部校准

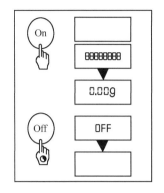

图 2-47 开机、关机

让秤盘空载并点击 ON 键。天平进行显示自检（显示屏上的所有字段短时点亮）。当天平回零时，天平就可以称量了。

关机：按住 Off 键不放直到显示屏上出现"OFF"字样，再松开键（图 2-47）。

② 简单称量 将称量样品放在秤盘上。等待，直到稳定状态探测符"。"消失。读取称量结果（图 2-48）。

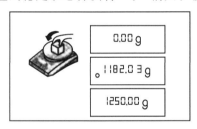

图 2-48 简单称量

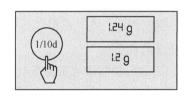

图 2-49 快速称量

③ 快速称量（降低读数精度） 天平允许降低读数精度（小数点后的位数）以加快称量过程。天平在正常精度和正常速度状态下工作。按 1/10d 键，天平在较低的读数精度状态下

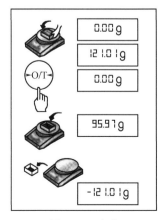

图 2-50 去皮

工作（小数点后少一位），但是能更快地显示出结果。再点击一下 1/10d 键，天平又返回到正常读数精度工作状态（图 2-49）。

④ 去皮 将空容器放在天平（的秤盘）上，显示该容器的质量。点击→O/T←键。给容器装称量样品，则显示净重。如果将容器从天平上拿走，则皮重以负值显示。皮重将一直保留到再次按→O/T←键或天平关机为止（图 2-50）。

⑤ 注意事项

a. 在开天平前，先检查天平的秤盘及内部是否干净，在天平未开前，将天平用毛刷清扫干净。

b. 天平的开机、通电预热、校准均由教师负责完成，学生称量时只需按 On 键、TAR 键及 Off 键即可，其他键不允许乱按。

c. 天平自重较轻，容易被撞移位，造成不水平，从而影响称量结果。所以在使用时要特别注意，动作要轻、缓，并要经常查看水平。

二、酸度计

1. 仪器的用途及基本原理

酸度计是一种用电位法测定水溶液 pH 的测量仪器，它主要是利用电极在不同的 pH 溶液中，产生不同的直流毫伏电动势，将此电动势输入到电位计后，经过电子线路的一系列工作，最后在指示器上指出测量结果。pH 是测定某种溶液酸碱度的单位，以氢离子浓度的负对数值来表示：

$$pH = -\lg c(H^+)$$

pH=0 表示强酸，pH=14 为强碱，pH=7 则为中性。

本书以实验室常用的梅特勒-托利多 DELTA320 型酸度计为例对酸度计进行介绍。

测定 pH 必须具备传感电极和参比电极，在常规测定中常采用复合电极（传感和参比电极的复合体）。传感（pH）电极（或是复合电极中的传感元件）具有某种 pH 稳定的内缓冲溶液并在被测溶液中产生电位（内部与外部离子电荷差）。这取决于溶液中的 H^+ 活度（浓度）。参比电极（或是复合电极中的参比元件）具有定义过的、稳定的、与样品 H^+ 活度无关的电位。DELTA 320 型酸度计测定并将所得的微小电极电压变化值换算成 pH。

DELTA 320 型酸度计工作的条件要求如下所述。

① 环境温度：5～40℃。

② 空气相对湿度：≤85%。

③ 被测溶液温度：5～45℃。

④ 供电电源：交流 220V±10%；50Hz±0；或直流 15V±1V。

⑤ 除地磁场外，无显著电磁场影响。

2. 仪器的构造

DELTA 320 型酸度计主要有电机部分和电极部分组成。

(1) 电极部分 DELTA 320 型酸度计使用的是复合电极，电极结构如图 2-51 所示。

参比电极由银（Ag）、氯化银（AgCl）和参比电解液（3mol·L^{-1} KCl 溶液）组成。内缓冲溶液一般为 0.1mol·L^{-1} HCl。敏感膜是用一种导电玻璃（含 72% SiO_2、22% NaOH、6%CaO）构成的。

(2) 电机部分（如图 2-52 所示） 增减键为增加或减少设定值用。校正键为开始电极校正用。读数键短按时，开始/终止测量读数；长按时，打开/关闭自动终点判别功能。模式键短按时，在 pH、mV 测量之间切换；长按时，进入 Prog 程序（设定手动温度补偿温度值或设定缓冲溶液组别）。

3. DELTA 320 型酸度计测定溶液 pH 的测量步骤

(1) 接通电源 短按电源开关打开仪器，预热 15～20min。

(2) 洗涤电极 干放的复合电极使用前必须取下复合电极下部的保护帽和参比电解液注入口的密封盖，将电解液装满，在去离子水（或蒸馏水）中浸泡 8h 以上。使用前再用去离子水冲洗电极外部及温度补偿探头并用滤纸吸干。

(3) 校正

① 一点校正 将电极及温度补偿探头浸入标准缓冲溶液，按校正开始校正。320pH 计在校正时自动判定终点。当达到终点时显示屏上会显示相应校正结果，按读数保存一点校正

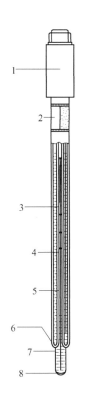

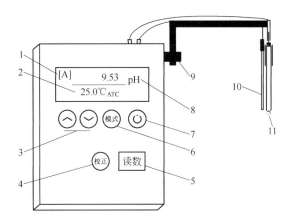

图 2-51　DELTA 320 型酸度计电极结构
1—电极帽；2—参比电解液注入口和密封盖；
3—参比部分；4—玻璃电极信号引出部分；
5—参比电解质；6—隔膜；
7—内缓冲溶液；8—敏感膜

图 2-52　DELTA 320 型酸度计电机部分
1—自动终点判断；2—显示 ATC/MTC 温度；3—增减键；
4—校正键；5—读数键；6—模式键；7—电源开关；
8—测量结果；9—电极支架；10—温度补偿探头；
11—复合电极

结果并退回到正常的测量状态。

② 两点校正　在一点校正过程结束后，不要按读数，继续第二点校正操作，将电极及温度补偿探头放入第二种标准缓冲液，按校正。当到达终点时显示屏上会显示相应的电极斜率和电极性能状态图标，按读数保存两点校正结果并退回到正常的测量状态。

③ 三点校正　在两点校正过程结束时，不要按读数，继续第三点校正操作，将电极及温度补偿探头放入第三种标准缓冲液中，按校正。当到达终点时显示屏上会显示相应的电极斜率和电极性能状态图标，按读数保存三点校正结果并退回到正常的测量状态。

（4）测量

① 按模式键切换到 pH 测量状态。

② 按上述电极校正方法校正电极（平时一般使用一点校正）。

③ 将电极及温度补偿探头放入待测溶液中，并按读数开始测量，测量时小数点在闪烁。在显示屏上会动态地显示测量结果。

④ 当测量达到终点时，小数点停止闪烁，显示屏的左上角会有 A 显示。

⑤ 第一次测量结束后，将电极及温度补偿探头放入新的待测溶液中，再按读数，重新开始一次新的测量过程。

⑥ 全部测量结束后，短按电源开关，关闭仪器。将电极及温度补偿探头从待测溶液中取出，用去离子水冲洗并用滤纸吸干。戴上复合电极下部的保护帽和盖上参比电解液注入口的密封盖。

三、分光光度计

分光光度计有不同型号，下文只介1绍i2可见分光光度计。

1. 概况

（1）仪器的特点和用途　i2可见分光光度计（图2-53）可测波长范围：320～1100nm，能在可见、近红外光谱区域对样品物质作定性和定量分析。此系列仪器结构简单、稳定可靠、读数准确，广泛应用于高校基础教学、医疗卫生、临床检验、石油化工、环境保护、冶金和电力等各大领域，是理化实验室常用的分析类仪器。

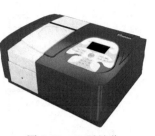

图 2-53　i2可见分光光度计外观

（2）仪器的主要技术参数　i2可见分光光度计的主要技术参数见表2-1。

表 2-1　i2可见分光光度计的主要技术参数

产品型号	i2	产品型号	i2
波长范围	320～1100nm	稳定性	0.001A/h
光谱带宽	2nm	杂散光	≤0.05%T
波长准确度	±0.5nm	基线平直度	±0.001A
波长重复性	0.2nm	光度显示范围	0～200%T、−0.3～3A、0～9999C
光度准确度	±0.3%T		

2. 仪器的光学原理

（1）朗伯-比尔定律

紫外/可见分光光度法是根据被测物质分子对紫外可见波段范围单色光的吸收或反射强度来进行物质的定性、定量或结构分析的一种方法。

物质呈现特征的颜色，是由于它们对可见光中某些特定波长的光线选择性吸收的缘故。实际上，一切物质都会对可见光和不可见光中的某些波长的光线进行吸收。但是，一切光线并不都是以相同的程度被物质吸收的。物质对不同波长的光线表现不同的吸收能力，叫作选择性吸收。各种物质对光线的选择性吸收这一性质反映了它们分子内部结构的差异，即各种物质的内部结构决定了它们对不同光线的选择吸收。

朗伯-比尔定律（Lambert-Beer）是几乎所有的光学分析仪器工作原理的基础，它由朗伯定律和比尔定律合并而成。朗伯定律表明：如果溶液的浓度一定，则光对物质的吸收程度与它通过的溶液厚度成正比。比尔定律表明：如果吸光物质溶于不吸光物质的溶剂中，则吸光度和吸光物质的浓度成正比。两者合成后的数学表达式如下：

$$T = I/I_0 \tag{2-1}$$

$$A = Kcl = -\lg(I/I_0) \tag{2-2}$$

式中　T——透光率；

$\quad\quad A$——吸光度；

$\quad\quad c$——溶液浓度；

$\quad\quad K$——溶液的吸光系数；

$\quad\quad l$——液层在光路中的长度；

$\quad\quad I$——光透过被测试样后照射到光电转换器上的强度；

$\quad\quad I_0$——光透过参比测试样后照射到光电转换器上的强度。

朗伯-比尔定律的真正物理意义为：当一束平行的单色光通过某一均匀的有色溶液时，溶液的吸光度与溶液的浓度和光程的乘积成正比。虽然在现实中不能得到真正的单色光，但对常规量来说已经足够。

本仪器是根据相对测量原理工作的，即选择某一溶剂（蒸馏水、空气或试样）作为参比溶液，并设定它的吸光度 A 为 0.000（透光率 T 为 100%），而被测试样的吸光度是相对于该参比溶液而得到的。

（2）朗伯-比尔定律在使用过程中的可靠性 朗伯-比尔定律假设的分析条件与实际的分析条件有偏离，因此在使用中就会出现可靠性的问题。在朗伯-比尔定律的推导中，至少有三个假设是与实际不相符的。第一：假设采用的是单色光；第二：入射光是平行光；第三：吸光粒子的行为相互无关，而且不论其数量和种类如何都是如此。此外，样品的处理、测量的光程、杂散光的影响、噪声的影响、光谱带宽的影响、化学因素的影响以及其他因素的影响都会使定律发生偏离。

① 非单色光 在比尔定律的推导过程中，都是采用单色光，而实际中不可能是真正的单色光，即使是选用仪器上设置的最小光谱带宽也是如此，非单色光的谱带宽度与使用仪器的光谱带宽有关，所用的光谱带宽越大，非单色光的谱带宽度就越大，光谱纯度就越差，由于实际的非单色光与假设的单色光不符，就产生了朗伯-比尔定律的偏差。

② 非平行光 假设入射到样品上的光是真正的平行光，这在实际中也是不可能。不管在何种情况下，入射到样品上的光，总是有一个孔径角。这与假设入射到样品上的光是平行光不符，也产生了朗伯-比尔定律的误差（如图 2-54 为通过比色皿的实际光路）。

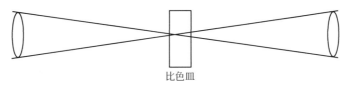

比色皿

图 2-54 通过比色皿的实际光路

③ 吸光物质成分之间的相互作用 在朗伯-比尔定律的推导中，假设所有的吸光粒子（分子或离子）的行为都是相互无关的，但是这种情况只有在稀溶液（浓度 ≤0.01mol·L^{-1}）中才存在。因为在浓度增大时，往往产生某些附加效应，如聚焦、聚合或缔合作用、水解以及配合物配位数的改变等，这样就影响到物质的吸光效应。吸光粒子之间的相互作用必将改变吸光成分或被激发的成分，或改变电荷分布，从而改变对所吸收的入射光能量的要求，导致吸收峰的位置、形状和高度随着浓度的增加而改变。

④ 浓度对朗伯-比尔定律的影响 朗伯-比尔定律所描述的物质对光的吸收值（吸光度 A）、光程（l）和物质的浓度（c）成线性关系。但是，这只是在稀溶液时才成立。因为在高浓度时吸收成分之间的平均距离将缩小到一定程度，邻近质点彼此的电荷分布都会受到相互影响，将改变它们对特定辐射的吸收能力，这种影响的程度取决于物质的浓度，它可使吸光度与浓度之间的线性关系发生偏离。

⑤ 其他因素对朗伯-比尔定律的影响 杂散光、噪声、光谱带宽、化学因素和其他因素都会对朗伯-比尔定律产生影响。

我们在常规的测试中很少考虑到以上因素的影响。

3. 仪器的使用及操作方法

（1）键盘控制的使用 键盘示意图如图 2-55 所示。

① 数字键 用来输入波长值、浓度值、日期等数据。

② 功能键

SET 用来设定各个功能下的测量模式或测试参数等；

GOTO λ　　用于波长设置；

ZERO　　校空白键，用于调 0.000 Abs 和 100.0 ％T；

PRINT　　用于打印测试结果。

③ 编辑键

图 2-55　键盘示意图

$\bigwedge$　　上键，选择向上移动；

$\bigvee$　　下键，选择向下移动；

$\dfrac{START}{STOP}$　　开始测试或停止键；

CLEAR　　清除/删除键；

ESC　　返回键，用于返回上级菜单；

ENTER　　确认键，用于数据和菜单的确认；

CELL　　用于自动八联池的相关池位设定。

（2）仪器的使用

① 开启和自检　用电源线连接上电源，打开仪器开关，仪器开机后，显示欢迎界面。在显示欢迎界面几秒钟后，进入自检状态，仪器会自动对滤色片、灯源切换、检测器、氘灯、钨灯、波长校正、系统参数和暗电流进行检测。系统自检检测项目界面如图 2-56 所示。

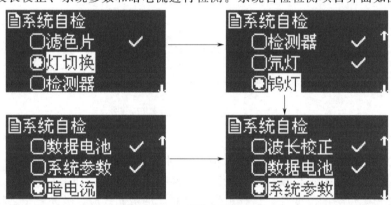

图 2-56　系统自检界面

如果某一项自检出错，仪器会自动鸣叫报警，同时显示错误项，用户可按任意键跳过，继续自检下一项。如：若暗电流太大，超出限定范围，仪器在自检到此项时，便不能通过，后面出现×号。此时可按任意键跳过，系统将继续自检下一项。

自检不过时应主动和厂家取得联系，或根据仪器说明书进行故障判断和排除。

② 系统预热　仪器开机后，因电器件需要预热一定的时间后方可达到稳定状态；另外氘灯周围环境也需要一定时间方能达到热平衡，所以仪器需要预热约 20min 后方可正常使用。

自检结束后，仪器进入预热状态，预热时间为 20min，预热结束后仪器会自动检测暗电流一次。预热时可以按任意键跳过。

③ 进入系统主菜单　仪器自检结束后进入主菜单（图 2-57）。此系列仪器主机功能主要有：光度测量、定量测量、系统设定。用仪器操作面板上的上键和下键 $\bigwedge$ 和 $\bigvee$，可以切换到想要的功能选项。选定功能选项后，按 ENTER 键，即可进入所选的相应功能项。

（3）光度测量　在此功能下可进行固定波长下的吸光度或透光率测量，也可以将测量结

图 2-57　系统主菜单

果打印输出。

① 进入光度测量主界面　仪器处于主界面状态时，用键盘上的上下键 $\triangle$ 和 ∇，选定"光度测量"项，左边的圆圈内出现圆点表示选定。按 (ENTER) 进入光度测量主界面（图 2-58）。

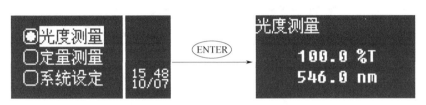

图 2-58　进入光度测量主界面（右边为光度测量主界面）

② 设定测量模式　在光度测量主界面下，按 (SET) 键进入测量模式选择界面（图 2-59）。用上下键 $\triangle$ 和 ∇，选定所需的测量模式（左边的圆圈内出现圆点表示选定），按 (ENTER) 键后，再按 (ESC) 键，自动返回光度测量主界面，显示模式为选定模式。

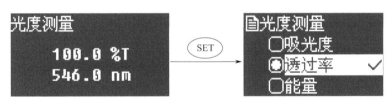

图 2-59　进入测量模式选择界面（右边为模式选择界面）

③ 设定工作波长　在光度测量主界面或测量界面下，按 (GOTOλ) 键可以进入波长设定界面（图 2-60）。

图 2-60　波长设定界面

根据界面的提示，输入波长，按 (ENTER) 键确认，自动返回上一级界面。

注意：i2 可见分光光度计的波长输入范围为 320～1100nm，否则视为无效数据，需要重新操作。当输入的数据无效时，系统会在蜂鸣三声后自动回到上一级界面。输入波长时，若发现输入的波长有误，可按 (CLEAR) 键清除当前数据，重新输入。

④ 调 0.000A/100.0%T　在光度测量主界面或测量界面下，用 (ZERO) 键对当前工作波长下的空白样品进行调 0.000Abs/100.0%T。

注意：在调 0.000Abs/100.0%T 之前记得将空白样品拉（推）入光路中，否则调 0.000Abs/100.0%T 的结果不是空白液的 0.000Abs/100.0%T，使得测量结果不正确。

⑤ 进行测量　在光度测量主界面或测量界面下，当调 0.000Abs/100.0%T 完成后，把待测样品拉（推）入光路中，按 (ENTER) 键进入测量界面（若已经在测量界面下，则无须此项操作，直接进行后面的操作即可），按 (START) 键即可在当前工作波长下对样品进行吸光度或透光率的测量，测量界面（图 2-61）。

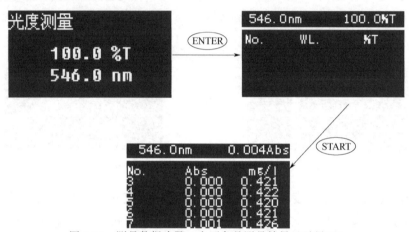

图 2-61　测量数据步骤（右下角是测量结果显示界面）

注意：每一屏只可显示 5 行数据，其余数据可通过上下键 △ 或 ▽ 进行翻页显示。

⑥ 数据清除　如果数据存储区满（最大可存储 200 组数据）或者想要清除已测量数据，可在测量结果显示界面下，按 (CLEAR) 键，进入删除数据"是"或"否"选择界面，选定"是"（左边的圆圈中有圆点，表示选定），按 (ENTER) 键，数据被删除（图 2-62）。若因误操作或不想删除数据，却又进入删除数据"是"或"否"选择界面，则可按 (ESC) 键返回上级界面，或选定"否"后按 (ENTER) 键返回上级界面。

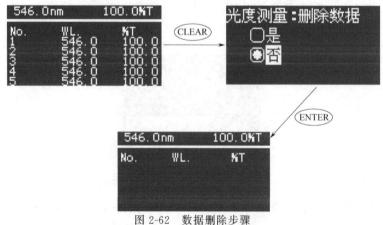

图 2-62　数据删除步骤

⑦ 数据打印　在测量结果显示界面下，如果想对已测数据进行打印，可直接按

PRINT 键，进入打印选择界面，进行打印与否的选定（图 2-63）。如果想打印数据，则选定"是"，按 ENTER 键后开始打印，打印结束后，数据将被自动清除。如果不想打印，可选定"否"后按 ENTER 键返回上级界面，或直接按 ESC 键后返回测量结果显示界面。

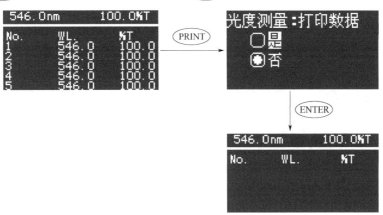

图 2-63　进入数据打印界面

4. 仪器的维护

可见分光光度计属于精密光学仪器，出厂前经过精细的装配和调试，如果能对仪器进行恰当的维修与保养，不仅能保证仪器的可靠性和稳定性，也可以延长仪器的使用寿命。

（1）工作环境检查

① 放置要求：仪器应平稳地摆放在水平固定的桌面上。

② 温度要求：工作环境的温度在 5～35℃之间。

③ 湿度要求：工作环境的相对湿度不超过 85%。

④空气状况：空气中不应有足以引起腐蚀的有害气体和过多的尘土存在。

（2）样品室检查

① 在开机之前，先要检查样品室中是否有比色皿或其他物品，因为仪器在开机后要进行一系列的功能自检，如果有物品放在样品室中会导致自检出错。

② 每次使用后应检查样品室是否积存有溢出溶液，须经常擦拭样品室，以防止废液对部件或光路系统的腐蚀。

③ 在测试完成后，请及时将样品从样品室中取出，否则，液体挥发会导致镜片发霉。对易挥发和腐蚀性的液体，尤其要注意！如果样品室中有漏液，请及时擦拭干净，否则会引起样品室内的部件腐蚀和螺钉生锈。

（3）仪器的表面清洁　仪器外壳表面经过喷漆工艺处理过，如果不小心将溶液漏洒在外壳上，请立即用湿毛巾擦拭干净，杜绝使用有机溶液擦拭。如果长时间不用时，请注意及时清理仪器表面的灰尘。

（4）比色皿清洗　在每次测量结束或溶液更换时，需要对比色皿进行及时清洗，然后放在低浓度酸性溶液里浸泡，浸泡后用蒸馏水冲洗比色皿的内外壁，否则比色皿壁上的残留溶液会引起测量误差。

四、电导率仪

1. 简介

台式　电导/TDS 仪器 CON 510 可以测量电导率、总固体溶解度（TDS）和温度（℃）。

2. 显示和键盘功能

① 显示（图 2-64）

② 键盘（图 2-65）

按键对应功能见表 2-2。

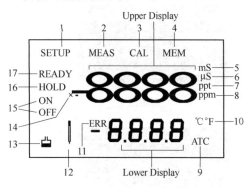

图 2-64 显示

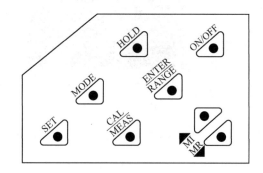

图 2-65 键盘

1—设置模式显示器；2—测定模式显示器；3—校正
显示器；4—记忆模式显示器；5—毫西门子显示器；
6—微西门子显示器；7—千万分之一显示器（ppt）；
8—百万分之一显示器（ppm）；9—自动温度补偿
指示器；10—温度刻度指示器；11—错误显示
器；12—电极显示器；13—校正溶液显示器；
14—电池常数显示器；15—开/关显示器；
16—锁定显示器；17—稳定显示器

表 2-2　按键对应功能

按　键	功　能
ON/OFF	开机或关机
HOLD	锁定读数。想要锁定读数,请在测量模式中按 HOLD 键,解锁,再按一次 HOLD 键
MODE	选择测量的参数。在电导率和 TDS 中选择
CAL/MEAS	在校正和测量模式之间切换
ENTER/RANGE	ENTER:在校正模式中,按键确认数值;在设定模式中,按键确认选择 RANGE:按键进入手动量程切换功能 MEAS:会在手动量程切换时闪现
MI& MR▲/▼	在测量模式中:按 MI(记忆输入)输入相应温度的数值。按 MR(记忆调用)调用记忆(最后输入,首先调出) 在校正模式中:按键选择校正数值 在设置模式中:按键选择设置功能子菜单中的程序
SETUP	进入设置模式。这种模式可以自定义仪器的参数和默认值,查看校正电极补偿数据和选择的电池常数

注意：想要在没有确认的情况下，终止或退出任何校正模式或 SETUP 选项，请不要按 ENTER 键，而是按 CAL/MEAS 键。

3. CON 510 测量操作规程

台式 CON 510 最多可测量 5 个量程（r_1：$0 \sim 20.00 \mu S \cdot cm^{-1}$；$r_2$：$0 \sim 200.0 \mu S \cdot cm^{-1}$；$r_3$：$0 \sim 2000 \mu S \cdot cm^{-1}$；$r_4$：$0 \sim 20.00 mS \cdot cm^{-1}$；$r_5$：$0 \sim 200.0 mS \cdot cm^{-1}$），带有自动量程切换功能，此功能能够自动察觉和切换到合适的量程。电池常数 $K = 1.0$，带有内置的温度传感器，标准温度 $25.0 ℃$，温度系数为 $2.1 \% / ℃$。

① 每次使用前后，请用去离子水清洗电极，以便去除任何黏附在电极表面的杂质。为了避免样品受污染或被稀释，请用少量的样品溶液冲洗电极。

② 按 ON/OFF 键，开启仪器，【MEAS】字样会显示在屏幕的最上方。

③ 将电极侵入样品中。确保溶液超过电极上面的一个钢圈。轻轻地搅动样品，保持溶液均匀。

④ 等待读数稳定。记录下显示屏上的读数（当读数稳定时，【READY】指示器不再闪现）。

⑤ 测量完毕，用去离子水冲洗电极，按 ON/OFF 键关机。

注意：

① 请保持溶液始终超过第二个环（图 2-66）；

② 不要在测量或校正过程中取下电极保护套，会影响读数；

③ 不要浸没电极超过电极保护套。

溶液超过第二个环

图 2-66　保持溶液始终超过第二个环

第三章 实验选编

第一节 性质实验

实验一 | 酸碱反应和沉淀反应

一、实验目的

1. 通过实验证实水溶液中的酸碱反应、沉淀反应存在着化学平衡及平衡移动的规则——同离子效应、溶度积规则等。

2. 学习验证性实验的设计方法。

3. 学习对实验现象进行解释，从实验现象得出结论等逻辑手段。

二、实验原理

（1）按质子理论，酸、碱在水溶液中的解离和金属离子、弱酸根离子在水溶液中的水解均为酸碱反应。弱酸、弱碱的解离和金属离子、弱酸根离子的水解均存在着化学平衡。如一元弱酸的解离 $HA \rightleftharpoons H^+ + A^-$，其平衡常数称弱酸的解离常数，记作 $K_a^\ominus$，其表达式为：

$$K_a^\ominus(HAc) = \frac{[c(H^+)/c^\ominus][c(Ac^-)/c^\ominus]}{c(HAc)/c^\ominus} \tag{3-1}$$

解离度
$$\alpha = \frac{c(H^+)}{c(HA)} \times 100\% = \frac{c(A^-)}{c(HA)} \times 100\% \tag{3-2}$$

从平衡移动的观点，可以了解当溶液增加 $c(A^-)$ 或 $c(H^+)$，使平衡向左移动，使弱酸的解离度降低，即当增加 $c(H^+)$，使 $c(A^-)$ 降低，当增加 $c(A^-)$ 则 $c(H^+)$ 降低。

金属离子与水的酸碱反应，即水解反应，就像多元酸的解离是分步进行的。例如 $Al^{3+}(aq)$ 的水解：

$$Al^{3+}(aq) + H_2O \rightleftharpoons Al(OH)^{2+}(aq) + H^+(aq)$$
$$Al(OH)^{2+}(aq) + H_2O \rightleftharpoons Al(OH)_2^+(aq) + H^+(aq)$$
$$Al(OH)_2^+(aq) + H_2O \rightleftharpoons Al(OH)_3(s) + H^+(aq)$$

值得注意的是有的金属离子的水解，并不是要水解到相应的氢氧化物才生成沉淀，而是水解到某一中间步骤，就生成了碱式盐沉淀。如 $Sb^{3+}(aq)$ 的水解：

第一步
$$Sb^{3+}(aq) + H_2O \rightleftharpoons Sb(OH)^{2+}(aq) + H^+$$

第二步　　$Sb(OH)^{2+}(aq)+Cl^-(aq)=\!=\!= SbOCl(s)+H^+$

这类反应同样也存在平衡，当增加溶液中 $c(H^+)$，则可抑制水解，当减少溶液中 $c(H^+)$（pH 增大），则可促进其水解。

一般来说，酸碱反应的反应速率是相当快的，极易到达平衡。所以从平衡角度来考察这类反应就行了。

（2）难溶电解质在水溶液中存在着溶解沉淀平衡。对于难溶的 AB 型电解质，有下列平衡：

$$AB(s)\underset{沉淀}{\overset{溶解}{\rightleftharpoons}}A^{n+}(aq)+B^{n-}(aq)$$

其平衡常数称为溶度积，记作 $K_{sp}^\ominus(AB)$。当溶液中离子积 $J=[c(A^{n+})/c^\ominus]\cdot[c(B^{n-})/c^\ominus]$ 大于 $K_{sp}^\ominus(AB)$ 时，反应向逆方向进行，生成沉淀。当 J 小于 $K_{sp}^\ominus(AB)$ 时，反应向正方向进行，沉淀溶解。当 J 等于 $K_{sp}^\ominus(AB)$ 时，该溶液是这难溶物的饱和溶液。

当一混合溶液中几种离子均可与同一种物种生成沉淀时，滴加该物种的溶液，则先生成沉淀的离子是该离子的浓度与溶液中沉淀剂浓度乘积先达到 $K_{sp}^\ominus$ 的。

例如溶液中含有 Cu^{2+}、Cd^{2+}，当滴加 Na_2S 溶液时，哪个离子先生成硫化物沉淀呢？可先作下列平衡计算：设溶液 Cu^{2+} 与 Cd^{2+} 浓度均为 $0.1mol\cdot L^{-1}$，并取等体积的 Cu^{2+}、Cd^{2+} 溶液混合均匀，查得 $K_{sp}^\ominus(CuS)=6.3\times10^{-36}$，$K_{sp}^\ominus(CdS)=8.0\times10^{-27}$。

生成 CuS 的条件：$J=[c(Cu^{2+})/c^\ominus][c(S^{2-})/c^\ominus]\geqslant K_{sp}^\ominus(CuS)$，则 $c(S^{2-})\geqslant1.3\times10^{-34}mol\cdot L^{-1}$。

生成 CdS 的条件：$J=[c(Cd^{2+})/c^\ominus][c(S^{2-})/c^\ominus]\geqslant K_{sp}^\ominus(CdS)$，则 $c(S^{2-})\geqslant1.6\times10^{-25}mol\cdot L^{-1}$。

由此可知，当滴加 Na_2S 溶液时，混合溶液中 Cu^{2+} 先与 Na_2S 作用生成 CuS 沉淀。

再考虑当 CdS 开始沉淀时，溶液中残留的 Cu^{2+} 浓度为多少？从上述计算已知，CdS 开始沉淀时溶液中 $c(S^{2-})=1.6\times10^{-25}mol\cdot L^{-1}$。当 $c(S^{2-})=1.6\times10^{-25}mol\cdot L^{-1}$ 时，溶液中 $c(Cu^{2+})$ 为：

$$c(Cu^{2+})=\frac{K_{sp}^\ominus(CuS)/c^\ominus}{c(S^{2-})/c^\ominus}=\frac{6.3\times10^{-36}}{1.6\times10^{-25}}mol\cdot L^{-1}=3.9\times10^{-11}mol\cdot L^{-1}$$

即溶液中的 Cu^{2+} 应视为已完全沉淀。

这样似乎可以得出结论，用 Na_2S 作沉淀剂可将 Cu^{2+} 与 Cd^{2+} 完全分离。但实验发现并非如此，在 CuS 沉淀中夹带有 CdS 沉淀。滴加 Na_2S 时，虽然有搅拌，但由于 $c(S^{2-})\geqslant1.6\times10^{-25}mol\cdot L^{-1}$，所以在局部区域中 CuS 与 CdS 将同时生成。但只要溶液中还有 Cu^{2+} 则会发生如下反应：

$$CdS(s)+Cu^{2+}(aq)=\!=\!=Cd^{2+}(aq)+CuS(s)$$

而这个反应的总反应速率不大（可能由于包藏的原因），当不断滴加 Na_2S 时又不断有 CdS 生成，所以在 CuS 沉淀中总有 CdS 沉淀。于是出现了以下两个问题。

① 平衡计算有没有用？平衡计算是根据给定反应条件（温度、浓度、压力等）计算出其平衡状态，如上述计算表明，在 298K、100kPa 下，平衡状态时的溶液中 $c(Cu^{2+})=3.9\times10^{-11}mol\cdot L^{-1}$，$c(Cd^{2+})=0.05mol\cdot L^{-1}$，$c(S^{2-})=1.6\times10^{-25}mol\cdot L^{-1}$。平衡状态是该反应在给定条件下可进行的限度——最大程度。不是每一个反应在给定条件下都能达到平衡状态的。当反应进行得"比较好"，反应实际进行的程度比较接近限度。若反应进行得"不太好"，反应实际的进行程度离限度远一点。所以"限度"是一目标，要不断改进

反应条件（动力学条件）使实验结果尽可能接近限度。

②怎样改善反应条件、操作方法，使得反应尽可能接近反应的限度呢？理论上讲是怎样改善操作方法，使反应尽量达到平衡状态，也就是怎样加快反应速率。

加快反应速率首先要判别反应的类别，是均相反应还是多相反应？对于多相反应，加快扩散速率及增加反应界面可加快反应的总反应速率。在实验中增加扩散速率和增加反应界面最有效的办法之一是增加搅拌强度，即加强搅拌。

实践证明，加强搅拌可以减少 CuS 中混有的 CdS。

三、仪器和药品

1. 仪器

离心机；离心试管；试管；量筒（10mL）；玻棒；吸管；酒精灯；火柴等。

2. 药品

$NaAc(s)$；$NH_4Cl(s)$；HAc（$0.1mol \cdot L^{-1}$）；HCl（$0.1mol \cdot L^{-1}$、$2mol \cdot L^{-1}$、浓）；$NaOH$（$0.1mol \cdot L^{-1}$、$2mol \cdot L^{-1}$）；$Pb(NO_3)_2$（$0.1mol \cdot L^{-1}$、$1\times10^{-3}mol \cdot L^{-1}$）；$KI$（$0.1mol \cdot L^{-1}$、$1\times10^{-3}mol \cdot L^{-1}$）；$MgSO_4$（$0.1mol \cdot L^{-1}$）；$CuSO_4$（$0.1mol \cdot L^{-1}$）；$CdSO_4$（$0.1mol \cdot L^{-1}$）；$Na_2S$（$0.1mol \cdot L^{-1}$）；$SbCl_3$（$0.1mol \cdot L^{-1}$）；$NH_3 \cdot H_2O$（$0.1mol \cdot L^{-1}$、$2mol \cdot L^{-1}$）；$AgNO_3$（$0.1mol \cdot L^{-1}$）；$K_2CrO_4$（$0.1mol \cdot L^{-1}$）；$NaCl$（$0.1mol \cdot L^{-1}$）；$PbCl_2$（饱和）；$NaAc$（$0.1mol \cdot L^{-1}$）；甲基橙（0.05%）、酚酞（0.1%）、pH 试纸等。

四、实验内容

1. 一般实验

(1) 弱酸解离的同离子效应　在两支试管中各加 5 滴 HAc（$0.1mol \cdot L^{-1}$），再各加 1 滴甲基橙，观察溶液的颜色。于其中一试管中加少量固体 $NaAc$ 用玻棒搅拌，待 $NaAc$ 溶解，对比溶液的颜色。解释颜色变化的原因。

(2) 难溶电解质的同离子效应　取 2 滴 $PbCl_2$（饱和）溶液于一试管中，加 1 滴 HCl（$2mol \cdot L^{-1}$）溶液，观察现象，再滴加 HCl（浓）至沉淀消失。此时生成了可溶性的 $H_2[PbCl_4]$。

解释沉淀的生成，并从沉淀溶解得出结论。

(3) 沉淀的生成　在一试管中加 2 滴 $Pb(NO_3)_2$（$0.1mol \cdot L^{-1}$）溶液，再滴加 2 滴 KI（$0.1mol \cdot L^{-1}$）溶液，观察实验现象。

在另一试管中滴加 2 滴 $Pb(NO_3)_2$（$1\times10^{-3}mol \cdot L^{-1}$）溶液，再滴加 2 滴 KI（$1\times10^{-3}mol \cdot L^{-1}$）溶液，观察实验现象。

根据 $K_{sp}^{\ominus}(PbI_2)$，通过计算解释实验现象。计算时应注意体积增大对离子浓度的影响。

(4) 沉淀溶解　试管中加 10 滴 $MgSO_4$（$0.1mol \cdot L^{-1}$）溶液，逐滴加入 $NH_3 \cdot H_2O$（$2mol \cdot L^{-1}$），观察沉淀的生成，写出离子反应方程式。再向此溶液中加入少量的 NH_4Cl 固体，振荡，观察沉淀的变化，解释变化的原因。

(5) 分步沉淀　在离心试管中加 5 滴 $CuSO_4$（$0.1mol \cdot L^{-1}$）和 5 滴 $CdSO_4$（$0.1mol \cdot L^{-1}$）溶液，再加 10 滴去离子水，搅拌均匀。逐滴加入 Na_2S（$0.1mol \cdot L^{-1}$）溶液（注意每加 1 滴 Na_2S 均要搅拌均匀），观察生成沉淀的颜色。当加入 5 滴 Na_2S 后，离心分离。再在清液中加 1 滴 Na_2S（$0.1mol \cdot L^{-1}$），观察生成沉淀的颜色。若此时生成仍是土色沉淀，则充分搅拌，再离心分离，依此操作直至清液中加 1 滴 Na_2S 溶液，出现纯黄色沉淀为止。记录所加 Na_2S 的总滴数。

注：CuS 呈黑色，CdS 呈黄色，实验中观察到的土色是黑色与黄色的混合色。

(6) 盐的水解 取一支干试管，加入 2 滴 $SbCl_3$（$0.1mol \cdot L^{-1}$）溶液，再加入 1mL 去离子水，观察现象。再加入 1～2 滴浓盐酸，又有何现象发生？解释现象。

注：Sb^{3+} 的水解所得沉淀为 SbOCl。

2. 设计实验

（1）设计实验证实"同离子效应使氨水解离出的 OH^- 离子浓度降低"，并以实验证实设计步骤的正确。

给定试剂：$NH_3 \cdot H_2O$（$0.1mol \cdot L^{-1}$）；$NH_4Cl(s)$；NaOH（$0.1mol \cdot L^{-1}$）；甲基橙；酚酞。

在设计实验步骤时，只允许从上述给定试剂中选择部分或全部。

（2）缓冲溶液的配制及缓冲性能的鉴别。通过计算，设计两个配制 5mL pH 为 4～5 的缓冲溶液的实验方案。要求：在配制的两个缓冲溶液中必须有一个缓冲溶液用 NaOH 溶液（$0.1mol \cdot L^{-1}$）配制。并且用 pH 试纸测定所配制的缓冲溶液的 pH，与理论计算结果比较。并分别检验所配制的缓冲溶液抵御酸、碱的能力。

给定试剂：HAc（$0.1mol \cdot L^{-1}$）；HCl（$0.1mol \cdot L^{-1}$，$2mol \cdot L^{-1}$）；NaOH（$0.1mol \cdot L^{-1}$，$2mol \cdot L^{-1}$）；NaAc（$0.1mol \cdot L^{-1}$）；pH 试纸。

（3）沉淀转化。设计 AgCl 与 Ag_2CrO_4 沉淀间的转化，证实沉淀转化反应的方向是溶解度大的沉淀转化成溶解度小的沉淀。

给定试剂：$AgNO_3$（$0.1mol \cdot L^{-1}$）；NaCl（$0.1mol \cdot L^{-1}$）；K_2CrO_4（$0.1mol \cdot L^{-1}$）

设计前思考并回答下列问题。

① 计算反应 $Ag_2CrO_4 + 2Cl^- \Longrightarrow 2AgCl(s) + CrO_4^{2-}$ 的平衡常数，并估计 Ag_2CrO_4 易转化为 AgCl，还是 AgCl 易转化为 Ag_2CrO_4？从平衡常数大小说明体系中有过量的 CrO_4^{2-} 对 Ag_2CrO_4 转化为 AgCl 有无影响？

② 当 Ag_2CrO_4（砖红色）沉淀转化为 AgCl（白色）沉淀时，可观察到哪些实验现象？怎样选取 $AgNO_3$ 与 K_2CrO_4 的体积，才能保证预测的实验现象均能被观察到？

实验二 ┃ 配 位 反 应

一、实验目的

1. 试验配离子的生成及其在水溶液中的行为（包括配离子的解离、配离子的转化及配离子参与的多重平衡）。

2. 学习试管实验的实验条件设计方法。

二、实验原理

配盐是一种简单配合物，它由内界和外界组成。如硫酸四氨合铜（Ⅱ）$\{[Cu(NH_3)_4]SO_4\}$，四氨合铜（Ⅱ）离子 $\{[Cu(NH_3)_4]^{2+}\}$ 是内界，硫酸根离子（SO_4^{2-}）是外界。配盐如同普通的盐，在水溶液中可完全解离成内界、外界两部分。如 $[Cu(NH_3)_4]SO_4$ 在水溶液中完全解离成 $[Cu(NH_3)_4]^{2+}$（aq）和 SO_4^{2-}（aq）。内界也称为配离子，它由中心原子或离子和配位体组成。如 $[Cu(NH_3)_4]^{2+}$ 是由中心离子 Cu^{2+} 与配位体 NH_3 组成的。

在水溶液中某种配离子的形成实质上是该种配位体取代了水合离子（是水作为配位体的配离子）中的水分子，如：

$$[Fe(H_2O)_6]^{3+}+6NCS^-\Longrightarrow[Fe(NCS)_6]^{3-}+6H_2O$$

通常简化为：

$$Fe^{3+}(aq)+6NCS^-(aq)\Longrightarrow[Fe(NCS)_6]^{3-}$$

这种配离子的生成反应也存在着平衡，其平衡常数称配离子的生成常数，记作 $K_f^{\ominus}$。

配离子的生成是逐级进行的，有一系列的平衡存在。如 $[Cu(NH_3)_4]^{2+}$：

$$Cu^{2+}+NH_3\Longrightarrow[Cu(NH_3)]^{2+} \qquad K_{f1}^{\ominus}$$

$$[Cu(NH_3)]^{2+}+NH_3\Longrightarrow[Cu(NH_3)_2]^{2+} \qquad K_{f2}^{\ominus}$$

$$[Cu(NH_3)_2]^{2+}+NH_3\Longrightarrow[Cu(NH_3)_3]^{2+} \qquad K_{f3}^{\ominus}$$

$$[Cu(NH_3)_3]^{2+}+NH_3\Longrightarrow[Cu(NH_3)_4]^{2+} \qquad K_{f4}^{\ominus}$$

常用的是总平衡反应，其相应的平衡常数称生成常数 $K_f^{\ominus}$，也可称为累积生成常数。

$$M+nL\Longrightarrow ML_n \qquad K_f^{\ominus}$$

式中，M 是中心离子，L 是配位体，n 是化学计量数。上式代表了金属离子 M 与配位体 L 反应生成配位体数为 n 的配离子 ML_n 的总平衡反应式。式中省略了离子电荷，下同。

累积生成常数与逐级生成常数之间的关系是：

$$K_f^{\ominus}=K_{f1}^{\ominus}K_{f2}^{\ominus}K_{f3}^{\ominus}\cdots K_{fn}^{\ominus} \tag{3-3}$$

应强调指出的是当配位体的物质的量远大于中心离子的物质的量时，即配位体相对于中心离子过量较多时生成的配离子可以认为是累积生成常数最大的 n 级配离子。如在含 Cu^{2+}（aq）溶液中加入过量较多的 NH_3（aq）时，则形成的配离子可认为是 $[Cu(NH_3)_4]^{2+}$（aq）。

由于生成常数较大，所以通常情况下配离子的化学行为是原子团的化学行为，有如 NH_3、SO_4^{2-} 这些原子团的化学行为。但由于存在平衡，在水溶液中毕竟还存在着少量的水合离子，在某些情况下仍可表现出中心离子的化学行为。配离子参与的各种多重平衡就是由于少量的中心离子存在之故。配离子参与的多重平衡有以下几种。

（1）配离子间的转化

$$ML_n + nL' \Longrightarrow ML'_n + nL$$

式中，L、L′是能与中心离子 M 形成配离子的两种配位体。

上述的多重平衡可视为 ML_n 的解离与 ML'_n 的生成加合而成。

$$ML_n \Longrightarrow M + nL$$

$$M + nL' \Longrightarrow ML'_n$$

（2）配离子参与的沉淀反应

$$MA(s) + nL(aq) \Longrightarrow ML_n(aq) + A(aq)$$

该反应可看作由

$$MA(s) \Longrightarrow M(aq) + A(aq) \text{（沉淀的溶解）}$$

$$M(aq) + nL(aq) \Longrightarrow ML_n(aq) \text{（配离子的生成）}$$

两反应加合而成。

（3）配离子参与的氧化还原反应

$$Cu(s) + Cu^{2+}(aq) + 4Cl^- \Longrightarrow 2[CuCl_2]^-(aq)$$

可看作由

$$Cu(s) + Cu^{2+}(aq) \Longrightarrow 2Cu^+(aq) \text{（氧化还原反应）}$$

$$Cu^+(aq) + 2Cl(aq) \Longrightarrow [CuCl_2]^-(aq) \text{（配位反应）}$$

两反应加合而成。

（4）配离子生成平衡与弱酸解离平衡组成的多重平衡

如

$$Mg(CO_3)_2^{2-}(aq) + 2H^+(aq) \Longrightarrow MgCO_3(s) + CO_2(g) + H_2O$$

根据多重平衡原理，多重平衡的平衡常数等于加合该多重平衡的各分平衡的平衡常数的积。

如

$$ML_n + nL' \Longrightarrow ML'_n + nL$$

其

$$K^\ominus = K_f^\ominus(ML'_n) / K_f^\ominus(ML_n)$$

又如

$$MA(s) + nL(aq) \Longrightarrow ML_n(aq) + A(aq)$$

其

$$K^\ominus = K_{sp}^\ominus(MA) \cdot K_f^\ominus(ML_n)$$

根据多重平衡的 $K^\ominus$，可判断该反应的方向。若 $K^\ominus$ 数值很大，表示反应向正方向进行的程度大。反之，若 $K^\ominus$ 数值很小，表示该反应向逆向进行的程度大。

要指出的一点是，有的配位反应的反应速率是比较慢的，所以为达其平衡状态，或尽可能达其平衡状态，要加热，使其缩短达到平衡状态的时间。在实验过程中若未观察到预测的实验现象（只要这预测是正确的），可加热观察。

三、仪器和药品

1. 仪器

离心机；酒精灯；试管（包括离心试管）；吸管；玻棒；试管夹；火柴等。

2. 药品

$(NH_4)_2C_2O_4(s)$；HCl（浓、$2mol \cdot L^{-1}$、$1mol \cdot L^{-1}$）；NaOH（$0.1mol \cdot L^{-1}$）；$NH_3 \cdot H_2O$（$0.1mol \cdot L^{-1}$、$2mol \cdot L^{-1}$、$6mol \cdot L^{-1}$、浓）；$CuSO_4$（$0.1mol \cdot L^{-1}$）；$BaCl_2$（$0.1mol \cdot L^{-1}$）；Na_2S（$0.1mol \cdot L^{-1}$）；$HgCl_2$（饱和）；KI（$0.1mol \cdot L^{-1}$）；$Fe_2(SO_4)_3$（$0.1mol \cdot L^{-1}$）；KSCN（$0.1mol \cdot L^{-1}$）；NaF（$0.2mol \cdot L^{-1}$、$1mol \cdot L^{-1}$）；$AgNO_3$（$0.1mol \cdot L^{-1}$）；KBr（$0.1mol \cdot L^{-1}$、$0.5mol \cdot L^{-1}$）；NaCl（$0.1mol \cdot L^{-1}$）；

$Na_2S_2O_3$（$0.1mol \cdot L^{-1}$、饱和）；淀粉溶液（0.5%）；$K_3[Fe(CN)_6]$（$0.1mol \cdot L^{-1}$）；$K_4[Fe(CN)_6]$（$0.1mol \cdot L^{-1}$）；I_2（水）；$(NH_4)_2Fe(SO_4)_2$（$0.1mol \cdot L^{-1}$）。

四、实验内容

1. 一般实验

(1) $[HgI_4]^{2-}$ 配离子的生成　取 1～2 滴饱和 $HgCl_2$ 溶液，逐滴加入 KI（$0.1mol \cdot L^{-1}$），观察现象，继续滴加 KI（$0.1mol \cdot L^{-1}$），至沉淀消失。

写出有关的反应方程式，并解释实验现象产生的原因。

注：HgI_2 是难溶化合物，呈橘红色。

(2) $[Cu(NH_3)_4]^{2+}$ 离子的解离

① 在三支试管中分别滴加 1 滴 $CuSO_4$（$0.1mol \cdot L^{-1}$）溶液，在上述一支试管中加 1 滴 NaOH（$0.1mol \cdot L^{-1}$），另一支试管中加 1 滴 $BaCl_2$（$0.1mol \cdot L^{-1}$），第三支中加 1 滴 Na_2S（$0.1mol \cdot L^{-1}$）。观察实验现象。

② 在试管中加 10 滴 $CuSO_4$（$0.1mol \cdot L^{-1}$）溶液，逐滴加入 $NH_3 \cdot H_2O$（$2mol \cdot L^{-1}$），注意观察蓝色 $Cu_2(OH)_2SO_4$ 沉淀的生成，再继续滴加 $NH_3 \cdot H_2O$（$6mol \cdot L^{-1}$）至沉淀完全溶解，并过量数滴。观察溶液的颜色（思考：加入过量氨水目的是什么？）。

③ 用滴管吸取此溶液滴于三个试管中各 3 滴，再分别向这三个试管中加入 NaOH（$0.1mol \cdot L^{-1}$）、$BaCl_2$（$0.1mol \cdot L^{-1}$）、Na_2S（$0.1mol \cdot L^{-1}$）溶液各一滴。观察实验现象。

将①和③实验的实验现象进行比较，判别③发生了哪些反应，解释反应发生的原因。

(3) Fe^{3+}（aq）的配离子间的转化

① 取 2 滴 $Fe_2(SO_4)_3$（$0.1mol \cdot L^{-1}$）溶液，加入 HCl（浓），观察溶液颜色的变化，判断发生了什么反应。再加 2 滴 KSCN（$0.1mol \cdot L^{-1}$），观察溶液的颜色，判断发生了什么反应。

② 取 2 滴 $Fe_2(SO_4)_3$（$0.1mol \cdot L^{-1}$）溶液，加 2 滴 KSCN（$0.1mol \cdot L^{-1}$），观察溶液的颜色。再滴加 NaF（$0.2mol \cdot L^{-1}$），观察溶液颜色的变化（在溶液中加 F^-，使之与 Fe^{3+} 生成配离子，这是分析中常用的掩蔽 Fe^{3+} 的方法）。

查出相应的 $K^\ominus$ 解释上述现象发生的原因。

(4) Fe^{3+}、Fe^{2+} 和 Cu^{2+} 的特征反应

① 取 4 滴 $Fe_2(SO_4)_3$（$0.1mol \cdot L^{-1}$）溶液，加 2 滴 $K_4[Fe(CN)_6]$（$0.1mol \cdot L^{-1}$），观察现象。这是鉴定 Fe^{3+} 的特征反应。

② 取 4 滴 $(NH_4)_2Fe(SO_4)_2$（$0.1mol \cdot L^{-1}$）溶液，加 2 滴 $K_3[Fe(CN)_6]$（$0.1mol \cdot L^{-1}$），观察现象。这是鉴定 Fe^{2+} 的特征反应。

③ 取 4 滴 $CuSO_4$（$0.1mol \cdot L^{-1}$）溶液，加 2 滴 $K_4[Fe(CN)_6]$（$0.1mol \cdot L^{-1}$），观察现象。这是鉴定 Cu^{2+} 的特征反应。

(5) AgBr 与 $[Ag(NH_3)_2]^+$ 的互相转换　取数滴 $AgNO_3$（$0.1mol \cdot L^{-1}$）溶液，逐滴加入过量的 $NH_3 \cdot H_2O$（$2mol \cdot L^{-1}$）至澄清，再加入数滴 KBr（$0.1mol \cdot L^{-1}$）溶液，观察实验现象。

取 1 滴 $AgNO_3$（$0.1mol \cdot L^{-1}$）溶液，加入 1 滴 KBr（$0.1mol \cdot L^{-1}$）溶液，再滴加氨水（$6mol \cdot L^{-1}$）2mL。振荡观察 AgBr(s) 溶解情况。

计算反应 $AgBr(s)+2NH_3 \Longrightarrow [Ag(NH_3)_2]^+(aq)+Br^-(aq)$ 的 $K^\ominus$，根据 $K^\ominus$ 的数值解释所得的实验现象，解释为使 AgBr 更好溶解，为何不用浓度为 $2mol \cdot L^{-1}$ 的 NH_3

(aq)，而要用 $6mol \cdot L^{-1}$ 的 NH_3（aq）？

（6）生成配离子对氧化还原性的影响

① 试验　$Fe_2(SO_4)_3$（$0.1mol \cdot L^{-1}$）与 KI（$0.1mol \cdot L^{-1}$）的作用。

$K_3[Fe(CN)_6]$（$0.1mol \cdot L^{-1}$）与 KI（$0.1mol \cdot L^{-1}$）的作用。

为判别是否有 I_2 生成，可加 0.5% 淀粉溶液。若溶液变蓝说明有 I_2 生成；若溶液不变蓝则说明没有 I_2 生成。

② 再试验　$K_4[Fe(CN)_6]$（$0.1mol \cdot L^{-1}$）与 I_2 水的作用。

$(NH_4)_2Fe(SO_4)_2$（$0.1mol \cdot L^{-1}$）与 I_2 水的作用。

若溶液中含 Fe(Ⅱ) 的物种能还原 I_2 生成 I^-（aq），则 I_2 的淀粉溶液应从蓝色退至无色，呈现出反应中氧化产物的颜色，注意试剂加入顺序。

上课前写出实验步骤，课上记录实验现象，从现象总结规律。

2. 设计实验

（1）利用给定的试剂，试验 AgCl 沉淀与 $[Ag(NH_3)_2]^+$ 能否相互转换[参照一般实验（5）]

给定试剂：$AgNO_3$（$0.1mol \cdot L^{-1}$）；NaCl（$0.1mol \cdot L^{-1}$）；$NH_3 \cdot H_2O$（$0.1mol \cdot L^{-1}$、$2mol \cdot L^{-1}$、浓）

设计前思考并回答下列问题：

① 计算 $AgCl(s) + 2NH_3(aq) \Longrightarrow [Ag(NH_3)_2]^+(aq) + Cl^-(aq)$ 的 $K^\ominus$ 值，判别正向、逆向反应的难易。

② 进行粗略平衡计算，判断由 AgCl 转化为 $[Ag(NH_3)_2]^+$ 的关键试剂是什么？其浓度和用量应怎样选择（参看第二章实验条件的设计原理）？

（2）利用给定的试剂，试验 $[Ag(S_2O_3)_2]^{3-}$ 与 Ag_2S 的相互转换

给定试剂：$AgNO_3$（$0.1mol \cdot L^{-1}$）；Na_2S（$0.1mol \cdot L^{-1}$）；$Na_2S_2O_3$（$0.1mol \cdot L^{-1}$、饱和）；NaCl（$0.1mol \cdot L^{-1}$）

设计前思考并回答下列问题。

① 计算 $2[Ag(S_2O_3)_2]^{3-}(aq) + S^{2-}(aq) \Longrightarrow Ag_2S(s) + 4S_2O_3^{2-}(aq)$ 反应的 $K^\ominus$。

② 根据 $K^\ominus$ 的数值，判断反应是否可能向逆方向进行。

提示：为显示已制备了 $[Ag(S_2O_3)_2]^{3-}$ 离子，可用 $AgNO_3$ 与 NaCl 作用，再加 $Na_2S_2O_3$ 使 AgCl 溶解。

3. 选做实验

（1）$[FeF_n]^{3-n}$（aq）转化成 $[Fe(C_2O_4)_n]^{3-2n}$（aq）。取 2～3 滴 $Fe_2(SO_4)_3$（$0.1mol \cdot L^{-1}$）溶液，加 NaF（$1mol \cdot L^{-1}$）2～3 滴，微热，使溶液呈无色，加入少量 $(NH_4)_2C_2O_4$（s），微热，观察溶液颜色变化，查出相应的 $K_f^\ominus$，解释上述现象发生的原因。

（2）利用给定的试剂，试验 AgBr 与 $[Ag(S_2O_3)_2]^{3-}$ 的相互转换。

给定试剂：$AgNO_3$（$0.1mol \cdot L^{-1}$）；KBr（$0.1mol \cdot L^{-1}$、$0.5mol \cdot L^{-1}$）；$Na_2S_2O_3$（$0.1mol \cdot L^{-1}$、饱和）。

（3）利用给定的试剂，试验 AgI 与 $[Ag(S_2O_3)_2]^{3-}$ 的相互转换。

给定试剂：$AgNO_3$（$0.1mol \cdot L^{-1}$）；KI（$0.1mol \cdot L^{-1}$）；$Na_2S_2O_3$（$0.1mol \cdot L^{-1}$、饱和）。

实验三 | 氧化还原反应

一、实验目的

1. 学习氧化还原反应发生的条件及沉淀、配位反应对氧化还原性的影响。
2. 认识介质对氧化还原反应及对反应产物的影响。

二、实验原理

1. 氧化剂和还原剂

一个氧化还原反应必须氧化剂与还原剂同时存在才有可能发生。在反应中氧化剂得电子，还原剂失电子。所以一个含最高氧化值元素的物种在反应中只可能作氧化剂，一个含有最低氧化值元素的物种在反应中只可能作还原剂。如 HCl，在水溶液中解离成 H^+ 和 Cl^-，H^+ 在反应中只能作氧化剂，如与活泼金属反应生成 H_2；Cl^- 是氯的最低氧化值，在反应中只能作还原剂，如高锰酸钾溶液与盐酸溶液作用，Cl^- 被氧化成 Cl_2。如果一个含有中间氧化值元素的物种，那么在有的反应中作还原剂，在有的反应中作氧化剂，在有的条件下有可能发生歧化反应既作氧化剂又作还原剂。如 H_2O_2 中氧的氧化数为 -1，在与 MnO_4^-、$Cr_2O_7^{2-}$ 反应时作还原剂；在与 I^-、Fe^{2+} 等离子反应时作氧化剂；在有 MnO_2 及 Mn^{2+}、Cr^{3+} 等离子存在的酸性溶液中发生歧化反应。

在体系中同时存在氧化剂和还原剂仅是发生氧化还原反应的必要条件，只有氧化剂所在电对的电极电势大于还原剂所在电对的电极电势，反应才能发生。

电极电势 E 与浓度、压力、温度有关，其关系由 Nernst 方程式表示：

$$E = E^{\ominus} - \frac{RT}{zF} \ln \frac{c(还原型)}{c(氧化型)}$$

式中，R 为气体常数；F 为法拉第常数；z 为半反应中的电子数；T 为热力学温度；E 及 $E^{\ominus}$ 分别表示电对的电极电势和标准电极电势。在 25 ℃时，该式简化为：

$$E = E^{\ominus} - \frac{0.0592}{z} \lg \frac{c(还原型)}{c(氧化型)}$$

$E^{\ominus}$ 可在手册或附录中查到。

一般情况下，特别是介质不参与的氧化还原反应，当氧化剂电对与还原剂电对的标准电极电势 $E^{\ominus}$ 的差值大于 0.2V 时，可直接用 E_{MF} 判断氧化还原反应能否发生。因为此时 $E_{MF} > 0$，氧化剂、还原剂浓度或压力的改变不会改变 E_{MF} 的符号。

2. H_2O_2 的氧化、还原性

H_2O_2 中氧的氧化值为 -1，它既可作氧化剂，使氧化值降低为 -2，生成 H_2O 或 OH^-；又可作还原剂，使氧化值升高为 0，生成 O_2。H_2O_2 在氧化还原反应中到底起氧化剂还是还原剂作用，要根据另一个反应而定。若另一反应物只能作还原剂，如 I^- 离子，则 H_2O_2 在反应中起氧化剂作用。若另一个反应物只能作氧化剂，如 MnO_4^- 离子，则 H_2O_2 在反应中起还原剂作用。至于反应能否发生，可根据所在两个电对的电极电势 E 判定。若另一个反应物既可作氧化剂也可作还原剂，如 Fe^{2+} 离子，那么可先写出两个可能发生的反应方程式：

$$H_2O_2 + 2Fe^{2+} + 2H^+ =\!=\!= 2Fe^{3+} + 2H_2O$$

$$H_2O_2 + Fe^{2+} =\!=\!= Fe + O_2 + 2H^+$$

根据每个反应中两个电对的电极电势大小判断反应能否发生，以确定 H_2O_2 到底是氧化剂还是还原剂。

第一个反应 电对 Fe^{3+}/Fe^{2+} 的 $E^{\ominus} = 0.771V$，电对 H_2O_2/H_2O 的 $E^{\ominus} = 1.77V$，$E^{\ominus}(H_2O_2/H_2O) > E^{\ominus}(Fe^{3+}/Fe^{2+})$，反应能发生，$H_2O_2$ 起氧化剂作用。

第二个反应 电对 O_2/H_2O_2 的 $E^{\ominus} = 0.68V$，电对 Fe^{2+}/Fe 的 $E^{\ominus} = 0.44V$，$E^{\ominus}(Fe^{2+}/Fe) < E^{\ominus}(O_2/H_2O_2)$，反应不能发生。

所以 H_2O_2 与 Fe^{2+} 反应中 H_2O_2 作氧化剂，Fe^{2+} 作还原剂。

H_2O_2 在酸性介质中作氧化剂时，其 $E^{\ominus}(H_2O_2/H_2O) = 1.77V$，是标准电极电势大于 1.50V 的强氧化剂中的一个，似乎可氧化标准电极电势低于 1.77V 的电对中的还原剂。但事实并非如此，H_2O_2 可氧化的物种是有限的。例如 Mn^{2+} 在酸性介质中作还原剂，其有关电对的电极电势为：

$$E^{\ominus}(MnO_2/Mn^{2+}) = 1.23V$$

$$E^{\ominus}(MnO_4^-/Mn^{2+}) = 1.50V$$

仅从 $E^{\ominus}(H_2O_2/H_2O) = 1.77V$ 来看，H_2O_2 可氧化 Mn^{2+} 生成 MnO_2，甚至可将 Mn^{2+} 氧化至 MnO_4^-。但在酸性 Mn^{2+} 溶液中加入 H_2O_2，不仅没有看到溶液变成紫色，也没有观察到沉淀生成。因 H_2O_2 还有还原性，假定生成 MnO_2 或 MnO_4^-，H_2O_2 作还原剂时其电对的 $E^{\ominus}(O_2/H_2O_2) = 0.68V$，小于 MnO_2 或 MnO_4^- 作氧化剂时相应电对的电极电势，则要发生下列反应：

$$MnO_2 + H_2O_2 + H^+ \longrightarrow Mn^{2+} + O_2$$

$$MnO_4^- + H_2O_2 + H^+ \longrightarrow Mn^{2+} + O_2$$

上述两个反应可以发生。把 H_2O_2 作氧化剂与作还原剂的两个反应合并成一个总反应：

$$5H_2O_2 + 2Mn^{2+} =\!=\!= 2MnO_4^- + 2H_2O + 6H^+$$

$$\underline{2MnO_4^- + 5H_2O_2 + 6H^+ =\!=\!= 2Mn^{2+} + 5O_2 + 8H_2O}$$

总反应为
$$10H_2O_2 =\!=\!= 5O_2 + 10H_2O$$

即
$$2H_2O_2 =\!=\!= O_2 + 2H_2O$$

$$H_2O_2 + Mn^{2+} =\!=\!= MnO_2(s) + 2H^+$$

$$\underline{MnO_2 + H_2O_2 + 2H^+ =\!=\!= Mn^{2+} + O_2 + 2H_2O}$$

总反应为
$$2H_2O_2 =\!=\!= O_2 + 2H_2O$$

这两个总反应说明 H_2O_2 不能氧化 Mn^{2+} 生成 MnO_2 或 MnO_4^-，而是发生 H_2O_2 分解反应（Mn^{2+} 在此处起的是催化剂作用）。实验证实上述分析是正确的。

上述分析可进一步推断出 H_2O_2 能氧化的还原剂，其所在电对的电极电势应小于 $0.68 + 0.2V$。

H_2O_2 在碱性介质中的元素电势图

$E_B^{\ominus}$ $O_2 \underline{\quad -0.08 \quad} HO_2^- \underline{\quad 0.87 \quad} OH^-$

注：物种 HO_2^- 是 H_2O_2 作为弱酸第一步解离的产物。

从该电势图可以看出，H_2O_2 在碱性介质中仍是一强氧化剂，实际上在酸性介质中 H_2O_2 不能氧化的金属离子，如 $Mn(II)$、$Cr(III)$ 在碱性介质中均可被 H_2O_2 氧化。

3. 沉淀、配位反应参与的氧化还原反应

有些原来不能发生的氧化还原反应，由于沉淀反应和配位反应的参与，使反应发生了，也可以说沉淀反应和配位反应的参与增加了氧化剂的氧化能力或还原剂的还原能力。如由于 $E^{\ominus}(Fe^{3+}/Fe^{2+}) > E^{\ominus}(I_2/I^-)$，所以反应 $2Fe^{2+} + I_2 \Longrightarrow 2Fe^{3+} + 2I^-$ 是不能进行的，但加入 Ag^+，由于 I^- 与 Ag^+ 生成 AgI 沉淀，则反应

$$2Fe^{2+} + I_2 + 2Ag^+ \Longrightarrow 2Fe^{3+} + 2AgI(s)$$

发生了，所以可以说由于 AgI 沉淀的生成，增加了 I_2 的氧化能力。

反之，由于有沉淀反应或配位反应的参与也可使原先能发生的氧化还原反应变得不能发生了。如 $Fe^{3+}(aq)$ 可氧化 $I^-(aq)$ 生成 I_2，反应

$$2Fe^{3+} + 2I^- \Longrightarrow 2Fe^{2+} + I_2$$

可以发生，但加入 F^- 后，$Fe^{3+}(aq)$ 与 $F^-(aq)$ 形成配离子 $[FeF]^{2+}$ 或 $[FeF_2]^+$，$Fe(Ⅲ)$ 不能氧化 I^-，即反应

$$2[FeF]^{2+} + 2I^- \Longrightarrow 2Fe^{2+} + I_2 + 2F^-$$

不能发生，也可以说 $Fe(Ⅲ)$ 的氧化性降低了。

类似的例子很多，后面的实验也常常会遇到。

沉淀或配离子的生成改变了氧化剂或还原剂的氧化性或还原性，实质是改变了电对的电极电势，这可根据 Nernst 公式计算。

例：求 $FeF^{2+} + e^- \Longrightarrow Fe^{2+} + F^-$ 半反应对应的电对的标准电极电势 $E^{\ominus}(FeF^{2+}/Fe^{2+})$。

半反应 $FeF^{2+} + e^- \Longrightarrow Fe^{2+} + F^-$ 可看作先由 FeF^{2+} 离子解离出 Fe^{3+} 和 F^-，Fe^{3+} 得电子生成 Fe^{2+}。因标准电极电势要求半反应中参与反应的各物种的浓度均为 $1mol \cdot L^{-1}$；气态物质其压力为标准压力 100kPa；固态是纯净物。所以上述半反应的标准电极电势的条件是 $c(FeF^{2+}) = 1mol \cdot L^{-1}$，$c(F^-) = 1mol \cdot L^{-1}$，$c(Fe^{2+}) = 1mol \cdot L^{-1}$。根据反应式

$$Fe^{3+}(aq) + F^-(aq) \Longrightarrow FeF^{2+}(aq) \qquad K^{\ominus}_{fl} = 10^{5.28}$$

$$c(Fe^{3+}) = \frac{c(FeF^{2+})/c^{\ominus}}{K^{\ominus}_{fl} \cdot c(F^-)/c^{\ominus}} \cdot c^{\ominus} = 10^{-5.28} mol \cdot L^{-1}$$

则： $E^{\ominus}(FeF^{2+}/Fe^{2+}) = E(Fe^{3+}/Fe^{2+}) = E^{\ominus}(Fe^{3+}/Fe^{2+}) + 0.0592\lg\frac{c(Fe^{3+})/c^{\ominus}}{c(Fe^{2+})/c^{\ominus}}$

$$= 0.771V - 0.0592 \times 5.28V = 0.458V$$

所以 $E^{\ominus}(FeF^{2+}/Fe^{2+}) < E^{\ominus}(I_2/I^-)$，反应 $2FeF^{2+} + 2I^- \Longrightarrow 2Fe^+ + I_2 + 2F^-$ 不能发生。

同理，半反应 $I_2 + 2Ag^+ + 2e^- \longrightarrow 2AgI(s)$ 对应的电对 I_2/AgI 的标准电极电势 $E^{\ominus}$，可看作半反应 $I_2 + 2e^- \longrightarrow 2I^-$ 对应电对 I_2/I^- 的非标准电极电势 E。其 $c(I^-)$ 由反应 $AgI(s) = Ag^+ + I^-$ 决定，因在 $E^{\ominus}(I_2/AgI)$ 条件中 $c(Ag^+) = 1mol \cdot L^{-1}$，则 $c(I^-) = K^{\ominus}_{sp}(AgI) \cdot c^{\ominus}$。所以 $E^{\ominus}(I_2/AgI)$ 是 $c(I^-)$ 为 $K^{\ominus}_{sp} \cdot c^{\ominus}$ 时电对 I_2/I^- 的非标准电极电势。

4. 氧化还原反应的产物

当氧化剂中被还原的元素只存在一种还原状态时，那么氧化剂的还原产物是确定的，如 Cl_2 作氧化剂，其还原产物一定是 Cl^-。同样，当还原剂只存在一种氧化产物，其产物也是确定的，如 Sn^{2+} 的氧化产物为 Sn^{4+}。

但当一氧化剂中被还原的元素有多种还原态，如 MnO_4^- 中 $Mn(Ⅶ)$ 的还原态有

Mn(Ⅳ)（即 MnO_2）和 Mn(Ⅱ)（即 Mn^{2+}）等。其产物究竟是哪一种呢？同样，一还原剂中被氧化的元素有多种氧化态，如 Cl_2 被氧化，Cl_2 的氧化态有 ClO^-、ClO_3^-、ClO_4^- 等，Cl_2 被氧化的产物究竟是哪种呢？

氧化还原反应的产物是由下列两方面决定的。

（1）电极电势 当反应的速率均很快时，由电极电势决定其产物。如 MnO_4^- 在酸性条件下被 H_2SO_3 还原，其还原产物由电极电势决定，锰在酸性介质中元素电势图为：

$$MnO_4^- \underline{\quad 0.564 \quad} MnO_4^{2-} \underline{\quad 2.26 \quad} MnO_2 \underline{\quad 0.95 \quad} Mn^{3+} \underline{\quad 1.51 \quad} Mn^{2+}$$
$$\underline{\quad\quad 1.695 \quad\quad} \qquad\qquad \underline{\quad\quad 1.23 \quad\quad}$$

而 $$E^{\ominus}(SO_4^{2-}/H_2SO_3)=0.17V$$

从上述 $E^{\ominus}$ 可以看出 $E^{\ominus}(MnO_4^-/MnO_2)>E^{\ominus}(SO_4^{2-}/H_3SO_3)$ 且 $E^{\ominus}(MnO_2/Mn^{2+})>E^{\ominus}(SO_4^{2-}/H_3SO_3)$，所以 MnO_4^- 不会仅被还原成 MnO_2，因生成的 MnO_2 可继续氧化 SO_3^{2-} 生成 Mn^{2+}。

所以 MnO_4^- 在酸性介质中的还原产物为 Mn^{2+}。

（2）反应机理 氯在碱性介质中元素电势图如下：

$$ClO_4^- \underline{\quad 0.36 \quad} ClO_3^- \underline{\quad 0.33 \quad} ClO_2^- \underline{\quad 0.66 \quad} ClO^- \underline{\quad 0.40 \quad} Cl_2 \underline{\quad 1.36 \quad} Cl^-$$
$$\underline{\quad\quad\quad 0.48 \quad\quad\quad}$$
$$\underline{\quad\quad\quad\quad\quad 0.44 \quad\quad\quad\quad\quad}$$

从元素电势图可见 Cl_2 在碱性介质中歧化反应的产物可能是 Cl^-、ClO^-；Cl^-、ClO_3^-；Cl^-、ClO_4^-。在低温条件下由于反应速率的原因歧化产物是 Cl^- 和 ClO^-。在较高温下可生成 Cl^-、ClO_3^-。并未生成 ClO_4^-、Cl^-。

这样的例子很多。低价态的 S 都有还原性，从电极电势看均可被中等强度的氧化剂，如 I_2 氧化为 SO_4^{2-}，但 MnO_4^- 氧化 S^{2-} 时得到的产物是 S 而不是 SO_4^{2-}。I_2 氧化 $S_2O_3^{2-}$ 得到的产物是 $S_4O_6^{2-}$，不是 SO_4^{2-}。

所以，氧化还原反应的产物要靠长期的记忆积累。

5. 介质

介质对氧化还原反应的影响有以下几种。

（1）在不同介质中氧化产物或还原产物不同。如 MnO_4^- 的还原产物在酸性介质是 Mn^{2+}，在弱酸性、中性、碱性介质中是 MnO_2，在强碱性介质中是 MnO_4^{2-}（绿色）。

（2）有介质参与的氧化还原反应，介质的浓度影响反应的速率。如反应：

$$Cr_2O_7^{2-}+6I^-+14H^+ =\!\!= 2Cr^{3+}+3I_2+7H_2O$$

体系中的 $c(H^+)$ 影响该反应的速率。$c(H^+)$ 越大，反应速率快。

（3）介质可改变电对的电极电势数值的大小，特别是半反应中 H^+ 或 OH^- 的化学计量数大的反应，如 $Cr_2O_7^{2-}+14H^++6e^- =\!\!=2Cr^{3+}+7H_2O$，其 $E_A^{\ominus}=1.33V$，而在碱性介质中 $E_B^{\ominus}[CrO_4^{2-}/Cr(OH)_4^-]=-0.12V$。又如 $E_A^{\ominus}(O_2/H_2O)=1.23V$，而 $E_B^{\ominus}(O_2/OH^-)=0.401V$。

三、仪器和药品

1. 仪器

离心机；试管；离心试管；酒精灯；玻棒；火柴；吸管；试管夹。

2. 药品

H_2SO_4（$0.01mol \cdot L^{-1}$、$1mol \cdot L^{-1}$）；HCl（$1mol \cdot L^{-1}$）；NaOH（$0.1mol \cdot L^{-1}$、

6mol·L^{-1}、40%）；Cl_2 水（饱和）；I_2 水；NH_3·H_2O（6mol·L^{-1}）；（NH_4）$_2$Fe（SO_4）$_2$（0.1mol·L^{-1}）；$Na_2S_2O_3$（0.1mol·L^{-1}）；$BaCl_2$（0.1mol·L^{-1}）；$AgNO_3$（0.1mol·L^{-1}）；$CoCl_2$（0.1mol·L^{-1}）；NH_4Cl（1mol·L^{-1}）；H_2O_2（3%）；$KMnO_4$（0.01mol·L^{-1}）；$K_2Cr_2O_7$（0.1mol·L^{-1}）；KI（0.1mol·L^{-1}）；$FeCl_3$（0.1mol·L^{-1}）；NaF（0.2mol·L^{-1}）；Na_2SO_3（0.1mol·L^{-1}）；淀粉溶液（0.5%）；KIO_3（0.1mol·L^{-1}）。

四、实验内容

1. 一般实验

（1）Cl_2 水和 I_2 水与 $Na_2S_2O_3$ 的作用

① 在一试管中加入 2 滴 $Na_2S_2O_3$（0.1mol·L^{-1}）溶液，再加数滴 Cl_2 水，搅拌，滴入 1 滴 $BaCl_2$（0.1mol·L^{-1}）、1 滴 HCl（1mol·L^{-1}），搅拌，观察实验现象，判别 $S_2O_3^{2-}$ 的氧化产物。

② 在一试管中加入 2 滴 I_2 水、1 滴淀粉溶液，逐滴加入 $Na_2S_2O_3$（0.1mol·L^{-1}）至蓝色消失。待蓝色消失后加 1 滴 $BaCl_2$（0.1mol·L^{-1}）搅拌，观察有无白色沉淀生成。

注：$S_2O_3^{2-}$ 被 I_2 氧化的产物为连四硫酸根 $S_4O_6^{2-}$。

查出或算出相应电对的标准电极电势，写出反应方程式。

（2）H_2O_2 的氧化性和还原性 上课前查出相应电对的标准电极电势，分析在酸性介质中 H_2O_2 与 $KMnO_4$ 的反应，H_2O_2 作氧化剂还是还原剂？为什么？H_2O_2 反应的产物是什么？能观察到什么现象？分析在酸性介质中 H_2O_2 与 KI 的反应 H_2O_2 起什么作用？为什么？H_2O_2 反应的产物是什么？能观察到什么现象？

① 实验是在酸性介质中 H_2O_2（3%）与 $KMnO_4$（0.01mol·L^{-1}）的作用。上课前写出试剂加入量及试剂加入次序；课上记录实验现象；写出反应方程式并用电极电势解释反应的进行。

② 实验在酸性介质中 H_2O_2（3%）与 KI（0.1mol·L^{-1}）的作用。为判断反应产物的生成可加淀粉溶液（0.5%）。上课前写出试剂加入量、试剂加入次序；课上记录实验现象；写出反应方程式，并用电极电势解释反应的进行。

（3）配离子的生成对氧化还原性的影响 上课前查出 Co^{3+}/Co^{2+}、H_2O_2/H_2O、O_2/H_2O_2 和 HO_2^-/OH^- 电对的 $E^{\ominus}$ 数值，判断 Co^{2+} 与 H_2O_2 能否发生反应。

① 取 5 滴 $CoCl_2$（0.1mol·L^{-1}）溶液，滴加 H_2O_2（3%），振荡，观察现象。

② 取 5 滴 $CoCl_2$（0.1mol·L^{-1}）溶液，加 5 滴 NH_4Cl（1mol·L^{-1}）溶液和过量的 NH_3·H_2O（6mol·L^{-1}）溶液，振荡，观察溶液的颜色，滴加 H_2O_2（3%），振荡，再观察溶液的颜色，并根据电极电势判别生成的配离子中 Co 的氧化数，写出反应式。

注：$E^{\ominus}_B${［Co（NH_3）$_6$］$^{3+}$/［Co（NH_3）$_6$］$^{2+}$} = 0.1V；$E^{\ominus}_B$（O_2/OH^-）= 0.401V。加入 1mol·$L^{-1}NH_4Cl$ 溶液的目的是控制溶液的 pH，尽量避免 $Co(OH)_2$ 沉淀的产生。

（4）介质对氧化还原性的影响 在试管中加 10 滴 KI（0.1mol·L^{-1}）溶液和 2 滴 KIO_3（0.1mol·L^{-1}）溶液，再加 2 滴淀粉溶液，振荡，观察溶液的颜色。再加 2 滴 H_2SO_4（1mol·L^{-1}）溶液，观察溶液颜色的变化。再滴加 2 滴 NaOH（6mol·L^{-1}），加热，振荡，观察溶液颜色的变化。

根据实验现象判别发生什么反应？分别画出碘在酸性、碱性介质中元素电势图，根据元素电势图解释反应进行的原因。

（5）介质对氧化还原产物的影响　在五支试管中各加入 5 滴 $KMnO_4$（0.01mol·L^{-1}），依次向五支试管中分别加入 2 滴 H_2SO_4（1mol·L^{-1}）、2 滴 H_2SO_4（0.01mol·L^{-1}）、2 滴去离子水、2 滴 NaOH（0.1mol·L^{-1}）、2 滴 NaOH（40%）溶液，再向这五支试管中各加入 2 滴 Na_2SO_3（0.1mol·L^{-1}）溶液，振荡，观察实验现象。

根据实验现象判别发生什么反应？写出反应方程式。总结 MnO_4^- 在不同介质中的还原产物。

2. 设计实验

设计实验证明配离子的生成对 Fe(Ⅲ) 的氧化性有影响。

给定试剂：$FeCl_3$（0.1mol·L^{-1}）；KI（0.1mol·L^{-1}）；NaF（0.2mol·L^{-1}）；淀粉溶液（0.5%）。

要求：①设计前查出 $E^\ominus$（Fe^{3+}/Fe^{2+}）及 $E^\ominus$（I_2/I^-）的数值，判断 Fe^{3+} 与 I^- 能否发生反应。反应产物应是什么？怎样检验？

② 根据实验现象，做出正确结论。

3. 选做实验

优先还原：在试管中加入 2 滴 $KMnO_4$（0.01mol·L^{-1}）、4 滴 $K_2Cr_2O_7$（0.1mol·L^{-1}）、2 滴 H_2SO_4（1mol·L^{-1}），振荡，然后边振荡边滴加 Na_2SO_3（0.1mol·L^{-1}）溶液，溶液的颜色变化为紫红→橙→绿色。

写出相应的反应方程式，解释为什么有这样的次序。

实验四 | 铬、锰

一、实验目的

1. 掌握铬、锰的各种氧化值化合物的生成和性质。
2. 学习离子分离的方法。
3. 学习用归纳推理的基本原理总结实验规律。

二、实验原理

1. 铬

铬的价电子层构型为 $3d^5 4s^1$，它的主要氧化态有 +2、+3、+6。

氧化值为 +2 的铬不稳定，在水溶液中以 $\left[Cr(H_2O)_6\right]^{2+}$（淡蓝色）形态存在。可用强还原剂（如锌粉、铝粉）在酸性介质中还原 Cr(III) 或 Cr(VI) 制得。

$Cr^{3+}(aq)$ 是在水溶液中最稳定、最常见的物种。Cr(III) 的氢氧化物呈两性。在强碱性介质以 $Cr(OH)_4^-$ 离子存在。

氧化值为 +6 的铬在水溶液中有两种离子，CrO_4^{2-} 和 $Cr_2O_7^{2-}$。前者呈黄色、后者呈橙色。它们间存在下列平衡：

$$2CrO_4^{2-}（黄）+2H^+ \Longrightarrow Cr_2O_7^{2-}（橙）+H_2O$$

一般铬酸盐比重铬酸盐难溶于水，由于 CrO_4^{2-} 和 $Cr_2O_7^{2-}$ 转化平衡的存在，向 $Cr_2O_7^{2-}$ 溶液中加入 Ag^{2+}、Ba^{2+}、Pb^{2+}，分别生成难溶的 Ag_2CrO_4（砖红色）、$BaCrO_4$（淡黄色）、$PbCrO_4$（黄色）沉淀。

铬的元素电势图：

酸性介质

$$Cr_2O_7^{2-} \quad \underline{1.33} \quad Cr^{3+} \quad \underline{-0.41} \quad Cr^{2+} \quad \underline{-0.91} \quad Cr$$

碱性介质

$$CrO_4^{2-} \quad \underline{-0.12} \quad Cr(OH)_4^-$$

从电势图可见，$Cr_2O_7^{2-}$ 在酸性介质中有强氧化性，$Cr(OH)_4^-$ 在碱性介质中有强还原性。

2. 锰

锰是第四周期，ⅦB 族元素。锰原子的价电子构型是 $3d^5 4s^2$。常见氧化态有 +2、+3、+4、+6、+7。

最常见的锰的最高氧化态 Mn(VII) 的化合物是 $KMnO_4$，它是强氧化剂。在酸性介质中的还原产物是 $Mn^{2+}(aq)$；在强碱性介质中的还原产物是 $MnO_4^{2-}(aq)$；在弱酸性、中性、弱碱性介质中的还原产物是 $MnO_2 \cdot xH_2O$。

锰（VI）仅以锰酸盐存在，它只在强碱性介质中稳定，在酸性或中性介质中发生歧化反应生成 MnO_4^- 和 $MnO_2 \cdot xH_2O$。

锰（IV）最常见，其最重要的化合物是 MnO_2，它是既不溶于水也不溶于非还原性酸的棕褐色或黑色固体，但它能缓慢地溶于碱中。MnO_2 在酸性介质中有强氧化性。

水溶液中的 Mn^{3+}（aq）不稳定，它歧化为 Mn^{2+}（aq）和 $MnO_2 \cdot xH_2O$。只有在浓酸（H_2SO_4、H_3PO_4）中或由于形成配离子，$Mn(Ⅲ)$ 才可以稳定存在。故可在浓硫酸中由 MnO_4^- 氧化 Mn^{2+} 生成 Mn^{3+}（aq）。

在酸性介质中 Mn^{2+}（aq）是各种氧化值的锰中最稳定的一个。它不易被氧化或还原。在碱性介质中 $Mn(Ⅱ)$ 易被空气氧化。所以只有在隔绝空气的条件下，Mn^{2+}（aq）与苛性碱作用方能生成白色 $Mn(OH)_2$ 沉淀。

Mn 在酸性介质中的元素电势图：

$$\text{MnO}_4^- \underset{}{\overset{0.564}{\text{———}}} \text{MnO}_4^{2-} \underset{}{\overset{2.26}{\text{———}}} \text{MnO}_2 \underset{}{\overset{0.95}{\text{———}}} \text{Mn}^{3+} \underset{}{\overset{1.51}{\text{———}}} \text{Mn}^{2+} \underset{}{\overset{-1.18}{\text{———}}} \text{Mn}$$

1.695　　　　　1.23

1.51

在碱性介质中的元素电势图：

$$\text{MnO}_4^- \underset{}{\overset{0.564}{\text{———}}} \text{MnO}_4^{2-} \underset{}{\overset{0.60}{\text{———}}} \text{MnO}_2 \underset{}{\overset{-0.20}{\text{———}}} \text{Mn(OH)}_3 \underset{}{\overset{0.10}{\text{———}}} \text{Mn(OH)}_2 \underset{}{\overset{-1.56}{\text{———}}} \text{Mn}$$

0.588　　　　　−0.05

三、仪器和药品

1. 仪器

试管；离心试管；离心机；酒精灯；吸管；玻璃棒；试管夹；火柴。

2. 药品

$H_2C_2O_4$（s）；$NaBiO_3$（s）；MnO_2（s）；Zn 粉；HCl（$2mol \cdot L^{-1}$）；H_2SO_4（$2mol \cdot L^{-1}$、浓）；HNO_3（$6mol \cdot L^{-1}$）；NaOH（$2mol \cdot L^{-1}$、40%）；$K_2Cr_2O_7$（$0.1mol \cdot L^{-1}$）；K_2CrO_4（$0.1mol \cdot L^{-1}$）；$AgNO_3$（$0.1mol \cdot L^{-1}$）；$Pb(NO_3)_2$（$0.1mol \cdot L^{-1}$）；$BaCl_2$（$0.1mol \cdot L^{-1}$）；$KMnO_4$（$0.01mol \cdot L^{-1}$、$0.1mol \cdot L^{-1}$）；$MnSO_4$（$0.1mol \cdot L^{-1}$、$0.5mol \cdot L^{-1}$）；H_2O_2（3%）；$CrCl_3$（$0.1mol \cdot L^{-1}$）；Na_2CO_3（饱和）；pH 试纸。

四、实验内容

1. 一般实验

（1）Cr^{2+}（aq）的生成和性质　取 0.5mL $K_2Cr_2O_7$（$0.1mol \cdot L^{-1}$）溶液，加 0.5mL HCl（$2mol \cdot L^{-1}$），加少量 Zn 粉，加热，观察溶液颜色的变化过程。待反应停止后，振荡，观察溶液的颜色又有何变化。写出反应方程式。

（2）$Cr(OH)_3$ 的两性　取 1mL $CrCl_3$（$0.1mol \cdot L^{-1}$）溶液，滴加 NaOH（$2mol \cdot L^{-1}$）至生成大量的 $Cr(OH)_3$。观察沉淀的颜色。将沉淀分成两份，分别加入 $2mol \cdot L^{-1}$ 的 HCl 和 $2mol \cdot L^{-1}$ 的 NaOH 溶液，试验 $Cr(OH)_3$ 的两性。记录实验现象，特别是 $Cr(OH)_3$ 与 NaOH 作用产物的颜色。写出反应方程式并从实验得出结论。

（3）CrO_4^{2-}（aq）与 $Cr_2O_7^{2-}$（aq）的相互转换

① 取 5 滴 K_2CrO_4（$0.1mol \cdot L^{-1}$），加入数滴 H_2SO_4（$2mol \cdot L^{-1}$），观察溶液颜色的变化。

② 取 5 滴 $K_2Cr_2O_7$（$0.1mol \cdot L^{-1}$），加入数滴 NaOH（$2mol \cdot L^{-1}$），观察溶液颜色的变化。

写出反应方程式，总结 CrO_4^{2-} 与 $Cr_2O_7^{2-}$ 存在的介质条件。

（4）铬酸盐沉淀的生成实验

① 实验 K_2CrO_4（$0.1mol \cdot L^{-1}$）溶液分别与 $AgNO_3$（$0.1mol \cdot L^{-1}$）、$Pb(NO_3)_2$

（0.1mol·L^{-1}）、BaCl$_2$（0.1mol·L^{-1}）溶液的作用。记录所生成沉淀的颜色，写出反应方程式。

② 实验 K$_2$Cr$_2$O$_7$（0.1mol·L^{-1}）溶液分别与 AgNO$_3$（0.1mol·L^{-1}）、Pb（NO$_3$）$_2$（0.1mol·L^{-1}）、BaCl$_2$（0.1mol·L^{-1}）溶液的作用，并与 K$_2$CrO$_4$ 所生成的沉淀颜色比较。写出沉淀的化学式及反应离子方程式，并解释之。

③ 再实验这三种沉淀在 HNO$_3$（6mol·L^{-1}）中溶解情况（必要时可加热）。记录实验现象，写出反应方程式，并解释之。

（5）Mn(OH)$_2$ 的制备和性质　在试管中装入 0.5mL MnSO$_4$（0.1mol·L^{-1}）溶液，滴加 1mL NaOH（2mol·L^{-1}）溶液，观察生成 Mn（OH）$_2$ 沉淀的颜色。放置试管，观察沉淀的颜色变化。

（6）Mn^{2+} 的鉴定　取 2 滴 MnSO$_4$（0.1mol·L^{-1}）溶液，加 10～15 滴 HNO$_3$（6mol·L^{-1}），再加入少量 NaBiO$_3$ 固体，振荡，加热，观察紫红色 MnO$_4^-$ 的生成。写出反应方程式并回答下列问题。

① 为什么加硝酸而不是加盐酸？

② 若硝酸量加入不够是否能将 Mn^{2+} 氧化成 MnO$_4^-$？

（7）MnO$_2$ 的氧化性

① 取少量草酸 H$_2$C$_2$O$_4$（s），加 H$_2$SO$_4$（2mol·L^{-1}）溶液使草酸溶解，加入少量 MnO$_2$（s），振荡，观察实验现象。

② 取少量草酸（s），加 NaOH（6mol·L^{-1}）溶液使草酸溶解并使溶液呈碱性（用 pH 试纸检测），加少量 MnO$_2$（s），振荡，观察实验现象。

写出反应方程式，从实验归纳 MnO$_2$ 具有氧化性的条件，并从元素电势图解释之。

（8）MnO$_4^{2-}$ 的生成及其性质　在 10 滴 KMnO$_4$（0.01mol·L^{-1}）溶液中加入 10 滴 NaOH（40%）溶液，加入少量 MnO$_2$（s），加热至紫红色退去。观察上层清液的颜色（若颜色太深，可取少量冲稀后观察之）。用滴管吸取上述清液加入离心试管中，滴加 2mol·L^{-1} 的 H$_2$SO$_4$ 溶液，至溶液变红，离心分离，观察溶液的颜色和沉淀的析出。写出上述所有反应的反应方程式，解释实验现象，得出正确结论。

上课前计算当 c（MnO$_4^-$）＝c（MnO$_4^{2-}$）＝1mol·L^{-1} 时，由 MnO$_4^-$ 与 MnO$_2$ 生成 MnO$_4^{2-}$ 的最低碱浓度。

2. 设计实验

（1）根据下列给定试剂设计用一般化学法分离 Cr^{3+} 与 Mn^{2+} 的实验方案，并实验之。

给定试剂：CrCl$_3$（0.1mol·L^{-1}），MnSO$_4$（0.1mol·L^{-1}），H$_2$O$_2$（3%），HNO$_3$（6mol·L^{-1}），NaOH（2mol·L^{-1}），H$_2$SO$_4$（2mol·L^{-1}），NaBiO$_3$（s），pH 试纸。

实验要求：要求分离后检验 Cr 中是否含有 Mn，不要求分离后价态还原。

（2）Cr（Ⅲ）的氧化。设计由 Cr^{3+}（aq）制取 Cr$_2$O$_7^{2-}$（aq）的实验方案，并用实验证实之。

给定试剂：CrCl$_3$（0.1mol·L^{-1}），H$_2$O$_2$（3%），NaOH（2mol·L^{-1}），H$_2$SO$_4$（2mol·L^{-1}）。

设计前回答下列问题。

① 查出 Cr$_2$O$_7^{2-}$/Cr^{3+}、CrO$_4^{2-}$/CrO$_2^-$ 及 H$_2$O$_2$/H$_2$O、O$_2$/H$_2$O$_2$、HO$_2^-$/OH$^-$ 等电

对的标准电极电势。判别用 H_2O_2 作氧化剂时在什么介质中能将 Cr(Ⅲ) 氧化到 Cr(Ⅵ)?

② 若选择碱性介质,应怎样操作才能保证最后酸化时能生成 $Cr_2O_7^{2-}$?

3. 选做实验

设计实验证实 Cr^{3+}、Mn^{2+} 与 Na_2CO_3 溶液作用的产物,并实验之。

给定试剂:$CrCl_3$ (0.1mol·L^{-1}),$MnSO_4$ (0.1mol·L^{-1}),Na_2CO_3 (饱和),HCl (2mol·L^{-1})。

提示:Na_2CO_3 的水溶液中含有 Na^+、CO_3^{2-}、HCO_3^- 及 OH^-。

<h1>实验五 | 未知物研究</h1>

一、实验目的

1. 通过未知物的判定实验熟悉无机物的性质，特别是在水溶液中的行为。
2. 进一步提高试管实验的操作技巧。

二、实验要求

1. 根据已给出的实验事实及无机物性质，应事先判断出待研究的无机物可能是什么化合物。
2. 根据判断详细考虑完成下列实验流程的实验方法。
3. 实验中要详细记录操作步骤、实验现象及所需配制试剂的配制方法。
4. 综合实验现象最后判断出未知物是什么，并根据分步实验现象分析出各字母代表的物种是什么，写出各步反应的方程式。

三、仪器和药品

1. 仪器

离心试管；离心机；酒精灯；滴管；玻璃棒；试管夹。

2. 药品

HNO_3（浓）；HCl（浓，$1mol \cdot L^{-1}$）；H_2SO_4（$2mol \cdot L^{-1}$）；NaOH（$0.1mol \cdot L^{-1}$，$2mol \cdot L^{-1}$，40%）；$NH_3 \cdot H_2O$（$2mol \cdot L^{-1}$）；$AgNO_3$（$0.1mol \cdot L^{-1}$）；$CaCl_2$（$0.1mol \cdot L^{-1}$）；$K_4[Fe(CN)_6]$（$0.1mol \cdot L^{-1}$）；KI（$0.1mol \cdot L^{-1}$）；$Na_2S_2O_3$（$0.1mol \cdot L^{-1}$）；$BaCl_2$（$0.1mol \cdot L^{-1}$）；钼酸铵试剂；淀粉溶液；铜粉；10%葡萄糖溶液；pH试纸。

四、实验内容

1. 未知物 A（白色固体）

取少量未知物 A 加入试管中，加 4mL 去离子水使其溶解制得 A 未知物的溶液，取此溶液进行下面的实验。

(1) 取 A 溶液进行焰色实验，观察到黄色火焰。

(2) 测 A 溶液的 pH，记作 pH_1。

(3) 取几滴 A 溶液，加 0.5mL 浓 HNO_3，再加 1mL 钼酸铵试剂，在火焰上微热到大约 45℃，得到 G 沉淀。

(4) 在试管中取几滴 A 溶液，滴加 $0.1mol \cdot L^{-1}$ 的 $AgNO_3$ 溶液，产生 E 沉淀，并测定溶液的 pH，记作 pH_2。

(5) 在试管中取几滴 A 溶液，滴加 $0.1mol \cdot L^{-1}$ 的 $CaCl_2$ 溶液，观察现象，再滴加 $2mol \cdot L^{-1}$ 的 NaOH 溶液，产生 H 沉淀。

2. 未知物 D（蓝色固体）

取少量未知物 D，加 4mL 去离子水，配成 D 溶液，取此溶液进行下面的实验。

(1) 取 5 滴 D 溶液，滴加 $2mol \cdot L^{-1}$ 的 NaOH 溶液，得 R 悬浮物；将 R 悬浮物加热，

得 M 沉淀。

（2）取 5 滴 D 溶液，滴加 $0.1mol \cdot L^{-1}$ 的 NaOH 溶液，得 R 物；再滴加 $2mol \cdot L^{-1}$ 的 NH_3 溶液，得 T 澄清溶液。

（3）用离心试管取 5 滴 D 溶液，滴加过量的 NaOH（40%）溶液，得 Q 清液，再加数滴葡萄糖溶液，稍微加热，得 J 沉淀；离心分离，弃去清液，在沉淀中加 $2mol \cdot L^{-1}$ 的 H_2SO_4 溶液，得 H 固体和 L 清液。

（4）取 5 滴 D 溶液，滴加 $0.1mol \cdot L^{-1}$ 的 $K_4[Fe(CN)_6]$ 溶液，得 X 沉淀。

（5）取 5 滴 D 溶液，滴加 1 滴淀粉溶液，再滴加几滴 $0.1mol \cdot L^{-1}$ 的 KI 溶液，观察现象，再滴加 $0.1mol \cdot L^{-1}$ 的 $Na_2S_2O_3$ 溶液，得 Z 沉淀。

（6）取 5 滴 D 溶液，加 10 滴浓 HCl，加少量 Cu 粉，加热，得 Y 溶液；加大量的水，得 W 沉淀。

（7）取 5 滴 D 溶液，滴加数滴 $BaCl_2$（$0.1mol \cdot L^{-1}$）溶液，得 U 沉淀；加 $1mol \cdot L^{-1}$ HCl，观察现象。

实验六 | 未知离子的研究

一、实验目的

1. 通过未知离子的判断实验熟悉无机离子的性质及在水溶液中的化学行为。
2. 进一步提高试管实验的操作技巧。

二、实验要求

1. 根据已给出的实验事实，预先应判断出要求研究的未知离子可能是什么。
2. 根据判断详细考虑完成下列流程的实验方法。
3. 实验中要详细记录操作步骤（包括加药品的次序、加入量等）、实验现象及所需配制试剂的配制方法。
4. 综合实验现象最后判断出该离子是什么离子，并根据各步实验的现象分析出各字母代表的物种是什么，写出各步的反应方程式。

三、仪器和药品

1. 仪器

试管；离心试管；离心机；酒精灯；滴管；玻璃棒；试管夹。

2. 药品

H_2SO_4（$1mol \cdot L^{-1}$、$2mol \cdot L^{-1}$）；HCl（$1mol \cdot L^{-1}$）；HNO_3（$6mol \cdot L^{-1}$）；NaOH（$2mol \cdot L^{-1}$，40%）；$BaCl_2$（$0.1mol \cdot L^{-1}$）；$AgNO_3$（$0.1mol \cdot L^{-1}$）；$KMnO_4$（$0.01mol \cdot L^{-1}$）；3%的H_2O_2；I_2水；Zn粉。

四、实验内容

1. 未知离子E的研究（含E离子的白色固体）

取少量含E离子的白色固体加入试管中，加4mL水使其溶解制得含E未知离子的溶液，取此溶液进行下面的实验。

（1）取5滴含E未知离子的溶液，加5滴$BaCl_2$（$0.1mol \cdot L^{-1}$），得G沉淀。

（2）取2滴含E未知离子的溶液，加5滴$AgNO_3$（$0.1mol \cdot L^{-1}$）溶液，刚开始时得M沉淀；放置，变为N沉淀。

（3）取5滴含E未知离子的溶液，滴加数滴$1mol \cdot L^{-1}$的H_2SO_4溶液，得R沉淀。

（4）取5滴含E未知离子的溶液，滴加数滴$1mol \cdot L^{-1}$的HCl溶液，然后迅速滴加$0.01mol \cdot L^{-1}$的$KMnO_4$溶液，得T溶液，加热，离心分离，再加数滴$0.1mol \cdot L^{-1}$的$BaCl_2$溶液，得S固体。

（5）在I_2水溶液中滴加含E未知离子的溶液，得W溶液。

2. 未知离子D的研究

取少量含D离子的黄色固体加入试管中，加4mL水使其溶解制得含D未知离子的溶液，取此溶液进行下面的实验。

（1）取含D离子的溶液5滴，加数滴$2mol \cdot L^{-1}$的H_2SO_4，得B溶液；再滴加

2mol·L^{-1} 的 NaOH 溶液数滴，得 D 溶液。

（2）取含 D 离子的溶液 5 滴，滴加 1mol·L^{-1} 的 H$_2$SO$_4$ 数滴，得 B 溶液；加过量 Zn 粉，并加热，得 A 溶液，该溶液放置，得 E 溶液。

（3）取含 D 离子的溶液 5 滴，加数滴 1mol·L^{-1} 的 H$_2$SO$_4$，加 3 滴 3％的 H$_2$O$_2$ 溶液并稍加热，得 E 溶液；剧烈加热使过量的 H$_2$O$_2$ 全部分解，冷却，加适量的 2mol·L^{-1}NaOH，得 X 沉淀，再加过量的 40％的 NaOH 溶液；得 Z 溶液，再加数滴 3％的 H$_2$O$_2$ 溶液，得 D 溶液。

（4）取含 D 离子的溶液 5 滴，加数滴 AgNO$_3$ 溶液（0.1mol·L^{-1}），得 T 沉淀；再加数滴 6mol·L^{-1} 的 HNO$_3$ 溶液，得 B 溶液。

第二节　分析测定实验

实验七 | 水的总硬度及电导率的测定

一、实验目的

1. 了解硬水、软水及去离子水的概念。
2. 学习化学法（配位滴定法）和电导率法两种检验水质的方法。
3. 学习电导率仪和微量滴定管的操作和使用。

二、实验原理

水质的好坏直接关系到人民生活质量及工业部门的产品质量和生产成本。如锅炉用水，若硬度过高，会在锅炉内壁形成垢，使传热变慢，增加燃耗，甚至由于锅垢脱落会引起锅炉爆炸；电镀工业用水，若含盐量过高，会使镀层起皮，产品报废；电子工业、科学实验等对水的纯度要求更高，一般需要去离子水，甚至高纯水；另外水中溶解的氧气、二氧化碳、二氧化硫等会加快金属容器的腐蚀，所以水处理是很重要的。水质检验为正确评价水质提供了科学根据。

1. 配位滴定法测定水的总硬度

(1) 实验原理 Ca^{2+}、Mg^{2+} 是生活用水中主要的杂质离子，它们以碳酸氢盐、氯化物、硫酸盐、硝酸盐等形式溶于水中，水中还有微量的 Fe^{3+}、Al^{3+} 等，由于 Ca^{2+}、Mg^{2+} 远比其他几种含量高，所以通常用 Ca^{2+}、Mg^{2+} 的总量来计算水的总硬度。我国以 Ca^{2+}、Mg^{2+} 的总量折合成 CaO 的量来计算水的硬度，其法定计量单位是 $mmol \cdot L^{-1}$，习惯上采用一升水中含有 10mg CaO 时为 1°，即表示十万份水中有 1 份 CaO，可表示为 1° = 10ppm CaO。

硬度分为两种，水沸腾后能够沉淀的称为暂时硬度，如 $Mg(HCO_3)_2$、$Ca(HCO_3)_2$，水沸腾后不沉淀的称为永久硬度，如 $CaSO_4$、$MgSO_4$、$CaCl_2$ 和 $MgCl_2$，这两者加起来称为总硬度。按水的总硬度大小可将水质分类（表3-1）。

表3-1　按水的总硬度将水质分类

总硬度	水　质	总硬度	水　质
0°～4°	很软水	16°～30°	硬水
4°～8°	软水	30°以上	很硬水
8°～16°	中等硬水		

生活用水的硬度不得超过 25°，各种工业用水有不同要求，所以水的硬度是水质的一项重要指标。

测定水的总硬度就是测定水中 Ca^{2+}、Mg^{2+} 的总量，一般采用配位滴定法，即在 pH = 10 的碱性缓冲溶液中，用酸性铬蓝 K-萘酚绿 B 混合指示剂（简称 K-B 指示剂），以 EDTA（Na_2H_2Y）标准溶液直接滴定水中的 Ca^{2+}、Mg^{2+}。滴定反应表示如下。

滴定前：Ca^{2+}、Mg^{2+}与酸性铬蓝 K 形成红色螯合物，在萘酚绿 B 的衬托下，溶液呈紫红色

$$K\text{-}B + M\ (Ca^{2+}、Mg^{2+})\ \xrightarrow{pH=10}\ M\text{-}K\text{-}B$$
$$\text{（蓝绿）} \qquad\qquad\qquad\qquad \text{（紫红）}$$

滴定开始至化学计量点以前：EDTA 与游离的 Ca^{2+}、Mg^{2+} 离子配位

$$H_2Y^{2-} + Ca^{2+} = CaY^{2-} + 2H^+$$
$$H_2Y^{2-} + Mg^{2+} = MgY^{2-} + 2H^+$$

化学计量点时：EDTA 与酸性铬蓝 K 的 Ca^{2+}、Mg^{2+} 螯合物反应，溶液由紫红色变为蓝绿色

$$H_2Y^{2-} + M\text{-}K\text{-}B = MY^{2-} + (K\text{-}B)^{2-} + 2H^+$$
$$\text{（紫红色）} \qquad\qquad \text{（蓝绿）}$$

水样中存在微量的杂质离子 Fe^{3+}、Al^{3+}，可用三乙醇胺进行掩蔽。

（2）水总硬度的计算方法　用 $mmol \cdot L^{-1}$ 表示的水的总硬度为：

$$\text{总硬度} = \frac{c_E \overline{V}_E}{V_{水样}} \times 10^3\ mmol \cdot L^{-1} \tag{3-4}$$

式中　c_E——EDTA 的浓度；

$\overline{V}_E$——消耗 EDTA 的体积的平均数；

$V_{水样}$——采用水样的体积。

若将总硬度用度表示，则将式(3-4)改为：

$$\text{总硬度（度）} = \frac{\dfrac{c_E \overline{V}_E}{V_{水样}} \times 10^3}{10} \times 56 \tag{3-5}$$

式中，56 为 CaO 的摩尔质量；10 是规定 1° 时 1L 水中所含 CaO 为 10mg 的量。

2. 水的电导率测定

在天然水或自来水中常含有无机和有机杂质，无机杂质有 Mg^{2+}、Ca^{2+}、SO_4^{2-}、Cl^- 及某些气体等，一般将溶有微量或不含 Ca^{2+}、Mg^{2+} 等离子的水叫软水，而将溶有较多 Ca^{2+}、Mg^{2+} 的水叫硬水。对水进行净化，通常用蒸馏法和离子交换法，用蒸馏法提纯的水叫蒸馏水，而用离子交换法来净化的水叫去离子水。

本实验是通过测定水样电导率的方法来确定水质的纯度。一般水中溶有可溶性杂质后其电导率就增大，若水的纯度越高，则其电导率就越低。所以，电导法是测定水质纯度的一种很好的方法。

导体导电能力的大小常以电阻（R）或电导（G）表示，电导是电阻的倒数：

$$G = \frac{1}{R} \tag{3-6}$$

电阻、电导的 SI 单位分别是欧姆（Ω）、西门子（S），显然 $1S = 1\Omega^{-1}$。

导体的电阻与其长度（L）成正比，而与其截面积（A）成反比：

$$R \propto \frac{L}{A} \qquad R = \overline{R}\frac{L}{A}$$

式中，$\overline{R}$ 为比例常数，称电阻率或比电阻。根据电导与电阻的关系，容易得出：

$$G = \kappa \frac{A}{L} \text{或} \kappa = G\frac{L}{A} \tag{3-7}$$

κ 称为电导率,是长 1m、截面积为 $1m^2$ 导体的电导,SI 单位是西门子·米$^{-1}$,用符号 $S \cdot m^{-1}$ 表示。对于电解质溶液来说,电导率是电极面积为 $1m^2$、两极相距 1m 时溶液的电导。电解质溶液的摩尔电导率(Λ_m)是指把含有 1mol 的电解质溶液置于相距为 1m 的两个电极之间的电导。溶液的浓度 c 通常用 $mol \cdot L^{-1}$ 表示,则含有 1mol 电解质溶液的体积为 $\frac{1}{c}L$ 或 $\frac{1}{c} \times 10^{-3} m^3$,此时溶液的摩尔电导率等于电导率和溶液体积的乘积:

$$\Lambda_m = \kappa \times \frac{10^{-3}}{c} \tag{3-8}$$

摩尔电导率的单位是 $S \cdot m^2 \cdot mol^{-1}$。摩尔电导率的数值通常是测定溶液的电导率,用式(3-8)计算得到。

测定电导率的方法是用两个电极插入溶液,测出两极间的电阻 R_x。对于一个电极而言,电极面积 A 与间距 L 都是固定不变的,因此 L/A 是常数,称为电极常数,以 Q 表示。根据式(3-6)和式(3-7)得:

$$\kappa = \frac{Q}{R_x} \tag{3-9}$$

由于电导的单位西门子太大,故常用毫西门子(mS)、微西门子(μS)表示。它们之间的关系是 $1S = 10^3 mS = 10^6 \mu S$。

表 3-2 中列出了几种水样的电导率数值的大致范围。

表 3-2　几种水样的电导率数值的大致范围

水　　样	自来水	蒸馏水	去离子水	最纯水(理论值)
电导率/$S \cdot cm^{-1}$	$5.0 \times 10^{-3} \sim 5.3 \times 10^{-4}$	$2.8 \times 10^{-6} \sim 6.3 \times 10^{-8}$	$4.0 \times 10^{-5} \sim 8.0 \times 10^{-7}$	5.5×10^{-8}

三、仪器和药品

1. 仪器

微量滴定管 1 支;100mL 锥形瓶 3 只;25mL 移液管 1 支;洗耳球 1 支;CON510 型电导率仪;烧杯(5mL 三个)。

2. 药品

NH_3-NH_4Cl 缓冲液(pH=10);K-B 指示剂;三乙醇胺(1∶2);标定好的 EDTA 标准液(约 $0.02 mol \cdot L^{-1}$);自来水;冷开水;蒸馏水;去离子水。

四、实验内容

1. 用配位滴定法测水的硬度

(1) 玻璃仪器的洗涤　按玻璃仪器洗涤方法洗干净 25.00mL 移液管、5.00mL 滴定管及三个 100mL 锥形瓶,留作滴定时用。

(2) 水样总硬度的测定

① 自来水样　用移液管吸取 25.00mL 自来水于 100mL 锥形瓶中,用滴管向其中滴加 6 滴三乙醇胺溶液,10 滴 NH_3-NH_4Cl 缓冲溶液和 1 滴 K-B 指示剂,然后用 5mL 微量滴定管滴定 EDTA 标准液,当溶液由紫红色变为蓝绿色时,达到滴定终点。记录消耗 EDTA 的体积数,并将数据填写在第五部分的数据表格中。

(注意:配位反应速度较慢,故滴定时加入 EDTA 不能太快,特别是接近终点时,更要逐滴加入,充分振荡,以免造成 EDTA 过量,影响滴定结果。)

上述实验再重复两次，每次滴定时 EDTA 均应尽量从零刻度线开始。

② 冷开水样　取一烧杯自来水，将其煮沸 10～15min，待冷却近室温后，用上述同样方法测定煮沸过的水样中 Ca^{2+}、Mg^{2+} 总含量。记录消耗 EDTA 的体积，数据亦填写在第五部分的数据表格中。

2. 用电导率仪测量水样的电导率

取自来水、蒸馏水、去离子水三种水样各 4～5mL 分别装入三个 5mL 的小烧杯中，然后用电导率仪分别测定三种水样的电导率。

（注意：测定哪种水，就用那种水冲洗电极。）

五、数据记录及处理

数据处理过程如下所述。

（1）**总硬度**（用 mmol·L^{-1} 表示）

$$总硬度 = \frac{c_E V_E}{V_{水样}} \times 10^3$$

式中　c_E——EDTA 的浓度，mol·L^{-1}；

V_E——消耗 EDTA 的体积，mL；

$V_{水样}$——吸取水样的体积，mL。

水样硬度的测定数据记录见表 3-3。

表 3-3　水样硬度的测定数据记录

水　样		自　来　水			冷　开　水		
序号		1	2	3	1	2	3
EDTA 溶液浓度/mol·L^{-1}							
水样量/mL							
EDTA 溶液体积/mL	初始读数						
	最后读数						
	消耗 EDTA 体积						
水的总硬度/mmol·L^{-1}							
平均水硬度/mmol·L^{-1}							
水的总硬度/度							
平均水硬度/度							
均方根偏差							

（2）**总硬度**（用度表示）

$$总硬度(度) = \frac{\dfrac{c_E V_E}{V_{水样}} \times 10^3}{10} \times 56$$

式中，56 为 CaO 的摩尔质量。

水样的电导率填入表 3-4 中。

表 3-4　水样的电导率

水　样	电导率
自来水	
蒸馏水	
去离子水	

六、结果与讨论

1. 将实验测得的水总硬度数据与国家规定标准进行对比，分析我们的水质。

2. 比较未煮沸的普通自来水总硬度与煮沸后自来水的总硬度可得出什么结论？

七、预习要求

1. 认真阅读 CON510 型电导率仪的使用方法。

2. 在预习报告中写出实验目的、原理及实验步骤，画出数据表，并回答相关的思考问题。

实验八 | 醋酸解离常数的测定及稀释法配制准确浓度溶液的方法

一、实验目的

1. 了解 HAc 解离常数的测定方法。
2. 掌握稀释法配制准确浓度溶液的方法。
3. 学会 pH 计的使用方法。

二、实验原理

1. 稀释法配制准确浓度的溶液

稀释后溶液的浓度可由稀释定律 $c_1V_1=c_2V_2$ 求出。式中 c_1 为稀释前溶液的浓度；c_2 为稀释后溶液的浓度；V_1、V_2 分别为所取被稀释溶液的体积和稀释后溶液的体积。

根据有效数字运算规则，若 c_1 只有二位有效数字，则得到的 c_2 最多只有二位有效数字。同理，若 c_1 是具有四位有效数字的准确浓度，若所取的体积 V_1 或所配溶液的体积 V_2 中有一个不准（即不具有四位有效数字），则所配溶液的浓度也不准确。为得到四位有效数字的 c_2，则 c_1、V_1 及 V_2 必须要有四位有效数字。

为此必须有一个准确浓度的标准溶液，并且标准溶液的体积 V_1 必须用移液管吸取，稀释溶液的体积必须用容量瓶来确定。

2. 醋酸解离常数的测定

醋酸 HAc 是一元弱酸，在溶液中存在下列平衡

$$HAc \Longrightarrow H^+ + Ac^-$$

其标准平衡常数称解离常数 $K_a^\ominus$，为：

$$K_a^\ominus = \frac{[c(H^+)/c^\ominus][c(Ac^-)/c^\ominus]}{[c(HAc)/c^\ominus]} \tag{3-10}$$

用 pH 计测出不同浓度 HAc 溶液的 pH，则：

$$c(H^+)=c(Ac^-)$$
$$c_平(HAc)=c_初(HAc)-c(H^+) \approx c_初(HAc)$$

代入上式则可计算出 $K_a^\ominus(HAc)$。

由 pH 计测出的 pH，计算出的 $c(H^+)$ 只有二位有效数字，计算出的 $K_a^\ominus(HAc)$ 最多也只有二位有效数字。要得到有二位有效数字的 $K_a^\ominus$，要求 $c_初(HAc)$ 至少也有二位有效数字。

三、仪器和药品

1. 仪器

DELTA320 酸度计；烧杯（100mL）3 个；10mL 吸量管（1 支）；100mL 容量瓶（2 个）；10mL 量筒；100mL 量筒（或量杯）各 1 个；洗耳球（1 个）。

2. 药品

HAc（约 $0.2mol \cdot L^{-1}$），准确浓度见试剂瓶；pH=4.00 缓冲溶液；铬酸洗液。

四、实验内容

1. 必做实验

（1）按正确方法洗涤移液管、容量瓶、量筒、烧杯。

（2）配制准确浓度的稀 HAc 溶液　用移液管和容量瓶配制浓度为实验室已配制的 HAc 溶液浓度的 1/10 和 1/20 的两种（准确浓度）稀 HAc 溶液，填入表 3-5。

表 3-5　配制稀 HAc 溶液

编号	被稀释溶液		稀释后溶液	
	浓度 c_1/mol·L^{-1}	体积 V_1/mL	浓度 c_2/mol·L^{-1}	体积 V_2/mL
1				
2				

（3）测定 HAc 溶液的 pH　根据 DELTA320 酸度计的使用方法，测定实验室配制的 HAc 溶液及稀释后编号为 1、2 的 HAc 溶液的 pH，计算出 $c(H^+)$、解离度 α 及 $K_a^\ominus$(HAc)。

醋酸解离常数测定数据填入表 3-6。

表 3-6　醋酸解离常数测定数据

编　号	c(HAc)/mol·L^{-1}	pH	$c(H^+)$/mol·L^{-1}	$K_a^\ominus$(HAc)	解离度 α
1					
2					
原液					

$\overline{K_a^\ominus}$(HAC) _____

2. 选做实验

测定粗配 HAc 溶液的 pH：用 10mL 量筒量取实验室配制的 HAc 溶液，用 100mL 量筒量取去离子水体积，在烧杯中配制浓度为实验室已配制 HAc 溶液浓度的 1/10 和 1/20 两种稀 HAc 溶液。

用 pH 计测定其 pH，并计算其 $K_a^\ominus$(HAc) 值。

与（3）得出的数值比较，做出结论。

五、预习要求

预习报告中需简要写出移液管、容量瓶的洗涤和使用方法，以及使用 pHs-25 型酸度计的步骤及注意事项，画出数据记录表格。

实验九 | NaHCO₃ 溶液的配制及 HCl 溶液浓度的标定

一、实验目的

1. 学习溶液的配制和溶液浓度的标定。
2. 练习天平的使用和滴定操作。

二、实验原理

物质的量浓度是一个导出量或复合量，其定义为物质 B 的物质的量 n_B，除以混合物（也可说溶液）的体积 V。或者表达为单位体积混合物（或溶液）所含物质 B 的物质的量 n_B，即 n_B/V。常用 $mol \cdot L^{-1}$ 为单位，即 $kmol \cdot m^{-3}$，也称其为 SI 的单位。可见物质的量浓度的准确度是由溶质物质的量的准确度和混合物（或溶液）体积的准确度决定的。

在前面已叙述了由实验确定的导出量（或复合量）的准确度与直接测定物理量的关系，现通过具体计算进一步说明所配制溶液浓度的准确度与使用仪器的关系。

若要配制 $0.20 mol \cdot L^{-1}$ NaCl 溶液 500mL，根据有效数字概念，$0.20 mol \cdot L^{-1}$ 表示浓度的真实值为 $0.20 mol \cdot L^{-1} \pm 0.01 mol \cdot L^{-1}$。则需称取的 NaCl 质量为：

$$0.20 mol \cdot L^{-1}(\pm 0.01 mol \cdot L^{-1}) \times 0.500L \times 58.44g \cdot mol^{-1} = 5.844g \ (\pm 0.2922g)$$

根据有效数字概念只需保持一位不准确数，则称取的 NaCl 质量为 $(5.8 \pm 0.3)g$。此质量数值用托盘天平称量即可达到所要求的准确度。

既然用托盘天平称量，那么根据有效数字运算规则，在乘除法中所得积或商的有效数字位数应与各乘数或除数的数值中有效数字位数最少的相同，与小数点的位置无关。则选用 500mL 量筒量取溶剂（水）足矣。即使选用容量瓶配制溶液，也并不能提高其浓度的准确度，因为：

$$5.8g/(58.44g \cdot mol^{-1})/(0.5000L) = 0.198494 mol \cdot L^{-1}$$

↑——已不准确 ↑——不准

用托盘天平称取溶质质量已决定了所配制溶液浓度的准确度，再用容量瓶配制溶液就成为小心过度，没有必要。

若要求配制 $0.2000 mol \cdot L^{-1}$ NaCl 溶液 500.0mL，则意味着其浓度的真实值为 $0.2000 mol \cdot L^{-1} \pm 0.0001 mol \cdot L^{-1}$。

$$0.2000 mol \cdot L^{-1}(\pm 0.0001 mol \cdot L^{-1}) \times 0.5000L \times 58.44 \ g \cdot mol^{-1}$$
$$= 5.8449 \pm (0.002922g)$$

即要称取 NaCl 质量为 $(5.844 \pm 0.003)g$，毫克这一位数可不准确。用托盘天平称取 NaCl 就达不到要求，必须用普通天平或分析天平称量。既然质量要求有四位有效数字，那么体积也要求有四位有效数字才能得到有四位有效数字的浓度。所以用量筒测定溶液的体积是错误的，必须用容量瓶来确定其体积。

是否只要准确称量，用容量瓶配制溶液就一定可以得到至少四位有效数字的准确浓度呢？不是！能运用上述方法配制具有高准确度浓度的溶液的溶质，应符合下列要求。

（1）物质的组成应与它的化学式完全相符合。若含结晶水，如草酸，$H_2C_2O_4 \cdot 2H_2O$，其结晶水的含量也应该与化学式完全相符。

（2）试剂的纯度应足够高，一般要求纯度在 99.9% 以上。杂质的含量应少到不影响所配制溶液的准确度。

（3）在一般情况下试剂应很稳定。

（4）试剂最好有比较大的摩尔质量，这样可降低称量误差。

（5）试剂参加反应时，应按反应式定量进行，没有副反应。

符合上述条件的物质又称为基准物质。

对于非基准物质所配的溶液，其准确浓度要用基准物质进行标定后确定。即先配制一种近似于所需浓度的溶液，然后用基准物质或已用基准物质标定过的标准溶液来标定它的准确浓度。例如欲配制有四位有效数字浓度的 NaOH 溶液，可用托盘天平、量筒粗配制浓度与要求相近的溶液，然后用草酸（$H_2C_2O_4 \cdot 2H_2O$）标准溶液标定出其准确浓度。

在本实验中，首先用基准物质无水碳酸钠（Na_2CO_3）通过酸碱滴定法标定粗配 HCl 溶液的准确浓度（要求有四位有效数字）；然后用托盘天平和量筒粗配制一定浓度的 $NaHCO_3$ 溶液，并用标定过的 HCl 标准溶液测定其准确浓度。

三、仪器和药品

1. 仪器

电子天平；酸式滴定管（50mL）1 支；滴定台；烧杯（100mL、400mL）各 1 个；量筒（500mL）1 个；25mL 移液管 1 支；吸耳球 1 个；洗瓶；玻棒；锥形瓶（250mL）三个。

2. 药品

固体无水碳酸钠；固体碳酸氢钠；HCl（>0.1mol·L^{-1}）；甲基橙；铬酸洗液。

四、实验内容

1. HCl 溶液的标定

（1）洗涤 3 个锥形瓶和滴定管。

（2）在电子天平上用减量法准确称取 3 份 0.12～0.15g（精确至 0.0001g）的固体无水 Na_2CO_3，分别置于 3 个锥形瓶中（注意：记录每份 Na_2CO_3 的准确质量），加入约 20mL 去离子水使其完全溶解，并加入 3 滴甲基橙指示剂。

（3）用待测的 HCl 溶液润洗酸式滴定管 2～3 次后，将 HCl 溶液装入酸式滴定管 0 刻度线以上，滴定管倾斜约 30°，左手迅速打开活栓使溶液冲出至滴定管出口中气泡全部排出为止。慢慢放出溶液，使管中溶液的凹液面底部恰好与 0.00 刻度线相切。

（4）用待测的 HCl 溶液滴定 Na_2CO_3，边滴边摇动锥形瓶，注意保持适当的滴定速度到滴入最后一滴 HCl 溶液，使整个溶液由黄色变为橙色，即为滴定终点。

记录终点时 HCl 溶液的体积，一定要估读到 0.01mL。

（5）每次滴定时 HCl 溶液均应从零刻度线开始。

（6）计算 HCl 溶液的浓度及三次滴定结果的均方根偏差，列于表 3-7 中。

表 3-7　HCl 溶液浓度的标定

滴 定 次 数		1	2	3
Na_2CO_3 质量/g				
HCl 溶液体积	起始刻度读数/mL			
	最后刻度读数/mL			
	消耗的 HCl 溶液体积 V(HCl)/mL			
HCl 溶液浓度 c(HCl)/mol·L^{-1}				

HCl 溶液平均浓度 $c_平 = $ _____ mol·L^{-1}，均方根偏差 $\sigma = $ _____ mol·L^{-1}。

2. 粗配 NaHCO₃ 溶液并标定其浓度

（1）要求洗涤 400mL 烧杯与量筒。

（2）用托盘天平称取无水 NaHCO₃ 固体 2.0 g，放入洗净的 400mL 烧坏中，用量筒量取 250mL 去离子水并倒入烧坏中，搅拌，使 NaHCO₃ 完全溶解，即得所需的溶液。

（3）用 25mL 移液管移取粗配 NaHCO₃ 溶液 25.00mL 于锥形瓶中，用上述标定的 HCl 溶液，测定出 25.00mL 粗配 NaHCO₃ 溶液所消耗的 HCl 溶液体积。

（4）根据上述 HCl 溶液的浓度计算出粗配 NaHCO₃ 溶液的精确浓度（有四位有效数字的浓度），列于表 3-8 中。

表 3-8　粗配 NaHCO₃ 溶液的浓度测定

NaHCO₃ 质量 m/g		NaHCO₃ 溶液体积 $V(NaHCO_3)$/mL			
NaHCO₃ 溶液浓度 $c(NaHCO_3)$（计算）/mol·L^{-1}					
滴定次数		1	2	3	
NaHCO₃ 溶液体积 $V(NaHCO_3)$/mL		25.00	25.00	25.00	
HCl 溶液浓度 $c(HCl)$/mol·L^{-1}					
HCl 溶液体积	起始刻度读数/mL				
	最后刻度读数/mL				
	消耗的 HCl 溶液体积 $V(HCl)$/mL				
NaHCO₃ 溶液浓度 $c(NaHCO_3)$（实测）/mol·L^{-1}					

NaHCO₃ 溶液的平均浓度 $c(NaHCO_3)=$ ＿＿＿＿＿ mol·L^{-1}，均方根偏差 $\sigma=$ ＿＿＿＿＿ mol·L^{-1}。

五、预习要求

预习报告需写出简要的实验项目、步骤及仪器洗涤和滴定操作的要点，画出数据表。

实验十 分光光度法测定 $[Fe(SCN)]^{2+}$ 配离子的生成常数

一、实验目的

1. 了解用分光光度法测定配合物生成常数的原理和方法。
2. 掌握 Hanon i2 型分光光度计的使用方法。

二、实验原理

若无色的中心离子与配位体能形成有色的配合物，则溶液颜色的深浅程度决定于有色配合物的浓度。实验证明，当有色物质的浓度不大时，有色溶液对单色光的吸收程度与溶液中有色物质的浓度和液层厚度成正比。这种规律称为朗伯-比尔定律，其数学表达式为：

$$D = \varepsilon c l$$

式中　D——单色光通过溶液时被吸收的程度，称为吸光度，也称为光密度；

　　　c——有色物质的浓度，$mol \cdot L^{-1}$；

　　　l——液层的厚度，cm；

　　　ε——比例常数，它和入射光的波长、溶液的性质、溶液的温度等因素有关。其物理意义是有色物质为单位浓度且液层厚度为单位厚度时溶液的吸光度，称为吸光系数。

设中心离子 M（省略电荷符号，下同）和配位体 L 在某种条件下反应，只生成一种单色的配合物 ML_n：

$$M + nL \Longrightarrow ML_n$$

如果 M 和 L 都是无色的，而 ML_n 有色，则此溶液的吸光度与 ML_n 的浓度成正比。若已知中心离子与配位体的起始浓度和测得此溶液的吸光度，则可求出该配合物的生成常数。

下面介绍 Fe^{3+} 与 SCN^- 形成 $[Fe(SCN)]^{2+}$ 配离子生成常数的测定方法。

$$Fe^{3+} + SCN^- \Longrightarrow [Fe(SCN)]^{2+}$$

初始浓度/$mol \cdot L^{-1}$　　　a　　　b　　　　0

平衡浓度/$mol \cdot L^{-1}$　　$a-c$　　$b-c$　　　c

$$K_f^{\ominus} = \frac{c/c^{\ominus}}{\frac{(a-c)}{c^{\ominus}} \times \frac{(b-c)}{c^{\ominus}}} \cdot \tag{3-11}$$

由于 Fe^{3+} 与 SCN^- 能形成多种配合物 $[Fe(SCN)]^{2+}$、$[Fe(SCN)_2]^+$、$[Fe(SCN)_3]$、$[Fe(SCN)_4]^-$ …在此实验中为了保证主要生成配位数为 1 的 $[Fe(SCN)]^{2+}$，令 $c(Fe^{3+}) \gg c(SCN^-)$，即溶液中有大量过剩的 Fe^{3+}，此时形成配位数大于 1 的配合物的可能性很小。由于生成的 $[Fe(SCN)]^{2+}$ 浓度 c 小于起始的 SCN^- 的浓度 b，即 $b > c$，而 $a \gg b$，故 $a \gg c$，则 $a-c \approx a$。代入式(3-11) 得：

$$K_f^{\ominus} \approx \frac{c}{a(b-c)} c^{\ominus} \tag{3-12}$$

对于 1cm 的比色皿，液层的厚度 $l = 1cm$，则：

$$c = \frac{D}{\varepsilon} \tag{3-13}$$

代入式(3-12) 得：

$$K_f^{\ominus}=\frac{\dfrac{D}{\varepsilon}\times c^{\ominus}}{a\left(b-\dfrac{D}{\varepsilon}\right)}=\frac{Dc^{\ominus}}{a(b\varepsilon-D)} \tag{3-14}$$

移项得：
$$\varepsilon=\frac{D(aK_f^{\ominus}+c^{\ominus})}{aK_f^{\ominus}b} \tag{3-15}$$

由于外界实验条件确定后，吸光系数 ε 是一常数，故在相同条件下，测定不同 a 值、相同 b 值时的吸光度 D，即可求出 $K_f^{\ominus}$ 值。

$$\frac{D_1(a_1K_f^{\ominus}+c^{\ominus})}{a_1K_f^{\ominus}b}=\frac{D_2(a_2K_f^{\ominus}+c^{\ominus})}{a_2K_f^{\ominus}b}$$

$$K_f^{\ominus}=\frac{(a_1D_2-a_2D_1)c^{\ominus}}{a_1a_2(d_1-D_2)} \tag{3-16}$$

溶液中离子反应的平衡常数 $K_f^{\ominus}$ 与溶液中离子总浓度，即溶液中离子强度有关。为消除溶液中离子强度对 $K_f^{\ominus}$ 的影响，在实验中稀释液均用 $HClO_4$，以维持相近的离子强度。

$K_f^{\ominus}$ 的文献值见表 3-9。

表 3-9　$K_f^{\ominus}$ 的文献值

编号	作者	离子强度 μ	$T/℃$	$K_f^{\ominus}$
1	R. H. Betts，F. S. Dainton	1. 28	11. 4	129.8
2	R. H. Betts，F. S. Dainton	1. 28	18. 8	120.4
3	R. H. Betts，F. S. Dainton	1. 28	28. 5	110.6
4	Mac. Donald 等	1. 8	25. 0	115
5	Mac. Donald 等	1. 0	25. 0	120
6	Endmonds	1. 0	25. 0	127
7	Frank，Oswalt	0. 5	25. 0	138

三、仪器和药品

1. 仪器

Hanon i2 型分光光度计；1cm 比色皿；洗瓶；50mL 容量瓶 2 个；小烧坏（100mL）3 个；移液管（5mL）1 支；洗耳球。

2. 药品

（1）含 $0.64mol \cdot L^{-1}$ $HClO_4$ 的约 $0.12mol \cdot L^{-1}$ Fe^{3+} 溶液

配制方法：称取 $Fe(NO_3)_3 \cdot 9H_2O$ 48.6g，加 640mL $HClO_4$（$1.0mol \cdot L^{-1}$）（用 1000mL 量筒量取），用去离子水稀释至 1000mL。

用 $K_2Cr_2O_7$ 法准确标定 Fe^{3+} 浓度（每人需此溶液 20mL）。

（2）$4.00×10^{-4}mol \cdot L^{-1}$ 的 KSCN 溶液

配制方法：准确称取经干燥的分析纯 KSCN，稀释至一定体积（每人需此溶液 15mL）。

（3）$1.00mol \cdot L^{-1}$ $HClO_4$ 溶液

配制方法：先配制约 $2mol \cdot L^{-1}$ $HClO_4$ 溶液，用标准 NaOH 溶液标定，经计算用 1000mL 量筒量取 $2mol \cdot L^{-1}$ $HClO_4$ 及去离子水，混合（每人需此溶液 100mL）。

四、实验内容

1. Fe^{3+} 溶液的配制

（1）用 5mL 移液管吸取约 $0.12mol \cdot L^{-1}$（准确浓度见标签）的 Fe^{3+} 溶液（含

0.64mol·L^{-1} HClO$_4$）5.00mL 于 1 号 50mL 容量瓶中，用 1.00mol·L^{-1} HClO$_4$ 溶液稀释至刻度，摇匀。此溶液 Fe^{3+} 浓度约 0.012mol·L^{-1}（准确浓度由原始浓度计算）。

（2）再用 10mL 移液管吸取 1 号容量瓶中溶液 10.00mL 于 2 号 50mL 容量瓶中，用 1.00mol·L^{-1} HClO$_4$ 溶液稀释至刻度，摇匀。此溶液 Fe^{3+} 的浓度约为 0.0024mol·L^{-1}。

2. 有色 [Fe(SCN)]$^{2+}$ 溶液的制备

（1）用 5mL 移液管吸取三份 4.00×10^{-4} mol·L^{-1} 的 KSCN 溶液 5.00mL，分别置于 Ⅰ～Ⅲ号经干燥的小烧杯中。

（2）用 5mL 移液管分别吸取浓度约为 0.12mol·L^{-1}、0.012mol·L^{-1}、0.0024mol·L^{-1} 的 Fe^{3+} 溶液 5.00mL，分别加入上述编号Ⅰ～Ⅲ号的小烧杯中，摇匀。

此时上述三份溶液中离子总浓度几乎相等（离子强度均为 0.5）。

3. 测定Ⅰ～Ⅲ号三份溶液的吸光度 D

用去离子水作参比溶液，波长取 480nm。按 i2 型分光光度计使用步骤测定Ⅰ～Ⅲ号溶液的吸光度 D。

原始数据记录在表 3-10 中。

表 3-10　原始数据的记录

编号	混合前浓度		混合后初始浓度		吸光度
	$c(Fe^{3+})/mol·L^{-1}$	$c(SCN^-)/mol·L^{-1}$	$c(Fe^{3+})/mol·L^{-1}$	$c(SCN^-)/mol·L^{-1}$	D
Ⅰ					
Ⅱ					
Ⅲ					

根据式(3-16) 计算 $K_f^\ominus$(Ⅰ～Ⅱ)，$K_f^\ominus$(Ⅰ～Ⅲ)，$K_f^\ominus$(Ⅱ～Ⅲ) 数值及 $K_f^\ominus$ 的平均值。

注意：实验结果的好坏，主要决定于取各种溶液体积的准确度和吸光度的测量。所以要特别注意移液管和容量瓶的使用方法和 i2 型分光光度计的使用。

五、预习要求

1. 认真阅读测定 [Fe(SCN)]$^{2+}$ 的 $K_f^\ominus$ 原理及相应仪器的使用方法。

2. 预习报告中简要写出实验项目与实验步骤，并作出记录原始数据的表格。实验报告中要有 $K_f^\ominus$ 的计算过程。

3. 有能力者可编写计算 $K_f^\ominus$ 的程序，并上机打出程序及 $K_f^\ominus$ 的数值。

实验十一 | 硫酸钡溶度积的测定（电导法）

一、实验目的

1. 训练 $BaSO_4$ 沉淀制备的基本操作。

2. 用电导法测定难溶电解质硫酸钡的溶解度。

二、实验原理

难溶电解质的溶解度很小，很难直接测定，但其电导可以测定。根据电导与浓度的关系，能方便地计算出难溶电解质的溶解度，从而算出溶度积。

用电导法测定 $BaSO_4$ 的溶度积，需要了解电导率（κ）和摩尔电导（Λ_m）的意义及两者之间的关系。

电解质溶液导电能力的大小，通常以电阻 R 或电导 L 来表示。在国际单位制（SI）中电导的单位是 S，称为西门子。$S＝A \cdot V^{-1}$（A 为安培，V 为伏特）。

1. 电导率

若导体具有均匀截面，则其电导率与其截面积（A）成正比，与长度 l 成反比，即：

$$L＝\kappa \frac{A}{l} \tag{3-17}$$

式中，κ 为比例常数，称为电导率（过去也称为比电导）。

当 $A＝1m^2$，$l＝1m$ 时，$\kappa＝L$。

可见，κ 就表示长 1m、截面积为 $1m^2$ 的导体的电导，单位为 $S \cdot m^{-1}$。对电解质溶液而言，κ 实质上就是电极面积为 $1m^2$、相距 1m 时，$1m^3$ 溶液的电导。

2. 摩尔电导率

在相距 1m 的两个平行电极之间，放置含有 1mol 电解质的溶液，此溶液的电导称为摩尔电导率，用 Λ_m 表示，单位为 $S \cdot m^2 \cdot mol^{-1}$。因为电解质的量规定为 1mol，故电解质溶液的体积随溶液的浓度而改变。若溶液的浓度为 $c \, mol \cdot m^{-3}$，则含 1mol 电解质溶液的体积为：

$$V＝1mol/(c \, mol \cdot m^{-3})＝1/c \ m^3$$

这样，摩尔电导率 Λ_m 与电导率 κ 的关系为：

$$\Lambda_m＝\kappa/c \tag{3-18}$$

在使用摩尔这个单位时，必须明确规定基本单元。基本单元可以是分子、原子、离子、电子，或是这些粒子的特定组合。因而，表示电解质的摩尔电导率时，亦应表明基本单元。例如，若采用 $1/2MgCl_2$ 为基本单元，则 $\Lambda_m(MgCl_2)＝2\Lambda_m(1/2MgCl_2)$。

当溶液无限稀释时，正、负离子之间的影响趋于零，Λ_m 值可认为达到最大值，用 Λ_{m0} 表示。实验证明，当溶液无限稀释时，每种电解质的 Λ_{m0} 可以认为是两种离子的摩尔电导率的简单加和，即：

$$\Lambda_{m0}＝\Lambda_{m0,+}＋\Lambda_{m0,-} \tag{3-19}$$

3. 难溶电解质硫酸钡的溶度积

在硫酸钡（$BaSO_4$）的饱和溶液中，存在下列平衡：

$$BaSO_4(s) \Longrightarrow Ba^{2+}(aq) + SO_4^{2-}(aq)$$

在一定温度下，其溶度积为：

$$K_{sp,BaSO_4} = c_{Ba^{2+}} \cdot c_{SO_4^{2-}} \qquad (3\text{-}20)$$

由于 $BaSO_4$ 的溶解度很小，它的饱和溶液可近似地看成无限稀释的溶液，此时的摩尔电导率应具有加和性，即：

$$\Lambda_{m0,BaSO_4} = \Lambda_{m0,Ba^{2+}} + \Lambda_{m0,SO_4^{2-}} \qquad (3\text{-}21)$$

式中，$\Lambda_{m0,Ba^{2+}}$ 和 $\Lambda_{m0,SO_4^{2-}}$ 可查物理化学手册。因此，只要测得 $BaSO_4$ 饱和溶液的电导率 $\kappa_{BaSO_4溶液}$（或电导 $L_{BaSO_4溶液}$），即可采用式(3-18)计算出 $BaSO_4$ 饱和溶液的物质的量浓度（即溶解度）c_{BaSO_4}，即：

$$c_{BaSO_4} = \kappa_{BaSO_4}/\Lambda_{m0,BaSO_4} \; mol \cdot m^{-3}$$
$$= \kappa_{BaSO_4}/1000\Lambda_{m0,BaSO_4} \; mol \cdot L^{-1} \qquad (3\text{-}22)$$

则：

$$K_{sp,BaSO_4} = c_{Ba^{2+}} \cdot c_{SO_4^{2-}} = (\kappa_{BaSO_4}/1000\Lambda_{m0,BaSO_4})^2 \qquad (3\text{-}23)$$

应注意的是测得的 $BaSO_4$ 饱和溶液的电导率 $\kappa_{BaSO_4溶液}$（或电导 $L_{BaSO_4溶液}$）都包括了 H_2O 电离出的 H^+ 和 OH^- 的电导率 κ_{H_2O}（或电导 L_{H_2O}）。

所以，

$$\kappa_{BaSO_4} = \kappa_{BaSO_4溶液} - \kappa_{H_2O} \qquad (3\text{-}24)$$

将式(3-24)代入式(3-23)得：

$$K_{sp,BaSO_4} = [(\kappa_{BaSO_4溶液} - \kappa_{H_2O})/1000\Lambda_{m0,BaSO_4}]^2 \qquad (3\text{-}25)$$

三、仪器和药品

1. 仪器

Eutech con510 型电导率仪；天平（1/100g）；离心机；烧杯（50mL）；药匙。

2. 药品

$BaCl_2$（分析纯）；$Na_2SO_4 \cdot 10H_2O$（分析纯）；$AgNO_3$（$0.01mol \cdot L^{-1}$）。

四、实验内容

1. 硫酸钡沉淀制备

分别称取 0.2g $BaCl_2$ 和 0.32g $Na_2SO_4 \cdot 10H_2O$ 晶体，正确制备出纯净的 $BaSO_4$ 沉淀。

提示：将称得的两晶体分别置于两只 50mL 洁净的烧杯中，各加纯水 20mL，搅拌使其溶解（必要时可微热），将盛 Na_2SO_4 溶液的小烧杯加热，在搅拌下缓慢地将 $BaCl_2$ 溶液滴加至 Na_2SO_4 溶液中，直至 $BaCl_2$ 溶液加完后，再继续加热并煮沸 3～5min，静置、陈化（陈化时间长些为好，由于当堂要做完实验，一般可陈化 15min 左右）。

将陈化后的 $BaSO_4$ 沉淀的上层清液弃去，用近沸纯水洗涤至无 Cl^- 时为止（可用 $0.01mol \cdot L^{-1}$ 的 $AgNO_3$ 溶液检验），这样便得到了纯净的 $BaSO_4$ 沉淀。

注：洗涤 $BaSO_4$ 沉淀的方法，可采用离心分离或倾析法。

2. 硫酸钡饱和溶液的制备

将制得的 $BaSO_4$ 沉淀置于 50mL 干净的烧杯中，加入 40mL 纯水，加热煮沸 3～5min（注意不断搅拌），静置，冷却。

注：本实验所用纯水的电导率 $\kappa_{H_2O} < 5 \times 10^{-4} S \cdot m^{-1}$，可使 $K_{sp,BaSO_4}$ 测定值接近文献值。$K_{sp,BaSO_4} =$

1.1×10^{-10}（天津大学编《无机化学》，高等教育出版社）。

3. 测定并记录电导率或电导数据

（1）将制得的 $BaSO_4$ 饱和溶液冷却至室温后（上层液应是澄清的），再用 CON510 型电导率仪测定其饱和溶液的电导率 $\kappa_{BaSO_4溶液}$ 或电导 $L_{BaSO_4溶液}$，将其填入表 3-11 中。

（2）取 40mL 制备 $BaSO_4$ 饱和溶液时的纯水测定其电导率 κ_{H_2O} 或电导 L_{H_2O}，将其填入表 3-11 中。

表 3-11　记录电导率或电导数据

室温/℃	$\kappa_{BaSO_4溶液}/S \cdot m^{-1}$	$\kappa_{H_2O}/S \cdot m^{-1}$	$K_{sp,BaSO_4}$

五、数据处理

用所测的电导率数据，计算出 $BaSO_4$ 的溶度积。

六、思考题

用电导法测溶度积时，影响准确度的主要因素有哪些？

实验十二 | 溶液中铬和锰含量的同时测定

一、实验目的

1. 掌握多组分体系中元素的测定方法。
2. 掌握用分光光度法同时测定铬、锰含量的原理和方法。

二、实验原理

溶液中含有数种吸光物质时，在一定条件下可以采用分光光度法同时进行测定而无需分离。以两组分的混合物为例，如果两组分的吸收峰互不干扰，则与单组分测定没有区别。而如果两组分的吸收峰相互干扰，则可以利用吸光度的加和性原理用解联立方程的方法求得各组分的含量。吸光度的加和性原理是指如果溶液中各组分之间的相互作用可以忽略不计，则某波长下溶液的总吸光度是其各组分单独存在时的吸光度之和，即：

$$A_{总} = A_1 + A_2 + \cdots + A_n$$

以两组分测定为例，首先分别用单纯的组分 I 和 II 的标准溶液在 λ_{1max} 和 λ_{2max} 处测得它们的摩尔吸光系数 $\varepsilon_{\lambda_1}^{I}$，$\varepsilon_{\lambda_2}^{I}$ 和 $\varepsilon_{\lambda_1}^{II}$，$\varepsilon_{\lambda_2}^{II}$，然后分别在 λ_{1max} 和 λ_{2max} 处测得待测混合溶液的总吸光度 $A_{\lambda_1}^{总}$ 和 $A_{\lambda_2}^{总}$，根据吸光度的加和性原理有：

$$A_{\lambda_1}^{总} = A_{\lambda_1}^{I} + A_{\lambda_1}^{II} = \varepsilon_{\lambda_1}^{I} b c_{I} + \varepsilon_{\lambda_1}^{II} b c_{II}$$

$$A_{\lambda_2}^{总} = A_{\lambda_2}^{I} + A_{\lambda_2}^{II} = \varepsilon_{\lambda_2}^{I} b c_{I} + \varepsilon_{\lambda_2}^{II} b c_{II}$$

解方程组就可以同时得到组分 I 和组分 II 的浓度 c_{I} 和 c_{II}。

铬和锰都是钢中常见的有益元素，尤其在合金中应用广泛。铬和锰在钢中除以金属状态存在于固溶体之外，还可以碳化物（CrC_2、Cr_5C_2、Mn_3C）、硅化物（Cr_3Si、$MnSi$、$FeMnSi$）、氧化物（Cr_2O_3、MnO_2）、氮化物（CrN、Cr_2N）、硫化物（MnS）等形式存在。试样经酸化溶解后，生成 Mn^{2+} 和 Cr^{3+}，加入 H_3PO_4 以掩蔽 Fe^{3+} 的干扰。在酸性条件下，

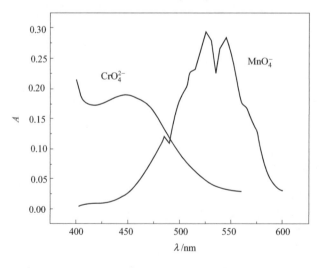

图 3-1 $Cr_2O_7^{2-}$ 和 MnO_4^{-} 的吸收曲线

加入 $(NH_4)_2S_2O_8$ 作为氧化剂，以 $AgNO_3$ 为催化剂，将混合液中 Mn^{2+} 和 Cr^{3+} 氧化成 $Cr_2O_7^{2-}$ 和 MnO_4^-。图 3-1 是 $Cr_2O_7^{2-}$ 和 MnO_4^- 的吸收曲线，两种离子的吸收曲线相互重叠，可以利用吸光度的加和性原理进行测量。在波长 440～545nm 处测定溶液的吸光度，通过联立方程可求出铬、锰的含量。

三、仪器和药品

1. 仪器

Hanon i2 型分光光度计；1cm 比色皿；洗瓶；100mL 容量瓶；50mL 容量瓶；10mL 量筒；5mL 移液管；2mL 移液管；100mL 小烧杯；洗耳球。

2. 药品

$KMnO_4$ 标准溶液（$0.01mol \cdot L^{-1}$，已用 $Na_2C_2O_4$ 为基准物标定的准确浓度）；$K_2Cr_2O_7$ 标准溶液（$0.02mol \cdot L^{-1}$）；$2mol \cdot L^{-1} H_2SO_4$ 溶液；Cr^{3+} 标准溶液（1mL 含 1mg 铬）；Mn^{2+} 标准溶液（1mL 含 1mg 锰）；$(NH_4)_2S_2O_8$（$150g \cdot L^{-1}$）；$AgNO_3$（$0.5mol \cdot L^{-1}$）；H_2SO_4-H_3PO_4 混酸（在 700mL 水中缓慢加入 150mL 浓硫酸，冷却后再加入 150mL 浓磷酸，混匀）；待测 Cr^{3+} 和 Mn^{2+} 混合液。

四、实验内容

1. $KMnO_4$ 和 $K_2Cr_2O_7$ 吸收曲线及吸光度的加和性试验

（1）配制溶液。取 3 只 50mL 容量瓶，各加下列溶液后，以水稀释至刻度，摇匀。

① 2.0mL $0.01mol \cdot L^{-1}$ $KMnO_4$ 和 5mL $2mol \cdot L^{-1}$ H_2SO_4。

② 4.0mL $0.0200mol \cdot L^{-1}$ $K_2Cr_2O_7$ 和 5mL $2mol \cdot L^{-1}$ H_2SO_4。

③ 2.0mL $0.01mol \cdot L^{-1}$ $KMnO_4$ 和 4.0mL $0.0200mol \cdot L^{-1}$ $K_2Cr_2O_7$ 及 5mL $2mol \cdot L^{-1}$ H_2SO_4。

（2）测定吸光度。以去离子水作为参比，用 1cm 比色皿，测定波长为 440nm、470nm、510nm、530nm 和 545nm 时溶液①、②、③的吸光度，记入表 3-12。

表 3-12 三种溶液在不同波长下的吸光度

波长/nm	①$KMnO_4$(aq)	②$K_2Cr_2O_7$(aq)	③混合溶液

（3）在同一张坐标纸上绘制 MnO_4^-、$Cr_2O_7^{2-}$ 和混合溶液的吸收曲线，验证吸光度的加和性。

2. $Cr_2O_7^{2-}$ 和 MnO_4^- 在 $\lambda=545nm$ 和 440nm 时的摩尔吸收系数 ε 的测定

取 6 个 50mL 烧杯，其中 3 个各加入 3.00mL、4.00mL 和 5.00mL Cr^{3+} 标准溶液，另外 3 个各加入 1.00mL、2.00mL 和 3.00mL Mn^{2+} 标准溶液，然后各加 20mL 水、10mL H_2SO_4-H_3PO_4 混酸、2mL $150g \cdot L^{-1}$ $(NH_4)_2S_2O_8$、10 滴 $0.5mol \cdot L^{-1}$ $AgNO_3$ 溶液，沸水中加热，保持微沸 3min 左右。待溶液颜色稳定后，冷却，转入 50mL 容量瓶中，以水

稀释至刻度，摇匀。以去离子水为参比，分别在 440nm 和 530nm 波长处测定其吸光度，并将数据记录在表 3-13 中。

表 3-13　MnO_4^- 和 $Cr_2O_7^{2-}$ 各浓度标准溶液在不同波长下的吸光度

溶液编号		$1^\#$	$2^\#$	$3^\#$
MnO_4^- 溶液浓度				
MnO_4^- 吸光度	$\lambda=440nm$			
	$\lambda=545nm$			
$Cr_2O_7^{2-}$ 溶液浓度				
$Cr_2O_7^{2-}$ 吸光度	$\lambda=440nm$			
	$\lambda=545nm$			

以浓度为横坐标，相应的吸光度为纵坐标绘制标准曲线图，求出 $\varepsilon_{440}(Mn)$、$\varepsilon_{545}(Mn)$、$\varepsilon_{440}(Cr)$ 和 $\varepsilon_{545}(Cr)$。

3. 溶液中铬和锰含量的同时测定

在一只 100mL 烧杯中，加入 1mL 试样溶液，然后依次加入 30mL 水、10mL H_2SO_4-H_3PO_4 混酸、2mL150g·L^{-1} $(NH_4)_2S_2O_8$、10 滴 0.5mol·L^{-1} $AgNO_3$ 溶液，加热煮沸，保持微沸 3min 左右。待溶液颜色稳定后，冷却，转入 100mL 容量瓶中，以水稀释至刻度，摇匀，以去离子水为参比，分别在 440nm 和 545nm 波长处测定其吸光度，并记录数据于表 3-14 中。

表 3-14　未知溶液在不同波长下的吸光度

波长/nm	吸光度
440	
545	

第三节　综合、设计实验

实验十三 ┃ 碳酸锰的制备

一、实验目的

1. 通过碳酸锰的制备了解氧化还原反应、沉淀反应及酸碱反应在无机制备中的应用。
2. 学习无机制备实验中的基本操作——过滤、沉淀的洗涤等。
3. 学习利用分光光度法进行定量分析。

二、实验原理

碳酸锰是生产电讯器材用的铁氧体的原料，还广泛用作脱硫的催化剂、瓷釉颜料、清漆催干剂、微量元素肥料等。合格的碳酸锰质量要求：含锰量在 $43\%\sim46\%$ 之间，另外要尽量少含 SO_4^{2-}、Cl^-、Na^+、Ca^{2+}、Mg^{2+} 及其他重金属。

碳酸锰的制备采取含锰矿石作为原料，一般分为以下三步。

1. 含 Mn^{2+} 溶液的制取

含 Mn^{2+} 的溶液可由菱锰矿（主要成分是 $MnCO_3$）与稀酸（H_2SO_4、HCl、HNO_3）作用制取。由于菱锰矿中除碳酸锰外还含有 Ca^{2+}、Mg^{2+}、Fe^{2+}、Al^{3+} 等。所以用稀酸溶解菱锰矿后，一定要净化含 Mn^{2+} 的溶液，特别是除 Fe。

含 Mn^{2+} 溶液也可由硬锰矿、软锰矿（主要成分是 MnO_2）在酸性介质中还原溶解制取。还原剂有 H_2O_2、$H_2C_2O_4$（草酸）、Fe^{2+}（$FeSO_4 \cdot 7H_2O$）溶液。它们的反应方程式分别为：

$$MnO_2 + H_2O_2 + 2H^+ =\!=\!= Mn^{2+} + O_2\uparrow + 2H_2O$$

$$MnO_2 + H_2C_2O_4 + 2H^+ =\!=\!= Mn^{2+} + 2CO_2\uparrow + 2H_2O$$

$$MnO_2 + 2Fe^{2+} + 4H^+ =\!=\!= Mn^{2+} + 2Fe^{3+} + 2H_2O$$

从上述反应式可知，用 H_2O_2、$H_2C_2O_4$ 作还原剂，不会再带入其他杂质离子，但试剂价格昂贵。用 $FeSO_4 \cdot 7H_2O$ 作还原剂价格低廉，虽然它被氧化生成 Fe(Ⅲ)，但天然矿物中总含有其他重金属，特别是铁，所以用 $FeSO_4 \cdot 7H_2O$ 作还原剂并不增加制备 $MnCO_3$ 的步骤。

MnO_2(s) 被 Fe^{2+}(aq) 还原的条件是 $E(MnO_2/Mn^{2+}) > E(Fe^{3+}/Fe^{2+})$。而

$$E(MnO_2/Mn^{2+}) = E^{\ominus}(MnO_2/Mn^{2+}) + \frac{0.0592}{2}\lg\frac{\left[c(H^+)/c^{\ominus}\right]^4}{c(Mn^{2+})/c^{\ominus}} \tag{3-26}$$

$$E(Fe^{3+}/Fe^{2+}) = E^{\ominus}(Fe^{3+}/Fe^{2+}) + 0.0592\lg\frac{c(Fe^{3+})/c^{\ominus}}{c(Fe^{2+})/c^{\ominus}} \tag{3-27}$$

设还原溶解后溶液中 $c(Mn^{2+}) = 1\,mol \cdot L^{-1}$，则 $c(Fe^{3+}) = 2\,mol \cdot L^{-1}$。溶解后溶液中 Fe^{2+}(aq) 应低于制得 $MnCO_3$ 中 Mn：Fe 的要求（$<44:0.002$），所以要求还原溶解后溶液中 Fe^{2+}（aq）用 $K_3[Fe(CN)_6]$（$0.1\,mol \cdot L^{-1}$）溶液不能检出（这样可减少用 MnS 沉淀除去重金属离子这一步的负担）。用 $K_3[Fe(CN)_6]$ 不能检出 Fe^{2+}，则溶液中 Fe^{2+} 的浓

度应小于 $3\times10^{-5}\,mol\cdot L^{-1}$，所以设还原溶解后溶液中 Fe^{2+} 的浓度为 $1\times10^{-5}\,mol\cdot L^{-1}$。将上述条件代入式（3-26）、式（3-27），可求得溶液中 $c(H^+)>0.057\,mol\cdot L^{-1}$，其 pH $<$ 1.24。即当溶液中 pH $>$ 1.24 时，即使 $MnO_2(s)$ 过量也不能完全氧化 Fe^{2+} 至 Fe^{3+}。

虽然以上是在 25℃ 条件下计算的，但可以看出用 MnO_2 氧化 2mol 的 Fe^{2+}，需多于 4mol 的 H^+，即溶液中 $c(Fe^{2+})/c(H^+)$ 应小于 0.5。但随着 MnO_2 氧化 Fe^{2+} 的进程，溶液中 $c(H^+)$ 要降低，当 $c(H^+)$ 降低至接近 $0.1\,mol\cdot L^{-1}$ 时，溶液中 Fe^{3+} 要水解生成 Fe（Ⅲ）沉淀。而 Fe^{3+} 水解时要生成氢离子，所以实际上用酸性 Fe^{2+} 溶液溶解 MnO_2 时，溶液中 $c(Fe^{2+})/c(H^+)$ 大于 0.5。试验发现当溶液中的 $c(Fe^{2+})/c(H^+)=0.8\sim1$ 时，既可将加入的 MnO_2 溶解，又能使溶液中 Fe^{2+} 完全氧化。

2. 含 Mn^{2+} 溶液的净化

由于"碳酸锰"这种产品除了对含锰量有要求外，还要求杂质元素尽量少。所以在用 NH_4HCO_3 溶液沉淀 $MnCO_3$ 前，必须先净化含 Mn^{2+} 的溶液，即要先除去 Mn^{2+} 溶液中能与 NH_4HCO_3 溶液生成沉淀的其他离子。它们是 Fe^{2+}、Zn^{2+}、Co^{2+} 等二价的重金属离子和 Fe^{3+}、Al^{3+} 等所有的三价金属离子。溶液中还含有大量的 Ca^{2+}、Mg^{2+}、Na^+、Cl^- 和 SO_4^{2-}，由于它们不能与 NH_4HCO_3 溶液生成沉淀，可通过控制 $MnCO_3$ 沉淀粒度大小和 $MnCO_3$ 沉淀的洗涤使其尽量少吸附。

除去二价金属离子的方法，一般是用硫化物沉淀转化法：

$$M^{2+}(aq)+MnS(s)=\!\!=\!\!=Mn^{2+}(aq)+MS(s)$$

式中　M——二价金属元素。

能用硫化物沉淀转化法除去金属离子是因为硫化锰的溶度积 $K_{sp}^{\ominus}(MnS)$ 比其他金属硫化物的溶度积 $K_{sp}^{\ominus}(MS)$ 大得多。如 $K_{sp}^{\ominus}(FeS)=6.3\times10^{-18}$，而 $K_{sp}^{\ominus}(MnS)=2.5\times10^{-10}$。

溶液中三价金属离子可通过调节溶液的 pH 使其沉淀。如可调节溶液的 pH 至 $4\sim5$，溶液中 Fe^{3+} 就可沉淀完全，即用 $K_4[Fe(CN)_6]$ 溶液不能检出 Fe^{3+}。

Fe（Ⅲ）沉淀有很多形态：氢氧化铁 $[Fe(OH)_3]$、针铁矿 $[FeO(OH)]$、黄钠铁矾等。$Fe(OH)_3$ 极易形成胶态沉淀，不易过滤且会透过滤层（滤纸或滤布），除铁过程应尽量避免生成 $Fe(OH)_3$。针铁矿 $[FeO(OH)]$ 沉淀的生成条件是溶液中 $Fe^{3+}(aq)$ 含量低。要将溶液中的 Fe^{3+} 先还原成 Fe^{2+}，然后在一定的 pH 下缓慢氧化 Fe^{2+}，使其生成 FeO(OH) 沉淀。黄钠铁矾沉淀的生成条件是：①溶液温度要高（$>$80℃）；②生成沉淀的速率要慢，特别是刚生成沉淀阶段，即调节溶液 pH 时，开始阶段要使 pH 缓慢升高；③溶液中要有一定量的 $Na^+(aq)$（K^+ 或 NH_4^+ 也可）。生成黄钠铁矾沉淀的优点是沉淀颗粒粗大，过滤性能好。所以本实验中是采用黄钠铁矾沉淀除铁。

3. 碳酸锰的制取

碳酸锰由含 Mn^{2+} 离子的锰盐溶液（可以是硫酸锰、氯化锰、硝酸锰溶液）与含 CO_3^{2-} 的溶液反应制得。

一般可溶的碳酸盐溶液，除了含有 CO_3^{2-} 外，由于 CO_3^{2-} 与 H_2O 的酸碱反应，还含有大量的 OH^- 离子。

$$CO_3^{2-}(aq)+H_2O=\!\!=\!\!=HCO_3^-(aq)+OH^-(aq)$$

当含 Mn^{2+} 溶液与可溶碳酸盐溶液混合时，有：

$$[c(Mn^{2+})/c^{\ominus}][c(CO_3^{2-})/c^{\ominus}]>K_{sp}^{\ominus}(MnCO_3)$$

且同时有：

$$[c(Mn^{2+})/c^{\ominus}][c(OH^-)/c^{\ominus}] > K_{sp}^{\ominus}[Mn(OH)_2]$$

便要生成碱式碳酸锰 $Mn_2(OH)_2CO_3$ 沉淀。所以选择哪种可溶的碳酸盐作为制备 $MnCO_3$ 的沉淀剂是首先要考虑的问题。可溶的碳酸盐有：正盐，如 Na_2CO_3、$(NH_4)_2CO_3$；酸式盐，如 $NaHCO_3$、NH_4HCO_3。不同浓度的这些盐溶液所含 $c(OH^-)$ 和 $c(CO_3^{2-})$ 见表 3-15。

表 3-15　不同浓度可溶碳酸盐中 $c(OH^-)$ 和 $c(CO_3^{2-})$

物质及其浓度		溶液中离子浓度	
		$c(CO_3^{2-})/mol \cdot L^{-1}$	$c(OH^-)/mol \cdot L^{-1}$
Na_2CO_3	$0.1 mol \cdot L^{-1}$	0.1	4.5×10^{-3}
	$1 mol \cdot L^{-1}$	1.0	1.4×10^{-2}
$NaHCO_3$	$0.1 mol \cdot L^{-1}$	1.0×10^{-3}	2.2×10^{-6}
	$1 mol \cdot L^{-1}$	1.2×10^{-2}	2.2×10^{-6}
$(NH_4)_2CO_3$	$0.1 mol \cdot L^{-1}$	8×10^{-3}	1.5×10^{-5}
	$1 mol \cdot L^{-1}$	8×10^{-2}	1.5×10^{-5}
NH_4HCO_3	$0.1 mol \cdot L^{-1}$	3.3×10^{-4}	5.9×10^{-7}
	$1 mol \cdot L^{-1}$	3.3×10^{-3}	5.9×10^{-7}

从表 3-15 可以看出，Na_2CO_3 溶液中 $c(OH^-)$ 最大，当 $MnSO_4$ 溶液中加入 Na_2CO_3 溶液时要生成碱式碳酸锰，使锰的含量高于 46%。NH_4HCO_3 溶液中 $c(OH^-)$ 最小，当 $MnSO_4$ 溶液中加入 NH_4HCO_3 溶液时，生成的是 $MnCO_3$，其反应方程式为：

$$MnSO_4 + 2NH_4HCO_3 \Longrightarrow MnCO_3 \downarrow + (NH_4)_2SO_4 + CO_2 \uparrow + H_2O$$

试验证明：当加入量为理论量的 110% 时，能保证 Mn^{2+} 沉淀完全。

本实验是用 MnO_2 在酸性介质中还原溶解后制取 $MnCO_3$，其流程如图 3-2 所示。

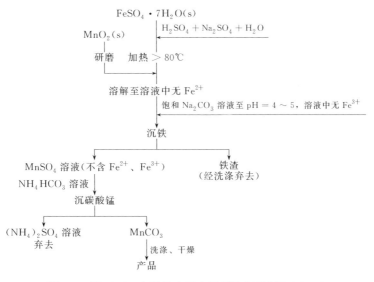

图 3-2　用 MnO_2 在酸性介质中还原溶解后制取 $MnCO_3$

三、仪器和药品

1. 仪器

吸滤装置；电炉；托盘天平；烘箱；电子天平；Hanon i2 型分光光度计；漏斗架；漏斗；400mL 烧杯（2 个）；100mL 烧杯（2 个）；研钵；牛角勺；玻璃棒；点滴板；洗瓶；

100mL 容量瓶（3个）；2mL 移液管；10mL 量筒；滴管；表面皿；滤纸；pH 试纸。

2. 药品

$MnO_2(s)$；$FeSO_4 \cdot 7H_2O(s)$；$Na_2SO_4 \cdot 10H_2O(s)$；$NH_4HCO_3(s)$；$H_2SO_4(8mol \cdot L^{-1})$；$Na_2CO_3$（饱和）；$K_4[Fe(CN)_6](0.1mol \cdot L^{-1})$；$K_3[Fe(CN)_6](0.1 mol \cdot L^{-1})$；$BaCl_2$（$0.1mol \cdot L^{-1}$）；$AgNO_3(0.5\%)$；$H_2O_2(3\%)$；$(NH_4)_2S_2O_8(10\%)$。

锰标准溶液：准确称取纯金属锰 0.4000g，用 40mL 1∶1 的 HNO_3 溶液加热溶解，煮沸驱尽氮氧化物。冷却后移入 1000mL 容量瓶中，以去离子水稀释至刻度，摇匀。此溶液含锰量为 $0.400mg \cdot mL^{-1}$。

四、实验内容

（1）配制含酸的 Fe^{2+} 溶液 200mL [令其含 Fe^{2+} 为 $10g \cdot L^{-1}$，$c(H^+)/c(Fe^{2+})=1.2$，$c(Na^+)/c(Fe^{2+})=1$]。计算 $FeSO_4 \cdot 7H_2O(s)$、$Na_2SO_4(s)$ 及 $H_2SO_4(8mol \cdot L^{-1})$ 的用量，将结果填入表 3-16 中。

表 3-16 计算 $FeSO_4 \cdot 7H_2O$、Na_2SO_4 及 H_2SO_4 的用量

$FeSO_4 \cdot 7H_2O(s)/g$	$H_2SO_4(8mol \cdot L^{-1})/mL$	Na_2SO_4/g

将上述试剂加入 400mL 烧杯（有刻度），加自来水至 200mL 加热，搅拌，使固体溶解，继续加热至沸腾。

（2）取 3～5g MnO_2 在研钵中研细至无大颗粒，于 100mL 烧杯中加 10mL 水搅拌。用牛角勺取浑浊液加入沸腾的 Fe^{2+} 酸性溶液中，边加边搅拌（待每次加入的 MnO_2 全部溶解后，再继续添加）。当 MnO_2 浊液加入约 2/3 时，要用 $K_3[Fe(CN)_6]$（$0.1mol \cdot L^{-1}$）溶液检查是否有 Fe^{2+} 离子，若还有 Fe^{2+}，则继续添加；若无则可停止加入 MnO_2。

（3）沉淀残余的 Fe^{3+}。溶液中 Fe^{2+} 完全氧化后，继续加热，在沸腾的情况下缓慢滴加饱和 Na_2CO_3 溶液，令 Fe^{3+} 完全沉淀。待 pH 升至 4～5，且用 $K_4[Fe(CN)_6]$ 检查无 Fe^{3+} 离子，则表示沉铁步骤已结束。

继续加热保温 20min。

注：溶液长时间加热，因蒸发其体积要变小，故在操作过程中必须随时补水保持体积。

（4）固液分离。用减压过滤方法趁热分离出 $MnSO_4$ 溶液，铁渣用少量自来水（一次约 5～10mL）洗涤两遍，洗液与 $MnSO_4$ 溶液合并，$MnSO_4$ 溶液转移至干净的 400mL 烧杯中。

（5）制备 $MnCO_3$。根据反应式 $MnSO_4 + 2NH_4HCO_3 \longrightarrow MnCO_3 \downarrow + (NH_4)_2SO_4 + CO_2 \uparrow + H_2O$ 计算出 NH_4HCO_3 理论用量（$MnSO_4$ 量按反应物中 Fe^{2+} 用量计算），按过量 10% 的要求，计算出实际 NH_4HCO_3 的用量。

在干净小烧杯中用去离子水溶解 NH_4HCO_3。将 $MnSO_4$ 溶液加热至 50℃（温度不要太高）。用干净的滴管向 $MnSO_4$ 溶液中滴加 NH_4HCO_3，滴加过程也要遵循"五字诀"，至 NH_4HCO_3 全部加完。放置澄清，用倾泻法倒去上清液，再加少量去离子水，搅拌，用常压过滤法过滤，将 $MnCO_3$ 沉淀全部转移至滤纸中；再用去离子水淋洗沉淀，至滤液中不含 SO_4^{2-} 离子（用 $BaCl_2$ 溶液检验）。

将 $MnCO_3$ 沉淀（带滤纸）置于表面皿上，附上写有姓名、班级的纸条，放入烘箱中干燥，待第二天取出，保存好待下次实验测定锰含量用。

（6）$MnCO_3$ 中 Mn 含量的测定。

① 称量所制备 $MnCO_3$ 的总重 $G_1(g)$。

② 称取 0.1g 左右（精确至 0.1mg）$MnCO_3$ $[G_2(g)]$，并置于 100mL 烧杯中，加少量去离子水，加 10 滴 H_2SO_4（8mol·L^{-1}）溶解 $MnCO_3$，若溶液不清亮，滴加几滴 H_2O_2（3%）至溶液清亮（必要时可微热）。全部转移到 100mL 容量瓶中，用去离子水稀释至刻度，摇匀。

③ 用移液管移取 1.00mL 上述溶液于 1 号 100mL 小烧杯中，移取 1.00mL Mn 标液（0.400mg·mL^{-1}）于 2 号 100mL 烧杯中（注意：一定要分清 1 号、2 号）。各加入去离子水约 30mL，加 H_2SO_4（8mol·L^{-1}）5 滴，$AgNO_3$（0.5%）5mL，$(NH_4)_2S_2O_8$（10%）10mL，煮沸，冷却，转移至 100mL 容量瓶中（容量瓶也应编号，明确哪个是自制的 $MnCO_3$ 溶液，哪个是标液），稀释至刻度，摇匀。

④ 用去离子水作参比液，选用 2cm 比色皿，在波长 540nm 处测定两个溶液的吸光度 D，原始数据记录于表 3-17 中。

表 3-17　原始数据记录

G_1	G_2	$D_{待测}$	$D_{标准}$

根据下列公式计算出 100mL $MnCO_3$ 溶液中含 Mn 量。

$$G_3(mg) = \frac{D_{待测}}{D_{标准}} \times 0.200 \times 2.00 \times 100$$

式中　$D_{待测}$——1mL $MnCO_3$ 溶液发色后的吸光度；

$D_{标准}$——2mL Mn 标液发色后的吸光度。

$MnCO_3$ 中 Mn 含量为：

$$w_{Mn}(\%) = \frac{G_3}{G_2} \times 100\%$$

（7）计算 Fe^{2+} 溶液的利用率。按反应物中 Fe^{2+} 的用量计算理论上应得 $MnCO_3$ 中的 Mn 量为 $M_1(g)$，实际得 $MnCO_3$ 中的 Mn 量为 $M_2(g)$。

$$M_2 = G_1 \times w_{Mn}$$

$$Fe^{2+}\text{的利用率} = \frac{M_2}{M_1} \times 100\%$$

五、预习要求

1. 认真阅读实验原理及相关的仪器介绍。

2. 计算出各种试剂加入量。

3. 预习报告中要有制备 $MnCO_3$ 的流程图；简要的实验步骤及操作要点；画出记录吸光度数据的表格；列出计算 $MnCO_3$ 中 Mn 含量及 Fe^{2+} 利用率的公式。

实验十四 | 硫代硫酸钠的制备

一、实验目的

1. 了解用 Na_2SO_3 和 S 制备硫代硫酸钠的方法。
2. 学习用冷凝管进行回馏的操作。

二、实验原理

硫代硫酸钠从水溶液中结晶得五水合物（$Na_2S_2O_3 \cdot 5H_2O$），它是一种白色晶体，商品名称为海波，硫代硫酸根中硫的氧化值为 $+2$，其结构式为：

$$\left[\begin{array}{c} O \quad\quad O \\ S \\ O \quad\quad S \end{array} \right]^{2-}$$

硫的元素电势图如下：

$$E_A^{\ominus}/V \quad S_2O_8^{2-}\underline{\quad 2.01 \quad}SO_4^{2-}\underline{\quad 0.20 \quad}H_2SO_3\underline{\quad 0.40 \quad}S_2O_3^{2-}\underline{\quad 0.50 \quad}S$$

$$E_B^{\ominus}/V \quad SO_4^{2-}\underline{\quad -0.93 \quad}SO_3^{2-}\underline{\quad -0.58 \quad}S_2O_3^{2-}\underline{\quad -0.74 \quad}S$$

从电势图可见，在酸性溶液中 $S_2O_3^{2-}$ 易发生歧化反应，生成 SO_2 和 S。而在碱性溶液中 $S_2O_3^{2-}$ 稳定，可选择在碱性溶液中由 SO_3^{2-} 与 S 作用生成 $S_2O_3^{2-}$。

本实验是利用亚硫酸钠与硫共煮制备硫代硫酸钠。其反应式为：

$$Na_2SO_3 + S \xrightarrow{\triangle} Na_2S_2O_3$$

鉴别 $S_2O_3^{2-}$ 的特征反应是在含有 $S_2O_3^{2-}$ 溶液中加入过量的 $AgNO_3$ 溶液，立刻生成白色沉淀，此沉淀迅速变黄、变棕最后成黑色。其反应式为：

$$2Ag^+ + S_2O_3^{2-} =\!=\!= Ag_2S_2O_3（白色沉淀）$$

$$Ag_2S_2O_3 + H_2O =\!=\!= H_2SO_4 + Ag_2S（黑色沉淀）$$

硫代硫酸盐的含量测定是利用反应

$$2S_2O_3^{2-} + I_2(aq) =\!=\!= S_4O_6^{2-} + 2I^-(aq)$$

但亚硫酸盐也能与 I_2-KI 溶液反应

$$SO_3^{2-} + I_2 + H_2O =\!=\!= SO_4^{2-} + 2I^- + 2H^+$$

所以用标准碘溶液测定 $Na_2S_2O_3$ 含量前，先要除去 Na_2SO_3，常采用的方法是加入甲醛，使溶液中 Na_2SO_3 与甲醛反应，生成加合物 $CH_2(Na_2SO_3)O$。此加合物还原能力很弱，不能还原 I_2-KI 溶液中的 I_2。

三、仪器和药品

1. 仪器

圆底烧瓶（500mL）；球形冷凝管；量筒；减压过滤装置；表面皿；烘箱；滴定管（50mL）；滴定台；锥形瓶；移液管（25mL）；蒸发皿；托盘天平；电子天平。

2. 药品

Na_2SO_3(s)；S(s)；乙醇（95%）；$AgNO_3$（0.1mol·L^{-1}）；HAc-NaAc 缓冲溶液（含

NaAc 1mol·L^{-1}，HAc 0.1mol·L^{-1}）；I$_2$ 标准溶液（0.03mol·L^{-1}，准确浓度见标签）；淀粉溶液（0.5%）；中性甲醛溶液［40%，40%的甲醛水溶液中加入 2 滴酚酞，滴加 NaOH 溶液（2g·L^{-1}）至刚呈微红色］。

四、实验内容

（1）制备 Na$_2$S$_2$O$_3$·5H$_2$O　在圆底烧瓶中加入 12g Na$_2$SO$_3$、60mL 去离子水、再加入 4g 硫黄（在小烧杯中用 10mL 乙醇调成膏状），按图 3-3 安装好回流装置，加热煮沸悬浊液，回流 1h 后，趁热用减压过滤装置过滤。将滤液倒入蒸发皿，蒸发滤液至开始析出结晶。冷却，待结晶析出完后，在减压过滤装置上过滤。把吸干的晶体转移至表面皿上，在 40～50℃下烘干。

记录产物质量，并按 Na$_2$SO$_3$ 用量计算产率。

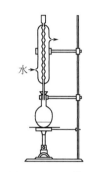

水

图 3-3　回流装置

（2）产品的鉴定

① 定性鉴别　取少量产品加水溶解。取此水溶液数滴加过量 AgNO$_3$（0.1mol·L^{-1}）溶液，观察沉淀的生成及其颜色变化。若颜色由白→黄→棕→黑，则证明有 Na$_2$S$_2$O$_3$。

② 定量测定本产品中 Na$_2$S$_2$O$_3$ 的含量　准确称取约 0.4g 样品（精确至 0.1mg）于锥形瓶中，加刚煮沸过并冷却的去离子水 20mL 使其完全溶解。加入 10mL 中性 40%甲醛溶液，10mL HAc-NaAc 缓冲溶液（含 NaAc 1mol·L^{-1}，HAc 0.1mol·L^{-1}，其 pH 约为 6），加 5 滴淀粉溶液，用标准碘水溶液（0.03mol·L^{-1}）滴定，近终点时，再加 1～2mL 淀粉溶液，继续滴定至溶液呈蓝色，30s 内不消失为终点。再平行做两份。

计算产品中 Na$_2$S$_2$O$_3$·5H$_2$O 的含量。

五、预习要求

1. 认真阅读实验原理。

2. 预习报告要求写出制备 Na$_2$S$_2$O$_3$ 及测定 Na$_2$S$_2$O$_3$ 含量的简要步骤及计算产率与测定含量的数据表。

实验十五　用碳酸氢氨和氯化钠制备碳酸钠

一、实验目的

1. 通过实验了解联合制碱法的反应原理，学会利用盐类溶解度的差异通过复分解反应制取盐。

2. 掌握用双指示剂法测定 Na_2CO_3 和 $NaHCO_3$ 混合物的原理和方法，学会用参比溶液确定终点的方法。

二、实验原理

1. 碳酸钠的制备

碳酸钠又名苏打，工业上叫纯碱，用途广泛。工业上的联合制碱法是将二氧化碳和氨气通入氯化钠溶液中，先生成碳酸氢钠，再在高温下灼烧，转化为碳酸钠。

$$NH_3 + CO_2 + H_2O + NaCl \Longrightarrow NaHCO_3(s) + NH_4Cl$$

$$2NaHCO_3 \stackrel{\triangle}{=\!=\!=} Na_2CO_3 + CO_2 + H_2O$$

第一个反应实质上是碳酸氢铵与氯化钠在水溶液中的复分解反应，因此本实验直接用碳酸氢铵与氯化钠作用来制取碳酸氢钠：

$$NH_4HCO_3 + NaCl \Longrightarrow NaHCO_3(s) + NH_4Cl$$

NH_4HCO_3、$NaCl$、$NaHCO_3$ 和 NH_4Cl 同时存在于水溶液中，是一个复杂的四元交互体系，它们在水溶液中的溶解度互相影响。不过，根据不同温度下，各纯净盐在水中的溶解度的互相对比，可以粗略地判断出从反应体系中分离几种盐的最佳条件和适宜的操作步骤。各种纯净盐在水中的溶解度见表 3-18。

表 3-18　NaCl 等四种盐在不同温度下的溶解度　　单位：g·(100g 水)$^{-1}$

盐＼温度 /℃	0	10	20	30	40	50	60	70	80	90	100
NaCl	35.7	35.8	36.0	36.3	36.6	37.0	37.3	37.8	38.4	39.0	39.8
NH_4HCO_3	11.9	15.8	21.0	27.0	—	—	—	—	—	—	—
$NaHCO_3$	6.9	8.15	9.6	11.1	12.7	14.5	16.4	—	—	—	—
NH_4Cl	29.4	33.3	37.2	41.4	45.8	50.4	55.2	60.2	65.6	71.3	77.3

当温度超过 35℃，NH_4HCO_3 就开始分解，所以反应温度不能超过 35℃，但温度太低又影响了 NH_4HCO_3 的溶解度，故反应温度又不应低于 30℃。另外从表 3-18 可以看出，$NaHCO_3$ 在 30～50℃ 温度范围内的溶解度在四种盐中是最低的，所以将研细的固体 NH_4HCO_3 溶于浓的 $NaCl$ 溶液中，在充分搅拌下，就析出 $NaHCO_3$ 晶体。

$$2NaHCO_3 \xrightarrow{\text{煅烧 270℃}} Na_2CO_3 + H_2O + CO_2$$

$$Na_2CO_3 \xrightarrow{\text{800℃以上}} Na_2O + CO_2$$

所以，在酒精灯或煤气灯上灼烧 $NaHCO_3(s)$，即可得到产品 Na_2CO_3。

2. 产品检验

碳酸钠是弱酸强碱盐，用盐酸滴定碳酸钠时有两个计量点，其反应方程式如下：

第一计量点： $Na_2CO_3 + HCl == NaHCO_3 + NaCl$ pH=8.32

第二计量点： $NaHCO_3 + HCl == H_2CO_3 + NaCl$ pH=3.89

第一计量点可用酚酞作指示剂，酚酞的变色范围为 pH=8~10；第二计量点可用甲基橙作指示剂，甲基橙的变色范围为 pH=3.1~4.4。在第一计量点时，由于 $NaHCO_3$ 的缓冲作用，终点突跃不明显，比较难于观察，滴定误差较大，因此常用参比溶液作对照，以提高分析的准确度。在第二计量点时，由于在终点前，溶液中 H_2CO_3 和 HCO_3^- 组成缓冲体系，终点也不容易掌握，因此用盐酸先滴定至刚好出现橙色，将溶液加热煮沸，去掉 CO_2，溶液变为黄色，再用极少量盐酸滴定至橙色即为终点。

3. 氯化铵的回收（选做）

回收氯化铵时，加氨水可提高碳酸氢钠的溶解度，使之不会与氯化铵共同析出，再加热使碳酸氢钠分解。若以温度为横坐标，溶解度为纵坐标，将表 3-18 中的几种盐作溶解度曲线图，则可以看出氯化铵和氯化钠的溶解度曲线在 16℃处有一交点，低于 16℃时，NH_4Cl 溶解度明显随温度的降低而减小，而 NaCl 溶解度基本不随温度改变，因此，氯化铵结晶的温度应控制在小于 16℃比较合适。

三、仪器和药品

1. 仪器

离心机；烧杯（100mL）；酒精灯；火柴；药匙；电子天平；台秤；吸管；玻棒；吸滤装置；酸式滴定管（50mL）；滴定台；温度计；锥形瓶（250mL）；蒸发皿；pH 试纸；水浴锅；洗瓶；烘箱。

2. 药品

NaCl(s，粗)；$NH_4HCO_3(s)$；HCl($6mol \cdot L^{-1}$)；酚酞指示剂；甲基橙指示剂；标准 HCl 溶液（约 $0.1mol \cdot L^{-1}$，准确至四位有效数字）；Na_2CO_3 和 NaOH 的混合溶液（由 $3mol \cdot L^{-1}$ 的 Na_2CO_3 与 $3mol \cdot L^{-1}$ 的 NaOH 溶液等体积混合）；pH=8.3 的参比溶液（$0.05mol \cdot L^{-1}$ 的 $Na_2B_4O_7$ 溶液 30mL 加 $0.1mol \cdot L^{-1}$ 的 HCl 溶液 20mL，加 5 滴酚酞指示剂，盖好瓶盖，摇匀即可）。

四、实验内容

1. 必做实验

（1）粗盐的精制 用台秤称取 6g 粗的 NaCl(s) 于 100mL 小烧杯中，加 25mL 水使其溶解，滴加 Na_2CO_3 和 NaOH 的混合溶液，调溶液 pH 为 11 左右，得到胶状沉淀 $Mg_2(OH)_2CO_3$、$CaCO_3$，离心分离，将清液用 $6mol \cdot L^{-1}$ HCl 调至 pH 约为 7。

（2）盐的转化 将盛有上述中性清液的烧杯放在水浴上加热，控制溶液温度在 30~35℃之间，称取 11g 研细的 $NH_4HCO_3(s)$，分多次加入溶液中，并不断搅拌。加完料后，继续保温搅拌 15min，使反应充分进行。静置，抽滤，得到 $NaHCO_3$ 晶体，用少量去离子水洗涤（除去黏附的铵盐），再抽干。母液保留用于 NH_4Cl 的回收。

（3）制纯碱 将抽干的 $NaHCO_3$ 放入蒸发皿中，在酒精灯上灼烧 40min，并不断搅拌，即得到纯碱。冷却至室温，称量。

（4）产品检验 在电子天平上准确称取产品 0.13g 左右（准确至 0.0001g），放入锥形瓶中，加少量（约 25mL）去离子水溶解，加 3 滴甲基橙指示剂，用已知浓度 [c(HCl) 见标签] 的标准 HCl 溶液滴定至橙色，记下所用 HCl 的体积 V。

$$w_{Na_2CO_3}(\%) = \frac{c(HCl)MV}{2 \times 1000W} \times 100\%$$

式中，M 为 Na_2CO_3 的分子量；W 为称量 Na_2CO_3 的质量

上述操作再重复 2 次，将结果填入表 3-19 中，计算出平均值。

表 3-19　产品检验

滴　定　次　数		1	2	3
Na_2CO_3 质量/g				
HCl 溶液浓度 $c(HCl)/mol \cdot L^{-1}$				
HCl 溶液体积	起始读数			
	最后读数			
	消耗的 HCl 溶液体积 $V(HCl)/mL$			
Na_2CO_3 的含量/%				

Na_2CO_3 平均含量＝_____，均方根偏差 σ＝_____

Na_2CO_3 产率的计算如下。

理论产量：由粗盐（按 90%）计算。

实际产量：由产品质量×Na_2CO_3 的含量（%）计算。

$$产率＝(实际产量/理论产量) \times 100\%$$

计算产率。

2. 选做实验（氯化铵的回收）

将母液加热至沸，滴加 $6mol \cdot L^{-1}$ $NH_3 \cdot H_2O$ 至溶液呈碱性，继续加热蒸发，当液面出现晶膜时，冷却溶液并不断搅拌，最后将溶液冷至 10℃，使 NH_4Cl 充分结晶。抽滤后将氯化铵晶体置于烘箱内，于 80℃下（超过 100℃ NH_4Cl 会升华）干燥，冷却称量。

五、预习要求

预习报告中画出制备碳酸钠的流程图，写出简要的实验项目、步骤及仪器洗涤和滴定操作的要点，画出数据记录表。

<h1 style="text-align:center">实验十六 硫酸亚铁铵的制备</h1>

一、实验目的

1. 了解制备复盐的一般方法。
2. 掌握蒸发浓缩、结晶等基本操作。
3. 了解用目视比色法检验产品中杂质含量的常用方法。

二、实验原理

复盐即两种或两种以上简单盐类组成的晶态化合物，如 $(NH_4)_2Fe(SO_4)_2 \cdot 6H_2O$（莫尔盐）。一般的，体积较大的一价阳离子（如 K^+、NH_4^+）和半径较小的二、三价阳离子（如 Fe^{2+}、Al^{3+} 等）的简单盐易形成复盐。热力学上，形成复盐后晶格能增加。与简单盐相比，复盐具有以下性质特点：①溶液性质与组成它的简单盐的混合溶液没有区别；②比组成它的简单盐稳定；③溶解度比组成它的简单盐小。

本实验中，以硫酸亚铁和硫酸铵为前驱体，用等物质的量的硫酸铵与硫酸亚铁作用生成 $(NH_4)_2Fe(SO_4)_2 \cdot 6H_2O$ 复盐。利用复盐溶解度比简单盐 $(NH_4)_2SO_4$ 和 $FeSO_4$ 都小的性质，通过蒸发浓缩、结晶等操作制得复盐晶体。

目视比色法是确定杂质含量的一种常用方法，在确定杂质含量后便能定出产品的级别，方法是：将产品配成溶液，显色后与标准色阶进行比色，如果产品溶液的颜色比某一标准溶液的颜色浅，就确定杂质含量低于该标准溶液中的含量，即低于某一规定的限度，所以这种方法又称为限量分析。

本实验产品的主要杂质是 Fe^{3+}，Fe^{3+} 与 KSCN 反应生成血红色配离子，用目视比色法比较颜色的深浅，可以确定产品中 Fe^{3+} 的含量，从而确定产品的级别。

三、仪器和药品

1. 仪器

台秤；布氏漏斗；抽滤瓶；水循环式真空泵；锥形瓶；蒸发皿；滤纸等。

2. 药品

H_2SO_4 溶液（$2mol \cdot L^{-1}$）；KSCN 溶液（$1mol \cdot L^{-1}$）；$(NH_4)_2SO_4$；$FeSO_4 \cdot 7H_2O$；无水乙醇；$0.1000g \cdot L^{-1}Fe^{3+}$ 标准溶液［用 $NH_4Fe(SO_4)_2 \cdot 12H_2O$ 配制：称取 $0.2158g$ $NH_4Fe(SO_4)_2 \cdot 12H_2O$ 溶于少量蒸馏水中，加入 $4mL$ $2mol \cdot L^{-1}$ H_2SO_4 溶液，移入 $250mL$ 容量瓶中，用去离子水稀释至刻度］。

四、实验内容

1. 硫酸亚铁铵的制备

称取 $6.0g$ 固体 $FeSO_4 \cdot 7H_2O$ 置于蒸发皿中，加入 $3mL$ $2mol \cdot L^{-1}H_2SO_4$ 溶液，混匀，然后加入 $10mL$ 水，搅拌使固体全部溶解。另称取与 $FeSO_4 \cdot 7H_2O$ 等物质的量的固体 $(NH_4)_2SO_4$＿＿＿ g，配制成 $(NH_4)_2SO_4$ 的饱和溶液（$25\,℃$时溶解度为 $76.9g/100g$ 水）。将此饱和溶液加到 $FeSO_4$ 溶液中，混匀（此时溶液的 pH 应接近于 1，若 pH 偏大，可加几

滴浓硫酸调节），蒸发浓缩至溶液表面出现结晶薄膜（该过程中不能搅拌溶液，且使溶液保持微沸状态，注意观察）。然后，静置、缓慢冷却至室温，可得硫酸亚铁铵晶体。减压过滤，再用 5mL 乙醇溶液淋洗晶体，以除去晶体表面的水分，抽干，将晶体转移至滤纸上，再取一张滤纸覆盖在晶体上，轻轻挤压，吸去表面残留母液。将晶体转移至称量纸上，称其质量，并计算产率。

2. Fe^{3+} 标准色阶溶液的配制

依次取 0.50mL、1.00mL 和 2.00mL 的 $0.1000g \cdot L^{-1}$ 的 Fe^{3+} 标准溶液，分别置于 25mL 的比色管中，各加入 2mL $2mol \cdot L^{-1}$ 的 H_2SO_4 溶液和 1mL $1mol \cdot L^{-1}$ KSCN 溶液，再用去离子水稀释到 25mL，摇匀，分别配制成相当于一级、二级和三级试剂的标准液。

3. Fe^{3+} 的检验

用烧杯将去离子水煮沸 5min，以除去溶解的氧，盖好，冷却后备用。称取 1.0g 产品，放入 25mL 比色管中，用 15mL 不含氧的去离子水溶解，加入 2mL $2mol \cdot L^{-1}$ 的 H_2SO_4 溶液和 1mL $1mol \cdot L^{-1}$ KSCN 溶液，再用去离子水稀释到 25mL，摇匀，用目视比色法与 Fe^{3+} 的不同浓度的标准液比色，确定产品的等级。

五、数据记录及处理

产品外观	理论产量	实际产量	产率/%	产品等级

根据实验结果，对产品进行评价，并分析原因。

六、注意事项

1. 蒸发浓缩初期要不停搅拌，但要注意观察晶膜，一旦发现晶膜出现即停止搅拌。
2. 最后一次抽滤时注意将滤饼压实，不能用蒸馏水或母液洗晶体。

七、思考题

1. 硫酸亚铁溶液和硫酸亚铁铵溶液为什么要保持较强酸性？
2. 在检验产品中的 Fe^{3+} 含量时，为什么要用不含氧的去离子水？

实验十七 无机氧化铁黄颜料的制备

一、实验目的

1. 了解用亚铁盐制取氧化铁黄颜料的原理和基本方法。
2. 学习应用反滴定法对实际样品中组分进行测定的方法。

二、实验原理

氧化铁黄又称羟基铁，其化学式为 $Fe_2O_3 \cdot H_2O$ 或 $FeO(OH)$，呈黄色粉末，不溶于碱，溶于热的盐酸溶液，热稳定性差，加热至 $150\sim200$℃ 时开始脱水，当温度升至 $270\sim300$℃ 时迅速脱水并变为铁红（Fe_2O_3）。氧化铁黄作为一种无毒黄色颜料，遮盖力强，广泛应用于建筑、涂料、橡胶和文教等行业中，也可用作医药上的糖衣着色剂和化妆品的色料。本实验采用亚铁盐溶液氧化法制备氧化铁黄颜料。

一定温度下，在 $FeSO_4$ 水溶液中，加入碱液如 $NaOH$，在一定 pH 条件下得到胶状 $Fe(OH)_2$ 沉淀，反应方程式为：

$$Fe^{2+} + 2OH^- === Fe(OH)_2(s)$$

为使生成的铁黄晶种粒子细小而均匀，该步反应要在充分搅拌下进行，而且溶液中要留有 $FeSO_4$ 晶体。为生成铁黄（$FeO(OH)$）晶种，需将 $Fe(OH)_2$ 进一步氧化，反应如下：

$$4Fe(OH)_2 + O_2 === 4FeO(OH)(s) + 2H_2O$$

该反应在室温（$20\sim25$℃）下进行，注意调节溶液的 pH 保持在 $4\sim4.5$。如果溶液 pH 接近中性或略偏碱性，将生成棕黄到棕黑甚至黑色的一系列过渡色的沉淀，pH>9 则形成红棕色的铁红晶种，pH>10 时则又产生一系列过渡色的铁氧化物，失去作为晶种的作用。

控制一定的温度，加入适当氧化剂（如 $KClO_3$、O_2、H_2O_2 等）进一步氧化 Fe^{2+} 生成铁黄。当 $KClO_3$ 作为氧化剂时，该反应温度需要控制在 $80\sim85$℃，过程中不断补充碱液，并控制溶液的最终 pH 为 $4\sim4.5$。反应如下：

$$6Fe^{2+} + ClO_3^- + 9H_2O === 6FeO(OH)(s) + 12H^+ + Cl^-$$

氧化反应过程中，沉淀的颜色由灰绿色逐渐转变为墨绿、红棕、淡黄。

氧化铁黄作为工业产品，对其中的铁含量（以 Fe_2O_3 表示）有一定要求，一级品要求 Fe_2O_3 含量$\geqslant86\%$，合格品要求含量$\geqslant80\%$（HG/T 2249—1991）。本实验中，通过测定一定量铁黄样品溶解消耗的酸量，来计算样品中铁（以 Fe_2O_3 计）的含量。氧化铁黄作为 Fe^{3+} 氧化物水合物的一种，难溶于水，因此，测定铁黄样品消耗的酸量，必须用返滴定法。即先用 HCl 标准溶液溶解铁黄样品，然后以 NaOH 标准溶液滴定剩余的盐酸。由于 Fe^{3+} 的水解，需要对 Fe^{3+} 实施掩蔽。以 F^- 作掩蔽剂，利用 F^- 与 Fe^{3+} 生成稳定配合物 $[FeF_6]^{3-}$ 这一反应，可使 Fe^{3+} 直到 pH $9\sim10$ 时不发生水解。

三、实验用品

1. 仪器

抽滤装置；烘箱；电子天平；碱式滴定管；蒸发皿；锥形瓶（250mL，3 个）；100mL 烧杯；量筒。

2. 药品

$FeSO_4 \cdot 7H_2O$（s）；$KClO_3$（s）；$2mol \cdot L^{-1}$ NaOH 溶液；HCl 标准溶液（约 $0.5mol \cdot L^{-1}$）；NaOH 标准溶液（约 $0.2mol \cdot L^{-1}$）；NaF（s）；酚酞指示剂；精密 pH 试纸。

四、实验内容

1. 氧化铁黄的制备

称取 7.1g 固体 $FeSO_4 \cdot 7H_2O$ 于 100mL 烧杯中，加入 13mL 水溶解，维持温度在 20～25℃，搅拌溶解（有部分不溶），慢慢滴加 $2mol \cdot L^{-1}$ NaOH 溶液，边加边搅拌，当溶液 pH 为 4～4.5 时，停止加碱液。观察过程中沉淀颜色的变化。

称取 0.3g 固体 $KClO_3$，倒入上述溶液中，搅拌并检查溶液的 pH，然后，将烧杯置于 80～85℃的水浴中。随着反应的进行，溶液的 pH 会不断降低，在不断搅拌下继续滴加 $2mol \cdot L^{-1}$ NaOH 溶液，直到 pH 为 4～4.5（注意此过程约需 10mL $2mol \cdot L^{-1}$ NaOH 溶液）。将生成的沉淀抽滤洗涤，抽干后，置于蒸发皿中。

将装有沉淀的蒸发皿置于烘箱中，温度控制在 120℃，恒温 1h。取出称量，计算产率。

2. 氧化铁黄中铁含量的测定

准确称取约 0.15g 的铁黄样品（精确至 0.0001g）于 250mL 锥形瓶中，加入 20.00mL HCl 标准溶液，加热溶解。溶液冷却后加入 NaF 作掩蔽剂（约 1.5g），然后以酚酞为指示剂用 NaOH 标准溶液滴定剩余的 HCl 溶液。平行测定 3 次，计算所制备氧化铁黄中铁（以 Fe_2O_3 计）的含量。

五、数据记录及处理

自行设计表格记录数据。根据滴定数据，计算样品中铁（以 Fe_2O_3 计）的含量。

六、思考题

1. 在铁黄制备过程中，虽不断补充碱液，但溶液的 pH 仍不断降低，为什么？
2. 在洗涤颜料浆液的过程中，如何检验 SO_4^{2-} 是否存在？

实验十八 | 铬（Ⅲ）的系列配合物的合成及其分裂能的测定

一、实验目的

1. 根据微型合成原则，制备铬（Ⅲ）系列配合物。
2. 学习分裂能 Δ_o 的测定方法，加深对晶体场理论的理解。

二、实验原理

配合物的合成方法很多，有加合反应、取代反应、氧化还原反应等，大多数配合物可以用取代反应来制备。配体交换反应进行得较快的配合物称为活性配合物，而配体交换进行得很慢或实际上看不到交换的配合物，则称为惰性配合物。一般说来，第一过渡系列元素除 Cr^{3+} 和 Co^{3+} 以外易生成活性配合物。例如，当过量的氨水加到硫酸铜水溶液中，氨取代配位到 $Cu(Ⅱ)$ 上的水分子，立刻生成深蓝色的 $[Cu(NH_3)_4]^{2+}$，因此，$Cu(Ⅱ)$ 配合物是动力学上的活性配合物。而用其他配体取代配位到 $Cr(Ⅲ)$ 上的水分子需要很长时间（几小时或几天），因此，$Cr(Ⅲ)$ 配合物是动力学上的惰性配合物。制备该类配合物的方法之一是避免水的存在。例如，氨水和水合三价铬盐反应生成不溶的 $Cr(OH)_3$ 沉淀，而用液氨和无水 $CrCl_3$ 反应就容易制得铬（Ⅲ）氨配合物。

过渡金属离子形成配合物后，在配体场的影响下，金属离子的 d 轨道分裂为能量不同的能级组。在八面体场的影响下，d 轨道分裂为两组：t_{2g}（3 个简并轨道）和 e_g（2 个简并轨道），后者能量较高，如图 3-4 所示。

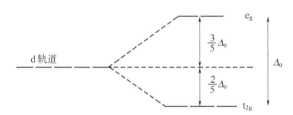

图 3-4 八面体场中 d 轨道的分裂情况

八面体场中 e_g 和 t_{2g} 轨道之间的能量差称为分裂能，以 Δ_o 表示。

分裂能的大小与下列因素有关。

① 配体相同，分裂能按下列次序递减：平面四方形场＞八面体场＞四面体场。

② 对于含有高自旋的金属离子的八面体配合物，第一过渡系配合物其 Δ_o 值：二价离子是 $7500 \sim 12500 \text{cm}^{-1}$，三价离子是 $14000 \sim 25000 \text{cm}^{-1}$。

③ 对于同族同价态的金属离子的相同配体八面体配合物，其 Δ_o 值从第一过渡系到第二过渡系增加 $40\% \sim 50\%$，从第二过渡系到第三过渡系增加 $25\% \sim 30\%$。例如：

$$[Co(NH_3)_6]^{3+} \quad \Delta_o = 23000 \text{cm}^{-1}$$

$$[Rh(NH_3)_6]^{3+} \quad \Delta_o = 34000 \text{cm}^{-1}$$

$$[Ir(NH_3)_6]^{3+} \quad \Delta_o = 41000 \text{cm}^{-1}$$

④ 同一过渡金属离子与不同配体所生成的配合物，其 Δ_o 值依次增大的顺序为：

$I^- < Br^- < Cl^- < F^- < OH^- < C_2O_4^{2-} \approx H_2O < NCS^- < Py < NH_3 < en < BiPy < o\text{-Phen} < NO_2^- < CN^-$

上述次序称为光谱化学序列。

Cr^{3+}（d^3）的八面体场分裂能可由最大波长的吸收峰位置，按下式计算而得：

$$\Delta_o = (1/\lambda) \times 10^7$$

式中，λ 为波长，以 nm 为单位。

计算混配配合物 $[MA_nB_{6-n}]$ 的 Δ_o 值，可使用"平均环境经验规则"，即 $[MA_nB_{6-n}]$ 混配配合物的 Δ_o 值与单配配合物 $[MA_6]$ 和 $[MB_6]$ 的 Δ_o' 和 Δ_o'' 有以下关系：

$$6\Delta_o = n\Delta_o' + (6-n)\Delta_o''$$

本实验按照微量合成的原则——合成产物的数量除满足后续测试的需要外，不要有过多的剩余；同时兼顾环保的要求。先制备 Cr（Ⅲ）与不同配体形成八面体场的系列配合物，再逐一测定这些配合物的吸收光谱，确定相应的最大波长，从而求出对应的分裂能，进而验证配体对分裂能的影响，即光谱化学序列。

三、仪器和药品

1. 仪器

圆底烧瓶（10mL）；冷凝管；多用滴管；玻璃砂芯漏斗；研钵；烧杯（50mL、100mL 和 150mL）；UV-1901 紫外可见分光光度计。

2. 药品

$CrCl_3$（s）；$CrCl_3 \cdot H_2O$（s）；甲醇；锌粉（s）；乙二胺；乙醇（无水、95%）；$H_2C_2O_4$（s）；$K_2Cr_2O_7$（s）；$K_2C_2O_4$；$KCr(SO_4)_2 \cdot 12H_2O$（s）；EDTA 二钠盐（s）。

四、实验内容

1. 系列 Cr（Ⅲ）配合物的制备

（1）$[Cr(en)_3]Cl_3$ 的合成❶ 在 10mL 干燥圆底烧瓶中加入 1.35g $CrCl_3$ 和 2.5mL 甲醇，待溶解后，再加入 0.05g 锌粉，加入小粒沸石后在瓶口装上回流冷凝管，在热水浴中回流。同时，量取 2mL 乙二胺，用多用滴管将乙二胺缓慢地从冷凝管口滴入烧瓶，此时水浴控制在 70~80℃。加完后继续回流 45min。

反应完毕后，冰水浴冷至有沉淀析出，用玻璃砂芯漏斗抽滤，沉淀用 10% 的乙二胺-甲醇溶液洗涤，最后再用 1mL 95% 的乙醇洗涤粉末状黄色产物 $[Cr(en)_3]Cl_3$，空气中干燥，称量，保存于棕色瓶中，产率大于 70%。

（2）$K_3[Cr(C_2O_4)_3] \cdot 3H_2O$ 的合成 在 50mL 烧杯中，加入 1.90g $H_2C_2O_4 \cdot 2H_2O$ 和 6mL 蒸馏水，搅拌、加热使其溶解，然后慢慢加入 0.60g 研细的 $K_2Cr_2O_7$ 固体粉末，边加边搅拌，待反应平息后，将溶液加热至沸腾，再加入 0.75g $K_2C_2O_4 \cdot H_2O$，搅拌使其溶解，将溶液冷至室温，加入 4mL 95% 乙醇，搅拌，放置，析出晶体。吸滤，并用 15mL 1∶1 乙醇水溶液分三次洗涤产品，最后用 2mL 无水乙醇分两次洗涤产品，抽干，称量并计算产率。

2. 待测溶液的配制

（1）称取 $[Cr(en)_3]Cl_3$（s）、$K_3[Cr(C_2O_4)_3] \cdot 3H_2O$（s）各 0.15g，分置于 2 个 100mL

---

❶ $[Cr(en)_3]Cl_3$ 要在非水溶剂（甲醇或乙醚）中制备，因为在水溶液中 Cr^{3+} 离子与水有很大的配位能力。在水溶液中加入碱性配体（如 en）时，由于 Cr—O 键强，只能得到胶状的 $Cr(OH)_3$ 沉淀。

$$[Cr(H_2O)_6]^{3+}（暗绿）+ 3en \longrightarrow [Cr(H_2O)_3(OH)_3]\downarrow（灰蓝）+ 3Hen^+$$

小烧杯中，用 50mL 去离子水溶解。

（2）称取 0.1g $KCr(SO_4)_2 \cdot 12H_2O(s)$ 于 50mL 烧杯中，加约 20mL 去离子水溶解，即得 $K[Cr(H_2O)_6](SO_4)_2$ 溶液。

（3）称取 0.06g EDTA 二钠盐（s）溶于 100mL 去离子水中，加热使其全部溶解，然后调节 pH 为 3～5，加入 0.1g $CrCl_3 \cdot H_2O(s)$，稍加热，得 $[Cr(EDTA)]^-$ 配合物溶液。

3. 吸收光谱的测定

在波长 360～700nm 范围内，以去离子水为参比液，使用 UV-1901 紫外可见分光光度计测定 4 个配合物溶液的吸收光谱❶，记录不同配体形成配合物的最大波长吸收峰的位置。

五、数据记录及处理

各种 Cr（Ⅲ）配合物的最大波长吸收峰的位置（nm）与 Δ_o 见表 3-20。

表 3-20　各种 Cr（Ⅲ）配合物的最大波长吸收峰的位置与 Δ_o

序　号	配　合　物	λ_1 / nm	Δ_o/cm^{-1}
1	$[Cr(C_2O_4)_3]^{3-}$		
2	$[Cr(en)_3]^{3+}$		
3	$[Cr(H_2O)_6]^{3+}$		
4	$[Cr(EDTA)]^-$		

结论：配体的光谱化学序列是：_____。

六、思考题

1. 在测定吸收光谱时，所配的配合物溶液的浓度是否要十分准确，为什么？

2. 影响过渡元素离子分裂能的主要因素是哪些？

3. 实验得出的光谱化学序列与文献值是否一致？

---

❶　每个配合物有一条吸收曲线。为便于比较，可将其打印在一张图上。

实验十九 │ 一种钴(Ⅲ)配合物的合成

一、实验目的

1. 掌握制备金属配合物最常用的方法——水溶液中的取代反应和氧化还原反应，了解其基本原理和方法。

2. 对配合物组成进行初步判断，学习使用电导率仪。

3. 练习制备配合物的基本操作。

二、实验原理

配合物的制备最常用的是取代反应和氧化还原反应。利用溶液中的取代反应来制取金属配合物，实际上就是用适当的配体来取代水合配离子中的水分子。氧化还原反应，是利用金属化合物在配体存在下发生氧化或还原反应以制得不同氧化态的金属配合物。

Co(Ⅱ) 的配合物是活性的，能很快地进行取代反应，而 Co(Ⅲ) 的配合物是惰性的，其取代反应很慢。所以，Co(Ⅲ) 配合物的制备过程一般是通过 Co(Ⅱ)（实际上是它的水合配合物）和配体之间的一种快速反应生成 Co(Ⅱ) 的配合物，然后使它被氧化成为相应的 Co(Ⅲ) 配合物（配位数均为 6）。

常见的 Co(Ⅲ) 配合物有：$[Co(NH_3)_6]^{3+}$（黄色），$[Co(NH_3)_5H_2O]^{3+}$（粉红色），$[Co(NH_3)_5Cl]^{2+}$（紫红色），$[Co(NH_3)_4CO_3]^+$（紫红色），$[Co(NH_3)_3(NO_2)_3]$（黄色），$[Co(CN)_6]^{3-}$（紫红色），$[Co(NO_2)_6]^{3-}$（黄色）等。

用化学分析方法确定某配合物的组成，通常先确定配合物的外界，然后将配离子破坏再来看其内界。配离子的稳定性受很多因素的影响，通常可用加热或改变溶液酸性来破坏它。本实验要求初步判断配合物的组成，一般用定性、半定量甚至估量的分析方法。推定配合物的化学式后，可用电导率仪来测定一定浓度配合物溶液的导电性，与已知电解质溶液进行对比，可确定该配合物化学式中含有几个离子，进一步确定该化学式。

游离的 Co(Ⅱ) 离子在酸性溶液中可与 KSCN 作用生成蓝色配合物。因其在水中解离度大，故常加入 KSCN 溶液或固体，并加入戊醇或乙醚以提高其稳定性，由此可用来鉴定 Co(Ⅱ) 离子的存在。其反应如下：

$$Co^{2+} + 4SCN^- \Longrightarrow [Co(SCN)_4]^{2-}（蓝色）$$

游离的 NH_4^+ 可由奈氏试剂来鉴定，其反应如下：

$$NH_4^+ + 2[HgI_4]^{2-} + 4OH^- \Longrightarrow \left[\begin{matrix} & Hg & \\ O & \diagdown \diagup & NH_2 \\ & \diagup \diagdown & \\ & Hg & \end{matrix} \right] I(s) + 7I^- + 3H_2O$$

（奈氏试剂）　　　　　（红褐色）

三、仪器和药品

1. 仪器

台秤；烧杯 2 个；锥形瓶；量筒 2 个；研钵；漏斗 2 个；铁架台；酒精灯；试管 10 支；滴管 5 支；试管夹；漏斗架；石棉网。

2. 药品

$NH_4Cl(s)$；$CoCl_3(s)$；硫氰化钾（s）；浓氨水；浓硝酸；浓盐酸（$6mol \cdot L^{-1}$）；过氧化氢（30％）；硝酸银（$2mol \cdot L^{-1}$）；新配 $SnCl_2$（$0.5mol \cdot L^{-1}$）；奈氏试剂；戊醇。

四、实验内容

1. Co(Ⅲ)配合物的制备

在锥形瓶中将 1.0g 氯化铵溶于 6mL 浓氨水中，待完全溶解后手持锥形瓶不断震荡，使溶液均匀。分数次加入 2.0g 氯化钴粉末，边加边摇动，加完后继续摇动使溶液成棕色稀浆。再往其中滴加 30％过氧化氢 2～3mL，边加边摇动，加完后再摇动，当溶液中停止起泡时，慢慢加入 6mL 浓盐酸，边加边摇动，并在酒精灯上微热，不能加热至沸（温度不要超过85℃），边摇边加热 10～15min，然后在室温下冷却混合物并摇动，待完全冷却后过滤出沉淀。用 5mL 冷水分数次洗涤沉淀，接着用 5mL 冷的 $6mol \cdot L^{-1}$ 盐酸洗涤，产物在 105℃左右烘干并称量。

本实验关键步骤是将 Co(Ⅱ) 的配合物氧化为相应的 Co(Ⅲ) 配合物，常用的氧化剂是过氧化氢。氧化过程需不断摇动而且控制温度不要超过 85℃。

2. 配合物组成的初步判断

（1）用小烧杯取 0.5g 所制得的产物，加入 50mL 蒸馏水，混匀后用 pH 试纸检验其酸碱性。

（2）用试管取 2～3mL(1) 中所得的混合液，加几滴 $0.5mol \cdot L^{-1}$ 氯化亚锡溶液（为什么?），振荡后加入 1 粒（绿豆粒大小）硫氰化钾固体，振荡后再加入 1mL 戊醇，振荡后观察上层溶液的颜色（为什么?）。

（3）用试管取 2mL(1) 中所得的混合液，再加入少量蒸馏水，得清亮溶液后，加入 2 滴奈氏试剂并观察变化。

（4）将（1）中剩下的混合液加热，看溶液变化，直至完全变成棕黑色后停止加热，冷却后用 pH 试纸检验溶液的酸碱性，然后过滤（必要时使用双层滤纸）。取得清亮液，再分别做 1 次（2）、（3）实验，观察现象与原来的有什么不同。

五、结果与讨论

1. 通过实验推断出此配合物的组成并写出其化学式。

2. 由上述自己初步推断的化学式来配制该化合物浓度为 $0.1mol \cdot L^{-1}$ 的溶液 100mL。用电导率仪测量其电导率，然后冲稀 10 倍后再测量其电导率（表 3-21），并与表 3-22 对比来确定其化学式中所含离子数。

表 3-21 稀释 10 倍后的电导率

$T = \_\_\_\_$ ℃

仪器名称及型号	
Co(Ⅲ)配合物浓度/$mol \cdot L^{-1}$	电导率/$\mu S \cdot cm^{-1}$

配合物的化学式 _____

3. 有五个不同的配合物，分析其组成后确定有共同的实验式：$K_2CoCl_2I_2(NH_3)_2$；电导测定得知在水溶液中 5 个化合物的电导率数值与硫酸钠相近。请写出 5 个不同配离子的结构式，并说明不同配离子间有何不同。

表 3-22　部分电解质的类型与电导率关系（$T = 20℃$）

电解质	类型(离子数)	电导率/$\mu S \cdot cm^{-1}$	
		$0.01 mol \cdot L^{-1}$	$0.001 mol \cdot L^{-1}$
KCl	1-1 型(2)	1230	133
$BaCl_2$	1-2 型(3)	2150	250
$K_3[Fe(CN)_6]$	1-3 型(4)	3400	420

六、思考题

1. 将氯化钴加入氯化铵与浓氨水的混合液中，可发生什么反应，生成何种配合物？

2. 制备实验中加入过氧化氢起何作用？如不用过氧化氢还可以用哪些物质？用这些物质有什么不好？制备实验中加浓盐酸的作用是什么？

实验二十 | 阿司匹林的制备与表征

一、实验目的

1. 了解阿司匹林制备的原理和方法。

2. 学习重结晶等技术。

3. 学习红外光谱分析有机物结构的有关技术。

二、实验原理

阿司匹林（Aspirin）学名为乙酰水杨酸，是由水杨酸（邻羟基苯甲酸）和乙酐合成的。水杨酸存在于自然界的柳树皮中，早在 18 世纪人类即已发现并提取了它，用于止痛、退热和抗炎，但由于酸性较强，对胃肠刺激性较大，因此作为药物逐渐被淘汰。水杨酸是一个既具酚羟基又具羧基的双官能团化合物，因此它能进行两种酯化反应。与过量的醇（如甲醇）反应生成水杨酸酯；与乙酐作用，可得到乙酰水杨酸，即本实验的内容：

$$\text{（邻羟基苯甲酸）COOH, OH} + (CH_3CO)_2O \xrightarrow{H^+} \text{（乙酰水杨酸）COOH, OOCCH}_3 + CH_3COOH$$

乙酰水杨酸较水杨酸酸性弱，对胃肠刺激性小，但同样有很好的疗效，逐渐成为一种广泛使用的具解热、镇痛、治疗感冒、预防心血管疾病等多种疗效的药物。人工合成已有百年，由于它价格低廉、疗效显著，且防治疾病范围广，因此至今仍被广泛使用。

本实验中由于水杨酸在酸存在下会发生缩聚反应，因此有少量聚合物产生：

$$n \text{（COOH, OH苯环）} \xrightarrow[-nH_2O]{H^+} \text{聚合物}_n$$

该聚合物不溶于 $NaHCO_3$ 溶液，而阿司匹林可与 $NaHCO_3$ 反应生成可溶性盐，可借此将聚合物与阿司匹林分离。

为了得到纯的阿司匹林，可利用其在乙酸乙酯或乙醚＋石油醚混合溶剂中高温时溶解度增大、低温时溶解度变小的性质对产物进行重结晶。

红外光谱常被用来指认有机物分子中的官能团，以及鉴别两个化合物是否相同。因为各类官能团在红外光谱上有其特征的吸收峰，所以当待测的化合物中存在某种特征官能团时，就一定会在红外图谱上出现与之相应的吸收峰。对于乙酰水杨酸，其分子中存在着苯环、芳烃 C—H 键、羧基、酯键等官能团，在其红外图谱上就必然出现与它们相应的吸收峰，如图 3-5 所示。

三、仪器和药品

1. 仪器

锥形瓶（100mL）；烧杯（100mL）；布氏漏斗；吸滤瓶；水泵；表面皿；水浴锅；烧杯；试管；电子天平（精确到 0.1g）；红外光谱仪。

2. 药品

水杨酸；乙酸酐；$NaHCO_3$ 溶液（饱和）；浓硫酸；盐酸（浓、2mol·L^{-1}、6mol·L^{-1}）；NaOH 溶液（2mol·L^{-1}）；$FeCl_3$ 溶液（0.1mol·L^{-1}）；乙醇（95%）；溴水；溴化钾。

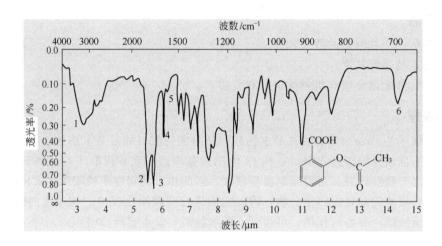

图 3-5　乙酰水杨酸（阿司匹林）在 $CHCl_3$ 中的红外光谱

1—芳烃 C—H 伸缩震动；2—羧基 COOH 伸缩振动；3—芳环与羧基、酯键伸缩振动；

4—芳环与 C=C 伸缩振动；5—芳环与 C=O 共轭环振动吸收（约 1580cm^{-1}）；

6—芳环二元取代（邻位）伸缩振动

四、实验内容

1. 阿司匹林的制备

在干燥的锥形瓶中放入 2g(0.0145mol) 水杨酸和 5mL(5.4g，0.053mol) 乙酸酐，滴入 5 滴浓硫酸，轻轻摇荡锥形瓶使水杨酸溶解，在 80~90℃ 水浴中加热约 15min，从水浴中移出锥形瓶，迅速加入 40mL 水，在冰水浴中冷却，并用玻璃棒不停搅拌，使结晶完全析出，抽滤，用少量冰水洗涤两次。将阿司匹林的粗产物移至 100mL 烧杯中，加入 25mL 饱和 $NaHCO_3$ 溶液，搅拌，直至无 CO_2 气泡产生，抽滤，用少量水洗涤，将洗涤液与滤液合并，弃去滤渣（为何物?）。

将滤液转移入 100mL 烧杯中，缓慢加入 6mol·L^{-1} 盐酸 10mL，边加边搅拌，然后用冰水浴冷却至阿司匹林沉淀析出并结晶完全，抽滤，冰水洗涤，压干滤饼，称量并计算产率。

纯乙酰水杨酸为白色针状或片状晶体，熔点为 135~136℃，但由于它受热易分解，因此熔点很难测准。

2. 阿司匹林的表征

取阿司匹林产品用压片法制得固体样品，进行红外光谱测定。根据实验得到的谱图对照已知谱图，鉴定样品是否确定为阿司匹林。

3. 酚的重要性质与鉴定

水杨酸既是酸又是酚，可利用水杨酸来进行酚的重要性质和鉴定的试验。阿司匹林由于不具酚羟基，因此不具备酚的特性。

（1）弱酸性试验　取少量水杨酸固体，加水溶解，用 pH 试纸测试其水溶液的酸性，逐滴加入 $2mol \cdot L^{-1}$ 的 NaOH 溶液使其溶解，再滴入 $2mol \cdot L^{-1}$ 盐酸溶液，观察现象并解释原因。同样取少量阿司匹林作对比试验，观察现象并解释结果。

（2）三氯化铁试验　在两个试管中分别加入少量水杨酸水溶液和阿司匹林乙醇溶液（阿司匹林用少量 1∶1 乙醇溶液溶解），分别滴入 2 滴 $0.1mol \cdot L^{-1}$ 的 $FeCl_3$ 溶液，摇动试管，观察现象并解释。

化学反应方程式：　$6ArOH + Fe^{3+} = Fe(OAr)_6^{3-} + 6H^+$

（3）溴水试验　在分别装有 1mL 水杨酸水溶液和阿司匹林乙醇溶液的试管中逐滴加入溴水，观察现象并解释之。

五、思考题

1. 本实验中加硫酸的目的是什么？

2. 红外光谱分析的原理是什么？制备样品应注意哪些问题？

实验二十一 | 二水二草酸合铬(Ⅲ)酸钾顺反异构体的制备

一、实验目的

1. 通过顺式和反式二水二草酸根合铬酸钾的制备,了解配合物的几何异构现象。
2. 了解几何异构体在一定条件下的转化。

二、实验原理

异构现象是配合物的重要性质之一。所谓配合物的异构现象是指化学组成完全相同的一些配合物,由于配体围绕中心离子的排列不同而引起结构和性质不同的现象。配合物的异构现象不仅影响其物理和化学性质,而且还与配合物的稳定性和键性质有密切的关系,因此,异构现象的研究在配位化学中有着重要的意义。配合物的异构现象种类很多,其中最重要的有几何异构现象和光学异构现象,此外,还有键合异构现象、水合异构现象、配位异构现象、配体异构现象等。

几何异构现象主要发生在配位数为 4 的平面正方形结构和配位数为 6 的八面体结构的配合物中。在这类配合物中配体围绕中心体可以占据不同形式的位置,通常分顺式和反式两种异构体,顺式是指相同配体彼此处于邻位,反式是指相同配体彼此处于对位。在八面体配合物中组成为 MA_4B_2、MA_3B_3 和 ML_2B_2 的配合物存在几何异构体,其中 M 是中心体,常为金属离子,A 和 B 是单齿配体,L 是双齿配体。MA_4B_2 和 ML_2B_2 都有顺式和反式异构体,MA_3B_3 的几何异构体称为面式异构体和经式异构体(见图 3-6)。

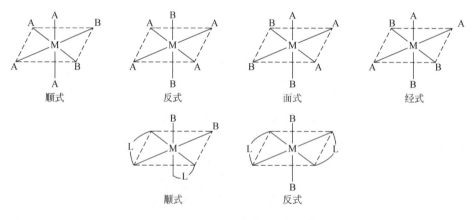

图 3-6 八面体配合物的几何异构体

对于顺式和反式异构体的配合物,目前尚没有普遍适用的合成方法。本实验是利用二水二草酸根合铬酸钾的顺反异构体在溶解度上的差别来制得所需的异构体,由于在溶液中有顺式与反式之间的平衡,而反式异构体的溶解度较小,因此,反式异构体先从溶液中结晶出来,这样可以分别得到反式和顺式异构体。

配合物顺反异构体的鉴别方法有偶极矩、X 射线晶体衍射、紫外-可见吸收光谱、化学反应等分析方法。本实验是利用二水二草酸根合铬酸钾的顺反异构体与稀氨水反应所生成碱式盐溶解度的不同来鉴别,顺式异构体的碱式盐溶解度很大,而反式异构体的碱式盐溶解很小。反应如图 3-7 所示。

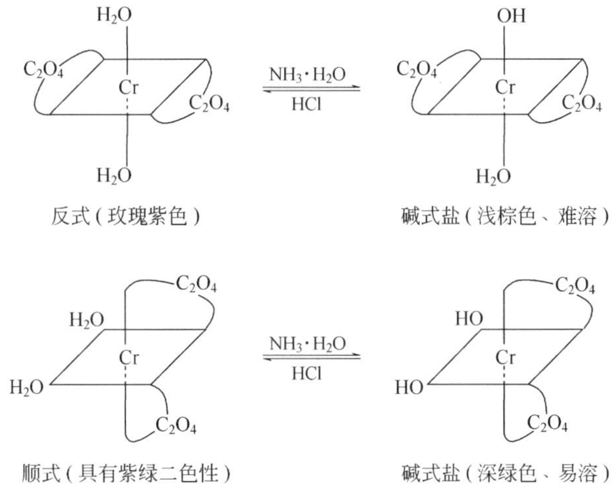

图 3-7　二水二草酸根合铬酸钾的顺反异构体与稀氨水反应所生成碱式盐溶解度的不同

顺式和反式二水二草酸根合铬酸钾是有色物质，并且反式异构体不稳定，容易转化为顺式异构体，温度越高转化速率越快。

三、仪器和药品

1. 仪器

烧杯（250mL、50mL）；量筒（10mL、20mL）；抽滤泵；布氏漏斗；吸滤瓶；表面皿；研钵。

2. 药品

重铬酸钾；无水乙醇；草酸（$H_2C_2O_4 \cdot 2H_2O$）；氨水（$0.1\,mol \cdot L^{-1}$）；高氯酸（$1.0 \times 10^{-4}\,mol \cdot L^{-1}$）。

四、实验内容

1. 反式和顺式异构体的制备

（1）反式 $K[Cr(C_2O_4)_2(H_2O)_2]$ 的制备　称取 12g $H_2C_2O_4 \cdot 2H_2O$ 于 250mL 烧杯中，加约 12mL 沸水溶解，称取 4g $K_2Cr_2O_7$ 于 50mL 烧杯中，加约 7mL 沸水溶解，把 $K_2Cr_2O_7$ 溶液分批少量地加到草酸溶液中，会有大量二氧化碳气体放出，反应剧烈时用表面皿盖上烧杯。待反应完毕，加热蒸发至原溶液体积的 1/3，冷却，即有淡紫色的晶体析出。过滤晶体，并用少量冰水和乙醇洗涤，晶体在 60℃烘干。

（2）顺式 $K[Cr(C_2O_4)_2(H_2O)_2]$ 的制备　将 4g $K_2Cr_2O_7$ 和 12g $H_2C_2O_4 \cdot 2H_2O$ 分别在研钵中研细后，均匀混合，转入微潮的 250mL 烧杯中，盖上表面皿。微热，立即发生激烈的反应，并有二氧化碳气体放出，反应物呈深紫色的黏状液体。反应结束立即加入 20mL 无水乙醇，用玻璃棒不断搅动直至反应产物凝固。若一次不行，可倾出液体，再加入相同数量的乙醇来重复以上操作，直到全部成为细小晶体。倾出乙醇，晶体在 60℃烘干。

2. 顺式和反式异构体的鉴别

分别将两种异构体的晶体置于滤纸的中央，并放在表面皿上，用稀氨水润湿。顺式异构体转化为深绿色的碱式盐，它易溶解并向滤纸的周围扩散；反式异构体转化为棕色的碱式盐，溶解度很小，仍以固体状态留在滤纸上。

3. 异构体转化

取少量顺、反式异构体，分别溶于盛有 $1.0 \times 10^{-4} mol \cdot L^{-1}$ 高氯酸溶液的试管中，溶解后，观察溶液颜色。将顺、反式异构体溶液分成两份，各取一份加热，观察其颜色变化，并与原溶液颜色进行比较，得出结论。

五、思考题

1. 在制备反式和顺式异构体的反应中，草酸根除了作为二齿配体外，还起了什么作用？
2. 写出反应方程式。

实验二十二 热致变色材料的合成

一、实验目的

1. 了解在非水溶剂中变色材料的制备。
2. 了解热致变色的机理及影响因素。

二、实验原理

在温度高于或低于某个特定温度区间会发生颜色变化的材料叫作热致变色（thermochromic）材料。颜色随温度连续变化的现象称为连续热致变色，而只在某一特定温度下发生颜色变化的现象称为不连续热致变色；能够随温度升降，反复发生颜色变化的称为可逆热致变色，而随温度变化只能发生一次颜色变化的称为不可逆热致变色。热致变色材料已在工业和高新技术领域得到广泛应用，有些热致变色材料也用于儿童玩具和防伪技术中。

热致变色的机理很复杂，其中无机氧化物的热致变色多与晶体结构的变化有关，无机配合物则与其配位结构或水合程度有关，有机分子的异构化也可以引起热致变色。

四氯合铜二乙基铵盐$[(CH_3CH_2)_2NH_2]_2CuCl_4$在温度较低时，由于氯离子与二乙基铵离子中氢之间的氢键较强和晶体场稳定化作用，处于扭曲的平面正方形结构。随着温度升高，分子内振动加剧，其结构就从扭曲的平面正方形结构转变为扭曲的正四面体结构，相应的其颜色也就由亮绿色转变为黄色。可见配合物结构变化是引起颜色变化的重要因素之一。

四氯合铜二乙基铵可通过盐酸二乙基铵盐和氯化铜反应制得：

$$2(CH_3CH_2)_2NH_2Cl + CuCl_2 \cdot 2H_2O \Longrightarrow [(CH_3CH_2)_2NH_2]_2CuCl_4 + 2H_2O$$

由于产品极易溶于水，吸湿自溶，所以为得到其结晶，反应必须在无水溶剂中进行，在干燥的冬季做此实验效果更好。

三、仪器和药品

1. 仪器

天平（精确至 0.1g）；锥形瓶（50mL）两个；烧杯（150mL）；量筒（10mL，50mL）；抽滤泵；抽滤瓶；布氏漏斗；玻璃干燥器；毛细管；橡皮筋；温度计。

2. 药品

盐酸二乙基铵；异丙醇；$CuCl_2 \cdot 2H_2O$；无水乙醇；经活化的 3A 或 4A 分子筛；凡士林。

四、实验内容

1. 热致变色材料四氯合铜二乙基铵盐的制备

称取 3.2g 盐酸二乙基铵溶于装有 15mL 异丙醇的 50mL 锥形瓶中；另取一个同样的锥形瓶，称取 1.7g $CuCl_2 \cdot 2H_2O$，加 3mL 无水乙醇，微热使其全部溶解。然后将两者混合，加入约 10 粒（依具体情况而定，总之使溶液用冰水冷却后有晶体析出）经活化的 3A 或 4A 分子筛，以促进晶体的形成。用冰水冷却，即可析出亮绿色针状结晶。迅速抽滤，并用少量异丙醇洗涤沉淀，将产物放入干燥器中保存（此操作要快！）。

2. 热致变色现象的观察

取上述样品适量，装入一端封口的毛细管中墩结实，用凡士林密封管口，以防其中样品吸湿。用橡皮筋将此毛细管固定在温度计上，使样品部位靠近温度计下端水银泡。将带有毛细管的温度计一起放入装有约 100mL 水的 150mL 烧杯中，缓慢加热，当温度升高至 40～55℃时，注意观察变色现象，并记录变色温度范围。然后从热水中取出温度计，室温下观察随着温度降低样品颜色的变化，并记录变色温度范围。

五、思考题

1. 制备过程中加入 3A 分子筛的作用是什么？
2. 在制备四氯合铜二乙基铵盐时要注意什么？
3. 四氯合铜二乙基铵盐热致变色的原因是什么？

实验二十三 | 纳米氧化锌粉的制备及质量分析

一、实验目的

1. 了解纳米氧化锌的制备方法。

2. 熟悉纳米氧化锌产品的分析方法。

二、实验原理

氧化锌，又称锌白、锌氧粉。纳米氧化锌是一种新型高功能精细无机粉粒，其粒径介于 $1\sim100$ nm 之间。由于颗粒尺寸微细化，使得纳米氧化锌产生了块状氧化锌材料所不具备的表面效应、小尺寸效应、量子效应和宏观量子隧道效应等，因而使得纳米氧化锌在磁、光、电、传感器等方面具有一些特殊的性能，可用于制造气体传感器、荧光体、紫外线遮蔽材料（在整个 $200\sim400$ nm 紫外光区有很强的吸光能力）、变阻器、图像记录材料、压电材料、高效催化剂、磁性材料和塑料薄膜等。也可用作天然橡胶、合成橡胶及胶乳的硫化活化剂和补强剂。此外，也广泛用于涂料、医药、油墨、造纸、搪瓷、玻璃、火柴、化妆品等行业。

本实验以 $ZnCl_2$ 和 $H_2C_2O_4$ 为原料。$ZnCl_2$ 和 $H_2C_2O_4$ 反应生成 $ZnC_2O_4 \cdot 2H_2O$ 沉淀，经焙烧后得纳米氧化锌粉。反应式如下：

$$ZnCl_2 + H_2O + H_2C_2O_4 \longrightarrow ZnC_2O_4 \cdot 2H_2O\downarrow + HCl$$

$$ZnC_2O_4 \cdot 2H_2O \xrightarrow{\triangle} ZnO + CO_2\uparrow + H_2O\uparrow$$

其工艺流程如图 3-8 所示。

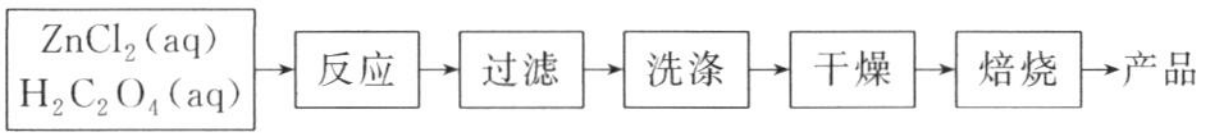

图 3-8　工艺流程

三、仪器和药品

1. 仪器

电子天平（0.1mg）；台秤；电磁搅拌器；真空干燥箱；减压过滤装置；箱式电阻炉；烧杯（250mL）；锥形瓶（400mL）。

2. 药品

$ZnCl_2$（s）；$H_2C_2O_4$（s）；HCl（1∶1）；$NH_3 \cdot H_2O$（1∶1）；NH_3-NH_4Cl 缓冲溶液（pH＝10）；铬黑 T 指示剂（0.5％溶液）；EDTA 标准溶液（5.000×10^{-2} mol·L^{-1}）。

四、实验内容

1. 纳米氧化锌的制备

（1）用台秤称取 10g $ZnCl_2$（s）于 100mL 小烧杯中，加 50mL H_2O 溶解，配制成约 1.5mol·L^{-1} 的 $ZnCl_2$ 溶液。用台秤称取 9g $H_2C_2O_4$（s）于 50mL 小烧杯中，加 40mL H_2O 溶解，配制成约 2.5mol·L^{-1} 的 $H_2C_2O_4$ 溶液。

（2）将上述两种溶液加入 250mL 烧杯中，在电磁搅拌器上搅拌反应，常温下反应 2h，生成白色 $ZnC_2O_4 \cdot 2H_2O$ 沉淀。

（3）过滤反应混合物，滤渣用蒸馏水洗涤干净后在真空干燥箱中于110℃下干燥。

（4）干燥后的沉淀置于箱式电阻炉中，在氧气气氛中于350～450℃下焙烧0.5～2 h，得到白色（或淡黄色）纳米氧化锌粉。

注意：为使ZnC_2O_4氧化完全，在箱式电阻炉中焙烧时应经常开启炉门，以保证充足的氧气。

2. 产品质量分析

（1）氧化锌含量的测定　称取0.13～0.15g干燥试样（称准至0.0001g），置于400mL锥形瓶中，加少量水润湿，加入1∶1HCl溶液。加热溶解后，加水至200mL，用1∶1 $NH_3 \cdot H_2O$中和至pH＝7～8。再加入10mL NH_3-NH_4Cl缓冲溶液（pH＝10）和5滴铬黑T指示剂（0.5%溶液），用$5.000×10^{-2}$ mol·L^{-1} EDTA标准溶液滴定至溶液由葡萄紫色变为正蓝色即为终点。

（2）粒径的估计　大试管中装入一定量的蒸馏水（液面距管口1～2cm），称取一定量的试样，加入蒸馏水中，混匀，开始记录，当样品下沉2cm时，记录下沉时间。

（3）晶体结构的测定　利用X射线衍射仪检测粒子的晶形。

五、数据记录及处理

（1）计算纳米氧化锌的产率

$$产率=\frac{m_{ZnO(实)}}{m_{ZnO(理)}}×100\%$$

（2）计算氧化锌的含量

$$ZnO 的质量分数=\frac{c(EDTA)V(EDTA)m(ZnO)}{m_{样}}×100\%$$

（3）估计粒径

$$v=\frac{g(\rho_P-\rho_L)D^2}{18\eta}=\frac{\Delta H}{\Delta t}$$

式中　v——沉降速度，cm·s^{-1}；

ΔH——沉降距离，cm；

Δt——沉降ΔH的时间，s；

g——重力加速度，9.8cm·s^{-2}；

D——沉降试验中所得粒径，cm；

ρ_P——粒子密度，g·cm^{-3}；

ρ_L——介质密度，g·cm^{-3}；

η——介质黏度，P。

六、思考题

1. $ZnCO_3$分解也能得到ZnO，试讨论本实验为何用ZnC_2O_4而不用$ZnCO_3$。

2. ZnC_2O_4焙烧时为何需要O_2，试设计一个专门焙烧ZnC_2O_4的炉子，画出草图。

实验二十四 从"盐泥"制取七水合硫酸镁

一、实验目的

1. 了解以"盐泥"为原料，制取七水合硫酸镁的原理和方法。
2. 初步了解七水合硫酸镁的性质和用途。
3. 进一步熟练用酸溶解原料、除杂、蒸发、结晶、过滤等基本操作。

二、实验原理

七水合硫酸镁是一种无色、无嗅、有苦咸味、易风化的晶体或者白色粉末，易溶于水，其水溶液呈中性，医药上俗称"泻盐"。七水合硫酸镁在印染、造纸、医药等工业中有广泛的应用，还可以用于制革、肥料、化妆品和防火材料等。

七水合硫酸镁在超过48℃的干燥空气中，会失去一个结晶水，成为六水合硫酸镁；温度再升至200℃以上，就会失去全部结晶水，成为无水硫酸镁。

本实验使用"盐泥"作原料制取七水合硫酸镁。"盐泥"是制碱工业中，以食盐为主要原料用电解方法制取氯、氢和烧碱过程中排出的泥浆，含约40%的$MgCO_3 \cdot CaCO_3$，以它制取七水合硫酸镁既可有效利用资源，变废为宝，又可消除对环境的污染，具有重要的环境、经济效益。

用"盐泥"制备七水合硫酸镁的方法主要包括以下步骤。

1. 酸解

盐泥用硫酸溶解，主要反应如下：

$$MgCO_3 \cdot CaCO_3 + 2H_2SO_4 =\!=\!= MgSO_4 + CaSO_4 \downarrow + 2CO_2 \uparrow + 2H_2O$$

铁等杂质也会随反应一同溶解。为使酸解完全，加入硫酸的量应加以控制，使反应后浆液的pH为1左右。此时，碳酸镁转化为硫酸镁溶于溶液中、碳酸钙则转化为硫酸钙沉淀，留在残渣中。由于硫酸钙的溶解度较大，所以仍有少量的钙离子残存于溶液中。

2. 除杂

在盐泥的酸解浆液中，主要杂质为Fe^{3+}、Fe^{2+}、Ca^{2+}等离子，本实验采用加入氧化剂（H_2O_2 或 $KClO_3$）、调节浆液的pH和煮沸浆液的方法，除去这些杂质。首先用氧化剂将Fe^{2+}氧化为Fe^{3+}：

$$2Fe^{2+} + H_2O_2 + 2H^+ =\!=\!= 2Fe^{3+} + 2H_2O$$

或

$$6Fe^{2+} + KClO_3 + 6H^+ =\!=\!= 6Fe^{3+} + 3H_2O + Cl^- + K^+$$

然后，在$pH \approx 1$的浆液中加入少量盐泥，调节pH接近6，使Fe^{3+}发生水解，即：

$$Fe^{3+} + 3H_2O =\!=\!= Fe(OH)_3 \downarrow + 3H^+$$

由反应式可见，随水解的进行浆液的酸度会不断增大，所以必须不断地添加盐泥，同时用力搅拌，以维持浆液的pH，使水解反应进行完全，将杂质铁完全除去。

浆料中Ca^{2+}在SO_4^{2-}存在下，可形成$CaSO_4$沉淀，它的溶解度随温度升高而降低，所以。将浆液煮沸，趁热过滤，可同时除去Ca^{2+}、Fe^{3+}。母液经浓缩，冷却，结晶，可得到纯度较高的七水合硫酸镁产品。

$$CaCO_3 + H_2SO_4 =\!=\!= CaSO_4 \downarrow + CO_2 \uparrow + H_2O$$

三、仪器和药品

1. 仪器

烧杯（50mL，100mL）；玻璃棒；布氏漏斗（20mm，60mm）；抽滤瓶（10mL，125mL）；蒸发皿；电炉；小试管。

2. 药品

盐泥；H_2SO_4（3.0mol·L^{-1}）；H_2O_2（3.0mol·L^{-1}）；KSCN（1.0mol·L^{-1}）；HCl（2.0mol·L^{-1}）；NaOH（2.0mol·L^{-1}）；$BaCl_2$（1.0mol·L^{-1}）；$(NH_4)_2C_2O_4$（0.5mol·L^{-1}）；pH试纸；镁试剂（对硝基偶氮间苯二酚）溶液。

四、实验内容

1. 酸解

称取干燥"盐泥"5.0g于100mL烧杯中，加入30mL水，缓慢滴加5.0mL 3.0mol·L^{-1} H_2SO_4溶液，不断搅拌。由于反应激烈放出大量CO_2气体，所以滴加硫酸的速度要慢，以免浆液冒出，造成损失，甚至导致实验失败。在反应进行到基本无气泡产生时，继续加热煮沸20min使反应进行完全，得酸解浆液。检验浆液的酸度，这时pH为1左右。

2. 氧化除杂

将酸解浆液加热，在不断搅拌下慢慢补加"盐泥"，调节浆液的pH接近6，然后加热煮沸至无气泡冒出为止（由于加热过程蒸发失水，需适当补加，使浆液总体积维持在50mL左右）。再入3％H_2O_2约3mL，继续加热煮沸5min促使水解完全。检查溶液中Fe^{3+}是否除净（用1.0mol·L^{-1} KSCN检验）。若未洗净，需再次除铁（如何操作？）。趁热减压过滤，再用5mL沸水洗涤残渣，将滤液置于蒸发皿中。

3. 浓缩、结晶

将蒸发皿中的滤液置于酒精灯上，加热浓缩至表面明显出现晶膜为止（注意加热时火力不应该太大，以防止溶液暴沸而溅出）。取下蒸发皿，室温下冷却结晶，然后减压抽滤，称量。

4. 产品的定性鉴定

取产品的一半量，溶于2mL蒸馏水中，所得溶液进行产品的定性鉴定。

（1）硫酸根离子 取2滴溶液于小试管中，加入2滴2.0mol·L^{-1} $BaCl_2$溶液，观察有无白色沉淀生成。

（2）镁离子 取2滴溶液于小试管中，加入2滴2.0mol·L^{-1} NaOH溶液呈碱性，再加入1滴镁试剂（对硝基偶氮间苯二酚），如有蓝色沉淀产生，表示Mg^{2+}存在。

（3）钙离子 取2滴溶液于小试管中，加入1滴0.5mol·L^{-1} $(NH_4)_2C_2O_4$溶液，观察有无CaC_2O_4沉淀生成。

（4）铁离子 取2滴溶液于小试管中，加入2滴0.1mol·L^{-1} KSCN溶液，观察溶液颜色的变化。

根据以上实验结果，说明产品的组成。

注意：在盐泥中，$MgCO_3$·$CaCO_3$占总量的40％；$MgCO_3$·$CaCO_3$中，$MgCO_3$约占45％（不同来源的盐泥其组分不同，理论产量应以实际采用盐泥计）。

五、思考题

1. 从"盐泥"中提取七水合硫酸镁的基本原理是什么？
2. 本实验是用什么方法把主要杂质镁和钙除去的？

实验二十五 废烂板液的综合利用

一、实验目的

1. 学习从废液中回收铜、铁等的方法。
2. 学习间接碘量法测定铜含量的基本原理和方法。
3. 了解热分析仪器的使用。

二、实验原理

用于印刷电路的腐蚀液又称烂板液，通常是 $FeCl_3$ 溶液、HCl 与 H_2O_2 的混合液。腐蚀印刷电路的铜板时发生如下反应：

$$Cu+2FeCl_3 \xrightarrow{40\sim60℃} 2FeCl_2+CuCl_2$$
$$Cu+H_2O_2+2HCl \longrightarrow CuCl_2+2H_2O$$

反应产物主要是 $FeCl_2$ 和 $CuCl_2$，因此，腐蚀后的废烂板液中含有大量铜的化合物，用于铜的回收有一定的经济价值。

废烂板液中各物质的浓度约为 $FeCl_3$ $2\sim2.5mol \cdot L^{-1}$，$FeCl_2$ $2\sim2.5mol \cdot L^{-1}$，$CuCl_2$ 为 $1\sim1.3mol \cdot L^{-1}$，确定综合利用方案时，首先应根据废烂板液中铜和铁的含量计算回收率以及估算回收时各种试剂的用量。

1. 铜和氯化亚铁的回收

由于废烂板液中的主要成分为 $CuCl_2$、$FeCl_2$ 与过剩的 $FeCl_3$，因此，使用铁粉做还原剂时会发生如下反应：

$$CuCl_2+Fe == Cu+ FeCl_2$$
$$2FeCl_3+Fe == 3FeCl_2$$

将此混合液分离即可得到金属铜，剩下的溶液经蒸发、结晶得到 $FeCl_2 \cdot 4H_2O$。

工艺流程如下：

2. $CuSO_4 \cdot 5H_2O$ 的制备

上述过程中回收的铜粉可继续用于制备硫酸铜。$CuSO_4 \cdot 5H_2O$ 俗称胆矾或蓝矾，易溶于水或氨水。可用作纺织品的媒染剂、农业杀虫剂、水的杀菌剂及镀铜等。$CuSO_4 \cdot 5H_2O$ 可由铜或氧化铜与硫酸等原料制得。若用铜与硫酸制备硫酸铜，由于铜不能置换硫酸中的氢生成硫酸铜，所以应先将铜氧化，然后再与硫酸反应。工业上采用高温煅烧，利用空气中的氧将铜氧化成氧化铜。实验室也可用高温炉煅烧或用浓硫酸、硝酸氧化，使用硝酸氧化金属铜时会生成硝酸铜。由于硝酸铜的溶解度比硫酸铜大，因此可用 $HNO_3 + H_2SO_4$ 与 Cu 作用制备 $CuSO_4 \cdot 5H_2O$，此反应易于控制且速度快。反应式如下：

$$Cu+2HNO_3+H_2SO_4 == CuSO_4+2NO_2\uparrow+2H_2O$$

反应中形成的少量硝酸铜可在硫酸铜重结晶时留在母液中。

上述工艺流程如下：

$$铜粉 \xrightarrow[\text{}]{6mol \cdot L^{-1} \, H_2SO_4 + 浓 \, HNO_3，加热} 过滤 \begin{cases} \text{滤渣（不溶性杂质）} \\ \text{滤液} \xrightarrow{\text{蒸发、冷却、结晶}} CuSO_4 \cdot 5H_2O \end{cases}$$

硫酸铜在不同温度、酸度时结晶可得到不同的水合晶体，水合晶体又可以相互转变：

$$CuSO_4 \cdot 5H_2O \underset{+H_2O}{\overset{102℃}{\rightleftharpoons}} CuSO_4 \cdot 3H_2O \underset{+H_2O}{\overset{113℃}{\rightleftharpoons}} CuSO_4 \cdot H_2O \underset{+H_2O}{\overset{258℃}{\rightleftharpoons}} CuSO_4$$

上述变化可通过热分析的方法测得，常用热分析法有热重分析和差热分析。

3. 热分析法

热重法是在程序控制温度下借助热天平测量物质的质量 W 随温度 T 或时间 t 变化关系的一种方法。测得的实验数据经仪器自动采集并记录下来，绘成的曲线称为热重曲线。热重曲线（TG）横坐标为温度 T 或时间 t，纵坐标为质量，在程序升温过程中，样品若没有质量变化，则得一平行于横坐标（T 或 t）的水平线；若在某一温度时，样品开始失重，则在 TG 曲线上出现向下的转折，称为失重台阶；若样品增重，TG 曲线则会出现向上的台阶。因此根据台阶的性质可判断出是发生了失重或增重反应，根据台阶的大小可计算出失重率。若进一步分析台阶的特征，可对样品在受热过程中的组成、热稳定性、分解可能的中间产物、反应动力学等进行研究。

差热分析是指在程序控制温度下，测量试样与参比物之间的温度差与温度关系的热分析测试技术。所测得的谱线称差热-热谱图，简称差热曲线（DTA）。曲线上向上的峰为放热峰，向下为吸热峰。对同一差热峰温度的确定，在热分析技术上通常采用的有：峰起始拐点温度、峰顶温度、峰外推起始温度三种表示方法。其中外推起始温度是指自峰起始处，作峰坡上拐度最大点的切线与基线的延长线的交点所对应的温度。一般认为外推起始温度更接近于试样的热力学温度。

4. 铜含量的测定

铜含量的测定采用间接碘量法。Cu^{2+} 的酸性溶液中加入过量 KI 会发生以下反应：

$$2Cu^{2+} + 4I^- \Longrightarrow 2CuI(S) + I_2$$
$$或 \quad 2Cu^{2+} + 5I^- \Longrightarrow 2CuI(S) + I_3^-$$

析出的 I_2 以淀粉为指示剂，用 $Na_2S_2O_3$ 标准溶液滴定，

$$I_2 + 2S_2O_3^{2-} \Longrightarrow 2I^- + S_4O_6^{2-}$$

测定生成的 I_2，即可求得溶液中 $CuCl_2$ 的含量。

反应中加入过量的 KI，可使 Cu^{2+} 的还原趋于完全，但是，CuI 沉淀强烈地吸附 I_3^-，会使结果偏低。通常的办法是加入硫氰酸盐，将 CuI（$K_{sp}^{\ominus} = 1.1 \times 10^{-12}$）转化为溶解度更小的 CuSCN 沉淀（$K_{sp}^{\ominus} = 4.8 \times 10^{-15}$），把吸附的碘释放出来，使反应更趋于完全。但 SCN^- 只能在近终点时加入，否则有可能直接将 Cu^{2+} 还原为 Cu^+，致使计量关系发生变化，反应式如下：

$$CuI + SCN^- \Longrightarrow CuSCN(s) + I^-$$
$$6Cu^{2+} + 7SCN^- + 4H_2O \Longrightarrow 6CuSCN(s) + CN^- + SO_4^{2-} + 8H^+$$

溶液的 pH 一般应控制在 3～4 之间。酸度过低，Cu^{2+} 易水解，使反应不完全，结果偏低，而且反应速度慢，终点拖长；酸度过高，则 I^- 被空气中的氧氧化为 I_2（Cu^{2+} 催化此反应），使结果偏高。

Fe^{3+} 能氧化 I_2，对测定有干扰，但可加入 NH_4HF_2 掩蔽。NH_4HF_2（即 $NH_4F \cdot HF$）是一种很好的缓冲溶液，能使溶液的 pH 控制在 3.0～4.0 之间。

5. 产品的纯度检验

对于试剂 $CuSO_4 \cdot 5H_2O$，可分为优级纯（G.R.）、分析纯（A.R.）、化学纯（C.P.）级别，杂质最高含量规定（GB）如表 3-23 所示。

表 3-23 试剂 $CuSO_4 \cdot 5H_2O$ 的最高含量指标

项 目	G. R. 级	A. R. 级	C. P. 级
水不溶物/%	0.002	0.005	0.01
氯化物/%	0.0005	0.001	0.002
氮化合物/%	0.00025	0.001	0.003
铁/%	0.001	0.003	0.02
硫化氢不溶物（以硫酸盐计）/%	0.05	0.10	0.20

为了实验的可操作性，本实验拟仅用铁的含量来对所制备的成品 $CuSO_4 \cdot 5H_2O$ 作一评价。将成品溶解后，用氧化剂如 H_2O_2 将溶液中的铁全部转化为 Fe^{3+}，然后加入氨水，这时可将 Cu^{2+} 转化为 $Cu(NH_3)_4^{2+}$ 配离子，而 Fe^{3+} 全部转化为 $Fe(OH)_3$。固液分离，用盐酸溶解沉淀。所得溶液颜色与已知铁含量的标准色阶进行比较，可确定产品等级。

三、仪器和药品

1. 仪器

50mL 酸式滴定管；250mL 锥形瓶；100mL、250mL 烧杯；150mL 蒸发皿；洗瓶；吸管；玻璃棒；电子天平（0.0001g、0.1g）；抽滤装置；电炉；ZRY-2P 综合热分析仪。

2. 药品

废烂板液（稀释后的废烂板液中含 $FeCl_3$ 浓度为 0.5mol·L^{-1}，$FeCl_2$ 浓度为 0.5mol·L^{-1}，$CuCl_2$ 浓度为 0.4mol·L^{-1}）；HCl（2mol·L^{-1}、6mol·L^{-1}）；铁粉；0.5mol·L^{-1} KSCN；6mol·L^{-1} H_2SO_4；浓 HNO_3；$NH_3 \cdot H_2O$(2mol·L^{-1}、6mol·L^{-1}）；1mol·L^{-1} H_2SO_4；3% H_2O_2；20% KI 溶液；10% KSCN 溶液；0.5%淀粉溶液；1mol·L^{-1} H_2SO_4 溶液；20%NH_4HF_2 溶液。

浓度约为 0.1mol·L^{-1} $Na_2S_2O_3$ 标准溶液的配制：称取 25g $Na_2S_2O_3 \cdot 5H_2O$ 于烧杯中，加入 300～500mL 新煮沸并冷却的去离子水，溶解后加入约 0.1g Na_2CO_3 固体，用新煮沸且冷却的去离子水稀释至 1L，储存于棕色试剂瓶中，在暗处放置 3～5 天后用 $K_2Cr_2O_7$ 标准溶液标定。

四、实验内容

1. 铜和氯化亚铁的回收

取废烂板液 100mL 于 250mL 烧杯中，溶液一般为绿色或棕色，无浑浊，若有浑浊可滴加 6mol·L^{-1} HCl 约 1mL 至溶液澄清。

根据废烂板液中各物质的含量以及铜和氯化亚铁的回收反应计算出还原 Cu^{2+} 及 Fe^{3+} 所需铁粉的质量，在电子天平（0.1g）上称量，并将其缓缓地加入至废烂板液中，不断搅拌直至铜全部被置换及 Fe^{3+} 被还原为 Fe^{2+} 为止，此时溶液应呈透明的青绿色。

抽滤，滤液移至蒸发皿中，保留待用；滤渣（含铜粉及少量杂质）转移至 250mL 烧杯中，加 6mol·L^{-1} HCl 2mL 以及 20mL 去离子水搅拌、浸泡，以除去多余的铁粉。

在盛有滤液的蒸发皿中加 5mL 6mol·L^{-1} HCl，再加 0.5～1g 铁粉，加热，蒸发浓缩（注意：溶液在蒸发过程中若出现浑浊变黄，可滴加 6mol·L^{-1} HCl 搅拌使之澄清），直至液面出现少许晶膜，迅速趁热抽滤，溶液移入 100mL 烧杯中用冰水浴冷却结晶，得到

$FeCl_2 \cdot 4H_2O$ 晶体。倾出母液,将母液放入回收瓶中。晶体用滤纸吸干,称重。

若第二次抽滤的滤渣仍有铜粉,则与第一次的滤渣合并回收,加酸浸泡铜粉除去多余的铁后(滤渣应无黑色,无气泡放出)抽滤,水洗,并尽量吸干,称重(湿重)后,用于制备 $CuSO_4 \cdot 5H_2O$。

2. $CuSO_4 \cdot 5H_2O$ 的制备

根据回收所得铜粉质量以及制备反应式计算溶解自制铜粉试样所需要的 $6mol \cdot L^{-1} H_2SO_4$,浓 $HNO_3(d = 1.4,65\% \sim 68\%)$ 的体积,并按理论计算量过量 10%。

在盛有铜粉的蒸发皿中加入所需的 $6mol \cdot L^{-1} H_2SO_4$ 和浓 HNO_3 及等量的水(注意:加浓硝酸的操作必须在通风橱内进行,以便反应生成的大量 NO_2 有害气体及时排出;应先加水后加酸,并且加浓硝酸时应缓缓加入,以防止反应过于剧烈而迸溅),加热溶解,并不断搅拌,视蒸发及溶解情况,可加水和酸,以补充蒸发的损失。

待铜全部溶解后,若有不溶性杂质,趁热过滤除去,滤液用干净蒸发皿盛接,用小火加热蒸发至液面有微晶出现为止(控制溶液不沸腾)。

冷却,待结晶全部析出后用玻璃砂芯漏斗抽滤,抽干后转移至滤纸中,用滤纸吸干,将所得的 $CuSO_4 \cdot 5H_2O$ 保留用做差热-热重分析以及 $CuSO_4 \cdot 5H_2O$ 的成品检验。

3. $CuSO_4 \cdot 5H_2O$ 成品检验

(1) $CuSO_4 \cdot 5H_2O$ 含量的测定 准确称取 $CuSO_4 \cdot 5H_2O$ 固体 $0.6 \sim 1g$ 至 250mL 锥形瓶中,加入 $1mol \cdot L^{-1} H_2SO_4$ 溶液 5mL 和少量去离子水,再加 10mL 20% NH_4HF_2 缓冲溶液,加入 2g KI 固体,立即用 $Na_2S_2O_3$ 标准溶液滴定至浅黄色,然后加入 0.5% 淀粉指示剂 3mL,继续滴定至浅蓝色(或浅灰色),加入 10mL 10% KSCN 溶液,继续滴定至溶液的蓝色消失即为终点,此时因有白色沉淀物存在,终点颜色应呈现灰白色(或浅肉色)。根据公式计算铜的含量,见表 3-24 所列。

$$CuSO_4 \cdot 5H_2O(\%) = \frac{c(Na_2S_2O_3)V(Na_2S_2O_3)M(CuSO_4 \cdot 5H_2O)}{m(CuSO_4 \cdot 5H_2O)} \times \frac{100\%}{1000}$$

式中,$c(Na_2S_2O_3)$——$Na_2S_2O_3$ 标准溶液浓度,$mol \cdot L^{-1}$;

$V(Na_2S_2O_3)$——消耗 $Na_2S_2O_3$ 标准溶液的体积,mL;

$M(CuSO_4 \cdot 5H_2O)$——1mol $CuSO_4 \cdot 5H_2O$ 的质量,$g \cdot mol^{-1}$;

$m(CuSO_4 \cdot 5H_2O)$——$CuSO_4 \cdot 5H_2O$ 的质量,g。

表 3-24 $CuSO_4 \cdot 5H_2O$ 含量的测定

	滴定次数	1	2	3
	$m(CuSO_4 \cdot 5H_2O)/g$			
	$c(Na_2S_2O_3)/mol \cdot L^{-1}$			
$Na_2S_2O_3$ 溶液体积	起始读数/mL			
	最后读数/mL			
	消耗体积/mL			
	$CuSO_4 \cdot 5H_2O$ 百分含量/%			

$CuSO_4 \cdot 5H_2O$ 平均含量_____,均方根偏差 $\sigma = $ _____。

(2) $CuSO_4 \cdot 5H_2O$ 纯度的检验 将 1g 精制结晶 $CuSO_4 \cdot 5H_2O$ 放入 100mL 小烧杯中,用 10mL 去离子水溶解,加入 10 滴 $2mol \cdot L^{-1} H_2SO_4$ 酸化,然后加入 5mL 3% H_2O_2,煮沸片刻,使其中 Fe^{2+} 转化为 Fe^{3+},待溶液冷却后,在搅拌下滴加 $6mol \cdot L^{-1} NH_3 \cdot H_2O$ 直至最初生成的浅蓝色沉淀全部溶解,溶液呈深蓝色为止。此时 Cu^{2+} 转化为 $Cu(NH_3)_4^{2+}$

配离子，而 Fe^{3+} 转为 $Fe(OH)_3$ 沉淀，将此溶液常压过滤，并用 $2mol \cdot L^{-1}$ $NH_3 \cdot H_2O$ 洗涤沉淀，至蓝色洗去为止，用少量去离子水冲洗后，黄色的 $Fe(OH)_3$ 沉淀留在滤纸上。用滴管吸取约 $3mL$ $2mol \cdot L^{-1}$ HCl 均匀滴在滤纸上以溶解 $Fe(OH)_3$，用洁净的 $25mL$ 比色管盛接滤液，在滤液中滴入 2 滴 $1mol \cdot L^{-1}$ $KSCN$ 溶液，用去离子水稀释至刻度，摇匀。与标准色阶比较颜色深浅，确定产品等级。

请自己拟定 G.R. 级、A.R. 级、C.P. 级等三种标准色阶的配制方案。

4. $CuSO_4 \cdot 5H_2O$ 的差热-热重分析

在氧化铝坩埚中，按下列要求加入一定量 $CuSO_4 \cdot 5H_2O$ 样品，在教师指导下在 ZRY-2P 综合热分析仪上进行实验操作。

测定条件如下所述。

热重量程（TG）	20mg
热重微分量程（DTG）	×1
差热量程（DTA）	±50μV
起始温度	0℃
终点温度	300℃
升温速率	10℃·min^{-1}
气氛及流速	可根据实验情况安排

计算机自动记录差热-热重数据，实验完毕后打印出 TG-DTA 曲线，进行结果分析（表 3-25）。

表 3-25　$CuSO_4 \cdot 5H_2O$ 热分析谱图数据表

样品来源		参比物		样品重量		升温速率		
TG 量程		DTA 量程		DTG 量程		气体及流量		
反应过程			差热数据			热重数据		
项目	起始温度/℃	外推点温度/℃	峰顶温度/℃	热效应性质	前外推温度/℃	结束温度/℃	实验失重量/%	理论失重量/%

五、结果

（1）铜粉＝_____g，回收率＝_____。

（2）$FeCl_2 \cdot 4H_2O$＝_____g。

（3）$FeCl_2$ 母液＝_____mL。

（4）$CuSO_4 \cdot 5H_2O$＝_____g。

（5）$CuSO_4 \cdot 5H_2O(\%)$＝_____。

（6）$CuSO_4 \cdot 5H_2O$ 产品纯度等级。

（7）热分析结果：简述 $CuSO_4 \cdot 5H_2O$ 热分解过程，并写出各步反应式。

六、思考题

1. 如何在实验中提高铜的回收率？

2. 硫酸铜易溶于水，为什么溶解时要加硫酸？可以用盐酸或硝酸代替吗？

3. 用碘量法测定铜含量时，为什么要加 KSCN？如果在酸化后立即加入 KSCN 代替 KI 可否？

实验二十六 | 聚合硫酸铁的制备及反应条件的优化

一、实验目的

1. 学习聚合硫酸铁的制备及净化水的知识。
2. 学习探索反应的最佳条件，培养和训练独立设计实验的能力。

二、实验原理

聚合硫酸铁（PFS）也称碱式硫酸铁或羟基硫酸铁，分子式一般可表示为$[Fe_2(OH)_n-(SO_4)_{3-n/2}]_m$，是硫酸铁在水解絮凝过程中的中间产物之一。液体聚合硫酸铁本身含有大量的聚合阳离子，它们通过羟基桥联形成巨大的无机高分子化合物，可作为絮凝剂使用。与其他絮凝剂如三氯化铁、硫酸铝、碱式氯化铝等相比，聚合硫酸铁生产成本低、适用 pH 范围广、杂质（浊度、COD、悬浮物等）去除率高、残留物浓度低、脱色效果好，因而广泛应用于工业废水、城市污水、工业用水以及生活饮用水的净化处理。

生产聚合硫酸铁的原料来源很多，如硫酸盐铁、钢铁酸洗废液、铁泥和铁矿石等，其中以硫酸亚铁为原料的生产工艺简单，条件温和，产品杂质少。按照氧化方式的不同，聚合硫酸铁的生产方法可分为直接氧化法和催化氧化法两大类。直接氧化法是直接通过氧化剂（如 $NaClO$、$KClO_3$、H_2O_2 等）将亚铁离子氧化为铁离子，经水解和聚合获得聚合硫酸铁；催化氧化法是在催化剂（如 $NaNO_2$、HNO_3 等）的作用下，利用空气或氧气将亚铁离子氧化为铁离子，经水解和聚合获得聚合硫酸铁。催化氧化法一般以空气为氧化剂，生产成本相对较低，在实际生产中应用较广，但需在较高的温度（80℃）和反应压力（0.3 MPa）下进行，反应时间较长，需要安装废气净化装置，以脱去反应过程中产生的大量氮氧化物气体，工艺流程复杂，对设备要求较高，投资较大。

七水合硫酸亚铁在酸性条件下，可被双氧水氧化成硫酸铁，在一定 pH 下，铁离子水解、聚合生成红棕色的聚合硫酸铁。主要反应如下

氧化反应：$\qquad 2FeSO_4 + H_2O_2 + H_2SO_4 \Longrightarrow Fe_2(SO_4)_3 + 2H_2O$

水解反应：$\qquad Fe_2(SO_4)_3 + nH_2O \Longrightarrow Fe_2(OH)_n(SO_4)_{3-n/2} + n/2\ H_2SO_4$

聚合反应：$\qquad m\left[Fe_2(OH)_n(SO_4)_{3-n/2}\right] \Longrightarrow \left[Fe_2(OH)_n(SO_4)_{3-n/2}\right]_m$

氧化、水解和聚合三个反应同时存在于一个体系当中，且相互影响。硫酸在合成过程中有两个作用：一是作为反应的原料参与反应；二是决定体系的酸度，其用量直接影响产品性能。但硫酸用量太大，亚铁离子氧化不完全，样品颜色由红褐色变成黄绿色，且大部分铁离子没有参与聚合；硫酸量不足，生成 $Fe(OH)_3$ 趋势越大。H_2O_2 加入量对产品质量也有很大影响。当 H_2O_2 加入量不足时，亚铁离子氧化不完全；加入量过多时，固然可以保证氧化完全，但引起氧化剂不必要的浪费，提高生产成本。为了保证氧化反应的进行，必须控制氧化剂加入的速度，在搅拌作用下使反应物充分接触。若加入速度过快，氧化剂有可能来不及与反应物充分接触就被分解；若加入速度过慢，反应所需时间过长，对工业生产是不利的。因此，反应条件的控制非常重要。本实验拟对聚合硫酸铁生产过程中的硫酸和 H_2O_2 用量进行研究，寻找最优的实验条件。

三、仪器和药品

1. 仪器

锥形瓶；电磁搅拌器；滴液漏斗；pHs-3C 型酸度计；密度计；恒温水浴；量筒（250～500mL）；i2 型分光光度计。

2. 药品

固体 $FeSO_4 \cdot 7H_2O$；H_2O_2；浓 H_2SO_4。

四、实验内容

本实验主要考察 H_2SO_4 和 H_2O_2 用量对合成聚合硫酸铁的影响，通过改变 H_2SO_4 和 H_2O_2 的用量合成一系列聚合硫酸铁产品，比较产品的性能，从而获得最佳反应条件。实验流程如下：把七水合硫酸亚铁加到 250mL 锥形瓶中加水溶解，在不断搅拌下，按一定比例滴加浓硫酸和双氧水，反应约 1h，冷却，熟化，即可得到红棕色聚合硫酸铁。

1. H_2SO_4 用量的影响

在 250mL 锥形瓶中加入 30g $FeSO_4 \cdot 7H_2O$ 和 30mL 水并加入不同体积（1.7mL、3.5mL、5mL 和 9mL）的浓硫酸，用滴液漏斗插入液面以下慢慢滴入 H_2O_2 13mL，控制 H_2O_2 加入量约为 $1mL \cdot min^{-1}$。通过产品质量检验，得出最佳硫酸用量。

问题：加入浓硫酸的作用是什么？硫酸用量对产品质量有何影响？

2. H_2O_2 用量的影响

在 250mL 锥形瓶中加入 30g $FeSO_4 \cdot 7H_2O$、30mL 水及上述实验摸索到的最佳浓硫酸用量。按上述实验的速度用滴液漏斗滴加不同量的（5mL、9mL 和 13mL）H_2O_2，通过产品质量检验，得出最佳 H_2O_2 用量。

问题：H_2O_2 的用量、H_2O_2 加入的速度对产品质量有何影响？

3. 产品质量检验

本实验通过观察产品的外观和絮凝效果，测定产品的密度、去浊率及产品的 pH 来确定最佳试验条件。

（1）聚合硫酸铁的絮凝作用 取 2 个 50mL 烧杯，各加入 0.5g 泥土，加水至 50mL，搅拌。在一烧杯中加入 1% 聚合硫酸铁产品少许，搅拌均匀，静置后观察现象，与另一烧杯对比，记录溶液澄清所需时间。

（2）去浊率的测定 取 200mL 水样，加入 1∶100 稀释后的聚合硫酸铁 5mL，剧烈搅拌几分钟。取上层清液（液面以下 2～3cm 处），测定其吸光度（实验时所选用波长为 380nm），比较处理前后吸光度的差别，得到去浊率。

（3）密度的测定（密度计法） 将聚铁试样注入清洁、干燥的量筒内，不得有气泡。将量筒置于恒温水浴中，待温度恒定后，将密度计缓缓地放入试样中，待密度计在试样中稳定后，读出密度计弯月面下缘的刻度，即为 20℃试样的密度。

（4）pH 的测定 本实验以测定 1% 水溶液的 pH 为准。用 pH＝4.00 的标准缓冲溶液定位后，将 1% 的试样溶液倒入烧杯，将复合电极浸入被测溶液中，至 pH 稳定时读数。

聚合硫酸铁产品的主要性能要求如表 3-26 所示。

表 3-26　聚合硫酸铁产品的主要性能要求

项　　目		指标[①]	
		一等品	合格品
外观		红棕色溶液	红棕色溶液
密度(20℃)/g·mL^{-1}	≥	1.45	1.45
全铁的质量分数/%	≥	11.0	11.0
还原性物质(以 Fe^{2+} 计)的质量分数/%	≤	0.10	0.10
盐基度/%	≥	8.0~16.0	5.0~20.0
pH(10g·L^{-1} 水溶液)		1.5~3.0	1.5~3.0

① 摘自《水处理剂　聚合六硫酸铁》国家标准（GB/T14591—2016）。

五、思考题

1. 制备聚合硫酸铁的实验中加入硫酸的作用是什么？
2. 为什么聚合硫酸铁能将悬浮物除去？

实验二十七｜设计实验（一）

一、实验目的

1. 通过综合实验复习基本化学理论及知识，提高综合分析和解决问题的能力。
2. 培养和训练自行设计实验方案的能力。

二、实验要求

1. 根据实验内容，运用学过的知识，查阅相关参考资料，拟定具体的实验步骤，画出实验程序框图。
2. 列出各实验所需试剂，写出有关化学反应方程式，涉及氧化还原反应的，要查出电极电势，确定实验记录的内容。
3. 实验方案经指导老师审查后，独立进行实验，记录现象，写出实验报告。

三、仪器和药品

1. 仪器

试管；烧杯；离心试管；表面皿；酒精灯；玻璃棒；温度计等。

2. 药品

$HCl(6mol \cdot L^{-1}，2mol \cdot L^{-1})$；$H_2SO_4(1mol \cdot L^{-1})$；$HNO_3$（浓，$1mol \cdot L^{-1}$）；$NaOH(2mol \cdot L^{-1}，6mol \cdot L^{-1})$；$NH_3 \cdot H_2O(2mol \cdot L^{-1})$；$AgNO_3(0.1mol \cdot L^{-1})$；$(NH_4)_2Fe(SO_4)_2(0.1mol \cdot L^{-1})$；$KSCN(0.1mol \cdot L^{-1})$；碘水；氯水；$CCl_4$；$K_2CrO_4$ $(0.1mol \cdot L^{-1})$；$NaCl(0.1mol \cdot L^{-1})$；镁试剂 I；$KMnO_4$ $(0.01mol \cdot L^{-1})$；NH_4F $(1mol \cdot L^{-1})$；$K_4[Fe(CN)_6](0.1mol \cdot L^{-1})$；$CoCl_2(0.01mol \cdot L^{-1})$；淀粉溶液 (0.5%)；$(NH_4)_2Hg(SCN)$ 试剂；茜素磺酸钠；混合溶液（含 KCl、KI）；未知固体 1、2、3、4 号；铝合金试样；$CuSO_4(1mol \cdot L^{-1})$；$ZnSO_4(1mol \cdot L^{-1})$；铜片、锌片；pH 试纸；$Pb(Ac)_2$ 试纸。

四、实验内容

（1）设计方案从 KI 和 KCl 的混合溶液中分离出 I_2 和 KCl。

（2）设计实验比较 AgCl 和 Ag_2CrO_4 溶解度的相对大小。

（3）有四瓶失去标签的固体，它们是 Na_2SO_4、Na_2SO_3、Na_2S、$Na_2S_2O_3$，试设计实验鉴别之。

（4）有一铝合金试样，主要成分为 Al，还可能含有 Cu、Zn、Fe、Mg 等，试设计实验验证之。

（5）根据反应：$CuSO_4(aq)+Zn(s)\xrightarrow{\quad\quad} ZnSO_4(aq)+Cu(s)$，设计原电池，并测定反应的平衡常数。

<h1 style="text-align:center">实验二十八 | 设计实验(二)</h1>

一、实验目的

1. 综合运用难溶强电解质的沉淀-溶解平衡、配位平衡、电极电势等有关理论、提高分析、解决实际问题的能力。

2. 培养、训练自行设计实验方案的能力。

二、实验要求

1. 根据实验内容,运用学过的理论知识确定实验方案,拟定具体实验步骤。

2. 查阅有关难溶强电解质的溶度积、配合物的稳定常数,根据实验说明难溶强电解质、配合物的转化规律。

3. 掌握利用氧化还原反应、中和反应和沉淀反应处理含铬废水的基本方法。

三、仪器和药品

1. 仪器

i2 型分光光度计;比色槽(25mL);酸度计(或 pH 试纸);刻度移液管(5mL);移液管(10mL);烧杯(500mL、250mL);容量瓶(1000mL、100mL、50mL);量筒(100mL、10mL);漏斗;台秤;漏斗架;试管;玻璃棒;滤纸;酒精灯;滴管。

2. 药品

$AgNO_3$(0.1mol·L^{-1});KBr(0.1mol·L^{-1});Na_2S(0.1mol·L^{-1});$Na_2S_2O_3$(1mol·L^{-1});H_3PO_4(50%);铬标准溶液(1mg·L^{-1});含铬废液(1g·L^{-1});NaCl(0.1mol·L^{-1});KI(0.1mol·L^{-1});$NH_3·H_2O$(6mol·L^{-1});H_2SO_4(50%、3mol·L^{-1});$Ca(OH)_2$(饱和);二苯碳酰二肼-丙酮溶液;$FeSO_4·7H_2O$(s)。

铬标准溶液的配制:称取 0.2829g 在 110℃干燥过 2h 的 $K_2Cr_2O_7$,用水溶解后移入 1L 容量瓶中,加水稀释至刻度,摇匀,再取此溶液 10mL 加水稀释至 1L,摇匀,即得 1L 含六价铬 1mg 的铬标准储备溶液。

二苯碳酰二肼-丙酮溶液的配制:称取 0.20g 二苯碳酰二肼,溶于 50mL 丙酮中,加水稀释到 100mL,摇匀,用棕色瓶盛装,存放于冰箱中,应现用现配。

含铬废液的配制:用 $K_2Cr_2O_7$ 或 CrO_3 配制。若取工业废水应进行过滤等预处理。

四、实验内容

(1) 自拟方案,通过配合物与难溶电解质沉淀之间的相互转化实验证实:
$$K_{sp}(AgCl) > K_{sp}(AgI) > K_{sp}(Ag_2S)$$
$$K_稳[Ag(S_2O_3)_2^{3-}] > K_稳[Ag(NH_3)_2^+]$$
而且,$NH_3·H_2O$ 可溶解 AgCl(s);不同浓度的 $Na_2S_2O_3$ 分别溶解 AgBr(s)及 AgI(s),但不能溶解 Ag_2S(s)。

(2) 现有含六价铬 1.0mol·L^{-1} 的工业废水,请自行设计实验方案,采用化学法将含铬废水中的铬除去,使水中铬含量小于 0.5mg·L^{-1},达到工业废水排放标准。

提示:$K_{sp}[Cr(OH)_3]=6.3×10^{-31}$。

六价铬的检测方法如下。

① 六价铬的定性检测方法　在酸性介质中,六价铬与二苯碳酰二肼生成特征的紫红色化合物,六价铬浓度越大,颜色越深。六价铬含量在 $0.1mol \cdot L^{-1}$ 以下不显色。

具体操作:取 3 滴废水加蒸馏水 1mL,混匀,加 50％磷酸和 50％硫酸各一滴,加 0.2％二苯碳酰二肼-丙酮溶液 3 滴,观察颜色变化。以此为基准,做废水处理效果的衡量。

② 分光光度法定量测定六价铬

a. 绘制标准曲线　用移液管分别吸取 0mL,0.50mL,1.00mL,2.00mL,3.00mL,4.00mL 和 5.00mL 铬标准储备液于 7 支 25mL 的比色管中,均用水稀释至 20mL 左右,各加入 50％磷酸和 50％硫酸各 0.5mL,0.2％二苯碳酰二肼-丙酮溶液 2.0mL,立刻摇匀,分别用水稀释至标线,摇匀,5～10min 后,采用 3cm 比色皿,以试剂溶液作参比,于 540nm 处,用分光光度计分别测定其吸光度,将测定结果在坐标纸上绘出六价铬含量标准曲线。

b. 测定含铬废液中的六价铬含量　准确吸取铬废液 10.00mL 于 1000mL 容量瓶中,用水稀释至刻度,再准确吸取此稀释液 1.00mL 于 100mL 容量瓶中,加入 50％磷酸和 50％硫酸各 0.5mL,加 0.2％二苯碳酰二肼-丙酮溶液 2mL,然后用水稀释至刻度。用 3cm 比色皿,以试剂溶液作参比,于 540nm 处,用分光光度计测定上述稀释液的吸光度,再根据所绘制的标准曲线推算出含铬废液中六价铬的含量。

c. 测定处理后废液中六价铬的含量　取处理后废液 50mL 于 100mL 容量瓶中,加入 50％磷酸和 50％硫酸各 0.5mL,加 0.2％二苯碳酰二肼-丙酮溶液 2mL,再加滤液至刻度,按前述方法测定其吸光度,从标准曲线上查出六价铬的含量,确定是否已达到低于 $0.50mg \cdot L^{-1}$ 的废液排放标准。

附　录

附录1　常用化合物的摩尔质量

单位：g·mol^{-1}

AgBr	187.78	Fe$_2$(SO$_4$)$_3$	399.87	K$_3$Fe(CN)$_6$	329.26
AgCl	143.32	FeSO$_4$(NH$_4$)$_2$SO$_4$·2H$_2$O	392.14	MgCl$_2$·6H$_2$O	203.23
AgI	234.77	NH$_4$Fe(SO$_4$)$_2$·12H$_2$O	482.19	MgCO$_3$	84.32
AgCN	133.84	HCHO	30.03	MgO	40.31
AgNO$_3$	169.87	HCOOH	46.03	MgNH$_4$PO$_4$	137.33
Al$_2$O$_3$	101.96	H$_2$C$_2$O$_4$	90.04	Mg$_2$P$_2$O$_7$	222.56
Al$_2$(SO$_4$)$_3$	342.15	HCl	36.46	MnO$_2$	86.94
As$_2$O$_3$	197.84	HClO	100.46	Na$_2$B$_4$O$_7$·10H$_2$O	381.37
BaCl$_2$	208.25	HNO$_2$	47.01	NaBr	102.90
BaCl$_2$·2H$_2$O	244.28	HNO$_3$	63.01	Na$_2$CO$_3$	105.99
BaCO$_3$	197.35	H$_2$O	18.02	Na$_2$C$_2$O$_4$	134.00
BaO	153.34	H$_2$O$_2$	34.02	NaCl	58.44
Ba(OH)$_2$	171.36	H$_3$PO$_4$	98.00	NaCN	49.01
BaSO$_4$	233.40	H$_2$S	34.08	Na$_2$C$_{10}$H$_{14}$O$_8$N$_2$·2H$_2$O	372.09
CaCO$_3$	100.09	HF	20.01	Na$_2$O	61.98
CaC$_2$O$_4$	128.10	HCN	27.03	NaOH	40.01
CaO	56.08	H$_2$SO$_4$	93.08	Na$_2$SO$_4$	142.04
Ca(OH)$_2$	74.09	HgCl$_2$	271.50	Na$_2$S$_2$O$_3$·5H$_2$O	248.18
CaSO$_4$	136.14	KBr	119.01	Na$_2$SiF$_6$	188.06
Ce(SO$_4$)$_2$	333.25	KBrO$_3$	167.01	Na$_2$S	78.04
Ce(SO$_4$)$_2$2(NH$_4$)$_2$SO$_4$·2H$_2$O	632.56	KCl	74.56	Na$_2$SO$_3$	126.04
CO$_2$	44.01	K$_2$CO$_3$	138.21	NH$_4$Cl	53.49
CH$_3$COOH	60.05	KCN	65.12	NH$_3$	17.03
C$_6$H$_3$O$_7$·H$_2$O(柠檬酸)	210.14	K$_2$CrO$_4$	194.20	NH$_3$·H$_2$O	35.05
C$_4$H$_8$O$_6$(酒石酸)	150.09	K$_2$Cr$_2$O$_7$	294.19	(NH$_4$)$_2$SO$_4$	132.14
CH$_3$COCH$_3$	58.08	KHC$_8$H$_4$O$_4$	204.23	P$_2$O$_5$	141.95
C$_6$H$_5$OH	94.11	KI	166.01	PbO$_2$	239.19
C$_2$H$_2$(COOH)$_2$(丁烯二酸)	116.07	K$_2$IO$_3$	214.00	PbCrO$_4$	323.18
CuO	79.54	KMnO$_4$	158.04	SiF$_4$	104.08
CuSO$_4$	159.60	K$_2$O	94.20	SiO$_2$	60.08
CuSO$_4$·5H$_2$O	249.68	KOH	56.11	SO$_2$	64.06
CuSCN	121.62	KSCN	97.18	SO$_3$	80.06
FeO	71.85	K$_2$SO$_4$	174.26	SnCl$_2$	189.60
Fe$_2$O$_3$	159.69	KAl(SO$_4$)$_2$·12H$_2$O	474.39	TiO$_2$	79.90
Fe$_3$O$_4$	231.54	KNO$_2$	85.10	ZnO	81.37
FeSO$_4$·7H$_2$O	278.02	K$_4$Fe(CN)$_6$	368.36	ZnSO$_4$·7H$_2$O	287.54

附录 2　常用酸、碱的质量分数和相对密度

质量分数[①]/%	相对密度(d_{20}^{20})						
	HCl	HNO_3	H_2SO_4	CH_3COOH	NaOH	KOH	NH_3
4	1.0197	1.0220	1.0269	1.0056	1.0446	1.0348	0.9828
8	1.0395	1.0446	1.0541	1.0111	1.0888	1.0709	0.9668
12	1.0594	1.0679	1.0821	1.0165	1.1329	1.1079	0.9519
16	1.0796	1.0921	1.1114	1.0218	1.1771	1.1456	0.9378
20	1.1000	1.1170	1.1418	1.0269	1.2214	1.1839	0.9245
24	1.1205	1.1426	1.1735	1.0318	1.2653	1.2231	0.9118
28	1.1411	1.1688	1.2052	1.0365	1.3087	1.2632	0.8996
32	1.1614	1.1955	1.2375	1.0410	1.3512	1.3043	
36	1.1812	1.2224	1.2707	1.0452	1.3926	1.3468	
40	1.1999	1.2489	1.3051	1.0492	1.4324	1.3906	
44			1.3410	1.0529		1.4356	
48			1.3783	1.0564		1.4817	
52			1.4174	1.0596			
56			1.4584	1.0624			
60			1.5013	1.0648			
64			1.5448	1.0668			
68			1.5902	1.0687			
72			1.6367	1.0695			
76			1.6840	1.0699			
80			1.7303	1.0699			
84			1.7724	1.0692			
88			1.8054	1.0677			
92			1.8272	1.0648			
96			1.8388	1.0597			
100			1.8337	1.0496			

① 旧称百分浓度。

注：摘自 R. C. Weast. Handbook of Chemistry and Physics，70th. edition，D-222，1989~1990。

附录 3　常用酸、碱的浓度

酸　或　碱	化学式	密度/g·cm^{-3}	质量分数/%	物质的量浓度/mol·L^{-1}
冰醋酸 稀醋酸	CH_3COOH	1.05 1.04	99~99.8 34	17.4 6
浓盐酸 稀盐酸	HCl	1.18~1.19 1.10	36.0~38 20	11.6~12.4 6
浓硝酸 稀硝酸	HNO_3	1.39~1.40 1.19	65.0~68.0 32	14.4~15.2 6
浓硫酸 稀硫酸	H_2SO_4	1.83~1.84 1.18	95~98 25	17.8~18.4 3
磷酸	H_3PO_4	1.69	85	14.6
高氯酸	$HClO_4$	1.68	70.0~72.0	11.7~12.0
氢氟酸	HF	1.13	40	22.5
氢溴酸	HBr	1.49	47.0	8.6
浓氨水 稀氨水	$NH_3·H_2O$	0.88~0.90 0.96	25~28(NH_3) 10	13.3~14.8 6
稀氢氧化钠	NaOH	1.22	20	6

附录 4 常用指示剂

附表 4-1 酸碱指示剂（291～298K）

指示剂名称	变色 pH 范围	颜色变化	溶液配制方法
甲基紫(第一变色范围)	0.13～0.5	黄～绿	0.1%或 0.05%的水溶液
苦味酸	0.0～1.3	无色～黄	0.1%水溶液
甲基绿	0.1～2.0	黄～绿～浅蓝	0.05%水溶液
孔雀绿(第一变色范围)	0.13～2.0	黄～浅蓝～绿	0.1%水溶液
甲酚红(第一变色范围)	0.2～1.8	红～黄	0.04g 指示剂溶于 100mL 50%乙醇中
甲基紫(第二变色范围)	1.0～1.5	绿～黄	0.1%水溶液
百里酚蓝(麝香草酚蓝)(第一变色范围)	1.2～2.8	红～黄	0.1g 指示剂溶于 100mL 20%乙醇中
甲基紫(第三变色范围)	2.0～3.0	蓝～紫	0.1%水溶液
茜素黄 R(第一变色范围)	1.9～3.3	红～黄	0.1%水溶液
二甲基黄	2.9～4.0	红～黄	0.1g 或 0.01g 指示剂溶于 100mL 90%乙醇中
甲基橙	3.1～4.4	红～橙黄	0.1%水溶液
溴酚蓝	3.0～4.6	黄～蓝	0.1g 指示剂溶于 100mL 20%乙醇中
刚果红	3.0～5.2	蓝紫～红	0.1%水溶液
茜素红 S(第一变色范围)	3.7～5.2	黄～紫	0.1%水溶液
溴甲酚绿	3.8～5.4	黄～蓝	0.1g 指示剂溶于 100mL 的 20%乙醇中
甲基红	4.4～6.2	红～黄	0.1g 或 0.2g 指示剂溶于 100mL 的 60%乙醇中
溴酚红	5.0～6.8	黄～红	0.1g 或 0.04g 指示剂溶于 100mL 的 20%乙醇中
溴甲酚紫	5.2～6.8	黄～紫红	0.1g 指示剂溶于 100mL 的 20%乙醇中
溴百里酚蓝	6.0～7.6	黄～蓝	0.05g 指示剂溶于 100mL 的 20%乙醇中
中性红	6.8～8.0	红～亮黄	0.1g 指示剂溶于 100mL 的 60%乙醇中
酚红	6.8～8.0	黄～红	0.1g 指示剂溶于 100mL 的 20%乙醇中
甲酚红	7.2～8.8	亮黄～紫红	0.1g 指示剂溶于 100mL 的 50%乙醇中
百里酚蓝(麝香草酚蓝)(第二变色范围)	8.0～9.0	黄～蓝	参看第一变色范围
酚酞	8.2～10.0	无色～紫红	(1)0.1g 指示剂溶于 100mL 的 60%乙醇中 (2)1g 酚酞溶于 100mL 的 90%乙醇中
百里酚酞	9.4～10.6	无色～蓝	0.1g 指示剂溶于 100mL 的 90%乙醇中
茜素红 S(第二变色范围)	10.0～12.0	紫～淡黄	参看第一变色范围
茜素黄 R(第二变色范围)	10.1～12.1	黄～淡紫	0.1%水溶液
孔雀绿(第二变色范围)	11.5～13.2	蓝绿～无色	参看第一变色范围
达旦黄	12.0～13.0	黄～红	0.1%水溶液

附表 4-2　混合酸碱指示剂

指示剂溶液的组成	变色点 pH	颜色		备　注
		酸色	碱色	
一份 0.1%甲基黄乙醇溶液 一份 0.1%次甲基蓝乙醇溶液	3.25	蓝紫	绿	pH 3.2 蓝紫色 pH 3.4 绿色
四份 0.2%溴甲酚绿乙醇溶液 一份 0.2%二甲基黄乙醇溶液	3.9	橙	绿	变色点黄色
一份 0.2%甲基橙溶液 一份 0.28%靛蓝(二磺酸)乙醇溶液	4.1	紫	黄绿	调节两者的比例,直至终点敏锐
一份 0.1%溴百里酚绿钠盐水溶液 一份 0.2%甲基橙水溶液	4.3	黄	黄绿	pH 3.5 黄色 pH 4.0 黄绿色 pH 4.3 绿色
三份 0.1%溴百里酚绿乙醇溶液 一份 0.2%甲基红乙醇溶液	5.1	酒红	绿	
一份 0.2%甲基红乙醇溶液 一份 0.1%次甲基蓝乙醇溶液	5.4	红紫	绿	pH 5.2 红紫 pH 5.4 暗蓝 pH 5.6 绿
一份 0.1%溴甲酚绿钠盐水溶液 一份 0.1%溴氯酚蓝钠盐水溶液	6.1	黄绿	蓝紫	pH 5.4 蓝绿 pH 5.8 蓝 pH 6.2 蓝紫
一份 0.1%溴甲酚紫钠盐水溶液 一份 0.1%溴百里酚蓝钠盐水溶液	6.7	黄	蓝紫	pH 6.2 黄紫 pH 6.6 紫 pH 蓝紫
一份 0.1%中性红乙醇溶液 一份 0.1%次甲基蓝乙醇溶液	7.0	蓝紫	绿	pH 7.0 蓝紫
一份 0.1%溴百里酚蓝钠盐水溶液 一份 0.1%酚红钠盐水溶液	7.5	黄	紫	pH 7.2 暗绿 pH 7.4 淡紫 pH 7.6 深紫
一份 0.1%甲酚红 50%乙醇溶液 六份 0.1%百里酚蓝 50%乙醇溶液	8.3	黄	紫	pH 8.2 玫瑰色 pH 8.4 紫色 变色点微红色

附表 4-3　金属离子指示剂

指示剂名称	溶液配制方法
铬黑 T(EBT)[①]	0.5%水溶液与 NaCl 按 1∶100(质量比)混合
二甲酚橙(XO)	0.2%水溶液
K-B 指示剂	0.2g 酸性铬蓝 K 与 0.34g 萘酚绿 B 溶于 100mL 水中。配制后调节 K-B 的比例,使终点变化明显
钙指示剂	0.5%的乙醇溶液
吡啶偶氮萘酚	0.1%或 0.3%的乙醇溶液
Cu-PAN(Cu-PAN 溶液)	取 0.05mol·L^{-1}Cu^{2+}溶液 10mL,加 pH 为 5~6 的 HAc 缓冲溶液 5mL,1 滴 PAN 指示剂,加热至 60℃左右,用 EDTA 滴至绿色,得到约 0.025mol·L^{-1} 的 CuY 溶液,使用时取 2~3mL 于试液中,再加数滴 PAN 溶液
磺基水杨酸	1%或 10%水溶液
钙镁试剂(calmagite)	0.5%水溶液
紫尿酸铵	与 NaCl 按 1∶100 质量比混合

① H$_2$In-pK_{a2}=6.3。

附表 4-4 氧化剂还原指示剂

指示剂名称	$E^{\ominus}/V, c(H^+)=$ $1mol \cdot L^{-1}$	颜色变化		溶液配制方法
		氧化态	还原态	
中性红	0.24	红	无色	0.05％的60％乙醇溶液
亚甲基蓝	0.36	蓝	无色	0.05％水溶液
变胺蓝	0.59(pH=2)	无色	蓝色	0.05％水溶液
二苯胺	0.76	紫	无色	1％的浓 H_2SO_4
二苯胺磺酸钠	0.85	紫红	无色	0.5％的水溶液,如溶液浑浊,可滴加少量盐酸
N-邻苯氨基苯甲酸	1.08	紫红	无色	0.1g指示剂加 20mL 5％的 Na_2CO_3 溶液,用水稀至100mL
邻二氮菲-Fe(Ⅱ)	1.06	浅蓝	红	1.485g 邻二氮菲(又称邻菲啰啉)加 0.965g $FeSO_4$,溶于 100mL 水中(0.025mol·L^{-1} 水溶液)
5-硝基邻菲啰啉-Fe(Ⅱ)	1.25	浅蓝	紫红	1.608g 5-硝基邻菲啰啉加 0.695g $FeSO_4$,溶于 100mL水中(0.025mol·L^{-1} 水溶液)

附表 4-5 沉淀滴定吸附指示剂

指 示 剂	被测离子	滴 定 剂	滴 定 条 件	溶液配制方法
荧光黄	Cl^-	Ag^+	pH 7~10(一般 7~8)	0.2％乙醇溶液
二氯荧光黄	Cl^-	Ag^+	pH 4~10(一般 5~8)	0.1％水溶液
曙红	Br^-,I^-,SCN^-	Ag^+	pH 2~10(一般 3~8)	0.5％水溶液
溴甲酚绿	SCN^-	Ag^+	pH 4~5	0.1％水溶液
甲基紫	Ag^+	Cl^-	酸性溶液	0.1％水溶液
罗丹明 6G	Ag^+	Br^-	酸性溶液	0.1％水溶液
钍试剂	SO_4^{2-}	Ba^{2+}	pH 1.5~3.5	0.5％水溶液
溴酚蓝	Hg^{2+}	Cl^-,Br^-	酸性溶液	0.1％水溶液

附录 5 常用缓冲溶液

pH 值	配 制 方 法
0	1mol·L^{-1} 的 HCl 溶液
1	0.1mol·L^{-1} 的 HCl 溶液
2	0.01mol·L^{-1} 的 HCl 溶液
3.6	NaAc·$3H_2O$ 8g,溶于适量水中,加 6mol·L^{-1}HAc 溶液 134mL,稀释至 500mL
4.0	将 60mL 冰醋酸和 16g 无水醋酸钠溶于 100mL 水中,稀释至 500mL
4.5	将 30mL 冰醋酸和 30g 无水醋酸钠溶于 100mL 水中,稀释至 500mL
5.0	将 30mL 冰醋酸和 60g 无水醋酸钠溶于 100mL 水中,稀释至 500mL
5.4	将 40g 亚次甲基四胺溶于 90mL 水中,加入 20mL 6mol·L^{-1}HCl 溶液
5.7	100g 的 NaAc·$3H_2O$,溶于适量水中,加 6mol·L^{-1}HAc 溶液 13mL,稀释至 500mL
7	NH_4Ac 77g 溶于适量的水中,稀释至 500mL
7.5	NH_4Cl 66g 溶于适量的水中,加浓氨水 1.4mL,稀释至 500mL
8.0	NH_4Cl 50g 溶于适量的水中,加浓氨水 3.5mL,稀释至 500mL
8.5	NH_4Cl 40g 溶于适量的水中,加浓氨水 8.8mL,稀释至 500mL
9.0	NH_4Cl 35g 溶于适量的水中,加浓氨水 24mL,稀释至 500mL
9.5	NH_4Cl 30g 溶于适量的水中,加浓氨水 65mL,稀释至 500mL
10	NH_4Cl 27g 溶于适量的水中,加浓氨水 175mL,稀释至 500mL
11	NH_4Cl 3g 溶于适量的水中,加浓氨水 207mL,稀释至 500mL
12	0.01mol·L^{-1}NaOH 溶液
13	0.1 mol·L^{-1}NaOH 溶液

附录6　常用基准物质及其干燥条件

基　准　物	干燥后的组成	干燥温度及时间
$NaHCO_3$	Na_2CO_3	260～270℃干燥至恒重
$Na_2B_4O_7 \cdot 10H_2O$	$Na_2B_4O_7 \cdot 10H_2O$	NaCl蔗糖饱和溶液干燥器中室温保存
$KHC_6H_4(COO)_2$	$KHC_6H_4(COO)_2$	105～110℃干燥
$Na_2C_2O_4$	$Na_2C_2O_4$	105～110℃干燥 2h
$K_2Cr_2O_7$	$K_2Cr_2O_7$	130～140℃加热 0.5～1h
$KBrO_3$	$KBrO_3$	120℃干燥 1～2h
KIO_3	KIO_3	105～120℃干燥
As_2O_3	As_2O_3	硫酸干燥器中干燥至恒重
$(NH_4)_2Fe(SO_4)_2 \cdot 6H_2O$	$(NH_4)_2Fe(SO_4)_2 \cdot 6H_2O$	室温空气干燥
$NaCl$	$NaCl$	250～850℃干燥 1～2h
$AgNO_3$	$AgNO_3$	120℃干燥 2h
$CuSO_4 \cdot 5H_2O$	$CuSO_4 \cdot 5H_2O$	室温空气干燥
$KHSO_4$	K_2SO_4	750℃以上灼烧
ZnO	ZnO	约800℃灼烧至恒重
无水 Na_2CO_3	Na_2CO_3	260～270℃加热 0.5h
$CaCO_3$	$CaCO_3$	105～110℃干燥

附录7　酸碱的解离常数（298K）

物　质	$pK_i^{\ominus}$	物　质	$pK_i^{\ominus}$	物　质	$pK_i^{\ominus}$
	2.223	H_2O_2	11.64		2.10
H_3AsO_4	6.760	H_2SO_4	1.99(pK_2)		6.70
	(11.29)		1.89		9.35
$HAsO_2$	9.28	H_2SO_3	7.205	H_4SiO_4	9.60
H_3BO_3	9.236	H_2SeO_4	1.66(pK_2)		11.8
H_2CO_3	6.352	H_2CrO_4	0.74		(12)
	10.329		6.488	$HOAc$	4.75
HCN	9.21	HNO_2	3.14	$HCOOH$	3.75
HF	3.20	H_2S	6.97	$HSCN$	-1.8
$HClO_4$	-1.6		12.90	$NH_3 \cdot H_2O$	(4.75)
$HClO_2$	1.94	H_3PO_4	2.148	N_2H_4(联氨)	6.05
$HClO$	7.534		7.198	NH_2OH(羟氨)	8.04
$HBrO$	8.55		12.32	CH_3NH_2(甲胺)	3.37
HIO	10.5	H_2PHO_3	1.43	$C_6H_5NH_2$(苯胺)	9.40
HIO_3	0.804		6.68	$(CH_2)_6N_4$(六亚甲基四胺)	8.87
HIO_4	1.64	$H_2P_2O_7$	0.91		

附录 8　溶度积常数（298K）

难溶电解质	$K_{sp}^{\ominus}$	难溶电解质	$K_{sp}^{\ominus}$
$AgCl$	1.77×10^{-10}	BaF_2	1.84×10^{-7}
$AgBr$	5.35×10^{-13}	$Ba(OH)_2 \cdot 8H_2O$	2.55×10^{-4}
AgI	8.52×10^{-17}	$BaSO_4$	1.08×10^{-10}
$AgOH$	2.0×10^{-8}	$BaSO_3$	5.0×10^{-10}
Ag_2SO_4	1.20×10^{-5}	$BaCO_3$	2.58×10^{-9}
Ag_2SO_3	1.50×10^{-14}	BaC_2O_4	1.6×10^{-7}
Ag_2S	6.3×10^{-50}	$BaCrO_4$	1.17×10^{-10}
Ag_2CO_3	8.46×10^{-12}	$Ba_3(PO_4)_2$	3.4×10^{-23}
$Ag_2C_2O_4$	5.40×10^{-12}	$Be(OH)_2$	6.92×10^{-22}
Ag_2CrO_4	1.12×10^{-12}	$Bi(OH)_3$	6.0×10^{-31}
$Ag_2Cr_2O_7$	2.0×10^{-7}	$BiOCl$	1.8×10^{-31}
Ag_3PO_4	8.89×10^{-17}	$BiO(NO_3)$	2.82×10^{-3}
$Al(OH)_3$	1.3×10^{-33}	Hg_2S	1.0×10^{-47}
Bi_2S_3	1×10^{-97}	$HgS(红)$	4×10^{-53}
$CaSO_4$	4.93×10^{-5}	$HgS(黑)$	1.6×10^{-52}
$CaSO_3 \cdot 1/2H_2O$	3.1×10^{-7}	$K_2[PtCl_6]$	7.4×10^{-6}
$CaCO_3$	2.8×10^{-9}	$Mg(OH)_2$	5.61×10^{-12}
$Ca(OH)_2$	5.5×10^{-6}	$MgCO_3$	6.82×10^{-6}
CaF_2	5.2×10^{-9}	$Mn(OH)_2$	1.9×10^{-13}
$CaC_2O_4 \cdot H_2O$	2.32×10^{-9}	$MnS(无定形)$	2.5×10^{-10}
$Ca_3(PO_4)_2$	2.07×10^{-29}	$MnS(结晶)$	2.5×10^{-13}
$Cd(OH)_2$	7.2×10^{-15}	$MnCO_3$	2.34×10^{-11}
CdS	8.0×10^{-27}	$Ni(OH)_2(新析出)$	5.5×10^{-16}
$Cr(OH)_3$	6.3×10^{-31}	$NiCO_3$	1.42×10^{-7}
$Co(OH)_2$	5.92×10^{-15}	$\alpha\text{-}NiS$	3.2×10^{-19}
$Co(OH)_3$	1.6×10^{-44}	$Pb(OH)_2$	1.43×10^{-15}
$CoCO_3$	1.4×10^{-13}	$Pb(OH)_4$	3.2×10^{-19}
$\alpha\text{-}CoS$	4.0×10^{-21}	PbF_2	3.3×10^{-8}
$\beta\text{-}CoS$	2.0×10^{-25}	$PbCl_2$	1.70×10^{-5}
$Cu(OH)$	1×10^{-14}	$PbBr_2$	6.60×10^{-6}
$Cu(OH)_2$	2.2×10^{-20}	PbI_2	9.8×10^{-9}
$CuCl$	1.72×10^{-7}	$PbSO_4$	2.53×10^{-8}
$CuBr$	6.27×10^{-9}	$PbCO_3$	7.4×10^{-14}
CuI	1.27×10^{-12}	$PbCrO_4$	2.8×10^{-13}
Cu_2S	2.5×10^{-48}	PbS	8.0×10^{-28}
CuS	6.3×10^{-36}	$Sn(OH)_2$	5.45×10^{-28}
$CuCO_3$	1.4×10^{-10}	$Sn(OH)_4$	1.0×10^{-56}
$Fe(OH)_2$	4.87×10^{-17}	SnS	1.0×10^{-25}
$Fe(OH)_3$	2.79×10^{-39}	$SrCO_3$	5.60×10^{-10}
$FeCO_3$	3.13×10^{-11}	$SrCrO_4$	2.2×10^{-5}
FeS	6.3×10^{-18}	$Zn(OH)_2$	3.0×10^{-17}
$Hg(OH)_2$	3.0×10^{-26}	$ZnCO_3$	1.46×10^{-10}
Hg_2Cl_2	1.43×10^{-18}	$\alpha\text{-}ZnS$	1.6×10^{-24}
Hg_2Br_2	6.4×10^{-23}	$\beta\text{-}ZnS$	2.5×10^{-22}
Hg_2I_2	5.2×10^{-29}	$CsClO_4$	3.95×10^{-3}
Hg_2CO_3	3.6×10^{-17}	$Au(OH)_3$	5.5×10^{-46}
$HgBr_2$	6.2×10^{-20}	$La(OH)_3$	2.0×10^{-19}
HgI_2	2.8×10^{-29}	LiF	1.84×10^{-3}
As_2S_3	2.1×10^{-22}		

附录9　配离子的稳定常数

（温度 293～298K，离子强度 $I \approx 0$）

配离子	稳定常数($K_f^{\ominus}$)	$\lg K_f^{\ominus}$	配离子	稳定常数($K_f^{\ominus}$)	$\lg K_f^{\ominus}$
$[Ag(NH_3)_2]^+$	1.11×10^7	7.05	$[Ag(Ac)_2]^-$	4.37	0.64
$[Cd(NH_3)_4]^{2+}$	1.32×10^7	7.12	$[Cu(Ac)_4]^{2-}$	1.54×10^3	3.20
$[Co(NH_3)_6]^{2+}$	1.29×10^5	5.11	$[Pb(Ac)_4]^{2-}$	3.16×10^8	8.50
$[Co(NH_3)_6]^{3+}$	1.59×10^{35}	35.2	$[Al(C_2O_4)_3]^{3-}$	2.00×10^{16}	16.30
$[Cu(NH_3)_4]^{2+}$	2.09×10^{13}	13.32	$[Cu(C_2O_4)_2]^{2-}$	7.9×10^8	8.9
$[Ni(NH_3)_6]^{2+}$	5.50×10^8	8.74	$[Fe(C_2O_4)_3]^{3-}$	1.58×10^{20}	20.20
$[Zn(NH_3)_4]^+$	2.88×10^9	9.46	$[Zn(C_2O_4)_3]^{4-}$	1.41×10^8	8.15
$[AlF_6]^{3-}$	6.92×10^{19}	19.84	$[Fe(C_2O_4)_3]^{4-}$	1.66×10^5	5.22
$[FeF_5]^{2-}$	5.89×10^{15}	15.77	$[Cd(en)_3]^{2+}$	1.23×10^{12}	12.09
$[SnF_6]^{2-}$	1.00×10^{25}	25	$[Co(en)_3]^{2+}$	8.71×10^{13}	13.94
$[AgCl_2]^-$	1.10×10^5	5.04	$[Co(en)_3]^{2+}$	4.90×10^{48}	48.69
$[CdCl_4]^{2-}$	6.31×10^2	2.80	$[Fe(en)_3]^{2+}$	5.01×10^9	9.70
$[HgCl_4]^{2-}$	1.17×10^{15}	15.07	$[Ni(en)_3]^{2+}$	2.14×10^{18}	18.33
$[PbCl_3]^-$	1.70×10^3	3.23	$[Zn(en)_3]^{2+}$	1.29×10^{14}	14.11
$[AgBr_2]^-$	2.14×10^7	7.33	$[Al(EDTA)]^-$	1.29×10^{16}	16.11
$[CdI_4]^{2-}$	2.57×10^5	5.41	$[Ba(EDTA)]^{2-}$	6.03×10^7	7.78
$[HgI_4]^{2-}$	6.76×10^{29}	29.83	$[Ca(EDTA)]^{2-}$	1.00×10^{11}	11.00
$[Ag(CN)_2]^-$	1.26×10^{21}	21.10	$[Cd(EDTA)]^{2-}$	2.51×10^{16}	16.40
$[Au(CN)_2]^-$	2.00×10^{38}	38.30	$[Co(EDTA)]^-$	1.00×10^{36}	36
$[Cd(CN)_4]^{2-}$	6.03×10^{18}	18.78	$[Cu(EDTA)]^{2-}$	5.01×10^{18}	18.70
$[Cu(CN)_4]^{2-}$	2.00×10^{30}	30.30	$[Fe(EDTA)]^{2-}$	2.14×10^{14}	14.33
$[Fe(CN)_6]^{4-}$	1.00×10^{35}	35	$[Fe(EDTA)]^-$	1.70×10^{24}	24.23
$[Fe(CN)_6]^{3-}$	1.00×10^{42}	42	$[Hg(EDTA)]^{2-}$	6.31×10^{21}	21.80
$[Hg(CN)_4]^{2-}$	2.51×10^{41}	41.4	$[Mg(EDTA)]^{2-}$	4.37×10^8	8.64
$[Ni(CN)_4]^{2-}$	2.00×10^{31}	31.3	$[Mn(EDTA)]^{2-}$	6.31×10^{17}	13.80
$[Zn(CN)_4]^{2-}$	5.01×10^{16}	16.7	$[Ni(EDTA)]^{2-}$	3.63×10^{18}	18.56
$[Ag(SCN)_2]^-$	3.72×10^7	7.57	$[Pb(EDTA)]^{2-}$	2.00×10^{18}	18.30
$[Co(SCN)_4]^{2-}$	1.00×10^3	3.00	$[Zn(EDTA)]^{2-}$	2.51×10^{16}	16.40
$[Fe(SCN)_2]^{2+}$	2.29×10^3	3.36	$[Sn(EDTA)]^{2-}$	1.26×10^{22}	22.1
$[Hg(SCN)_4]^{2-}$	1.70×10^{21}	21.23	$[Zn(OH)_4]^{2-}$	4.57×10^{17}	17.66
$[Zn(SCN)_4]^{2-}$	19.6	1.29	$[Fe(tart)_3]^{3-}$	3.09×10^7	7.49
$[FeHPO_4]^+$	2.24×10^9	9.35	$[Cu(thio)_3]^+$	1.00×10^{13}	13
$[Ag(S_2O_3)_2]^{3-}$	3.16×10^{13}	13.5	$[Cu(thio)_4]^+$	2.51×10^{15}	15.4

附录10 标准电极电势(298K)

附表 10-1 在酸性溶液中

方　程　式	$E^{\ominus}/V$	方　程　式	$E^{\ominus}/V$
$Li^+ + e^- \Longrightarrow Li$ *	-3.0401	$In^{3+} + 3e^- \Longrightarrow In$	-0.3382
$Ca^+ + e^- \Longrightarrow Ca$	-3.026	$Tl^+ + e^- \Longrightarrow Tl$	-0.336
$Rb^+ + e^- \Longrightarrow Rb$	-2.98	$Co^{2+} + 2e^- \Longrightarrow Co$	-0.28
$K^+ + e^- \Longrightarrow K$	-2.931	$H_3PO_4 + 2H^+ + 2e^- \Longrightarrow H_3PO_3 + H_2O$	-0.276
$Ba^{2+} + 2e^- \Longrightarrow Ba$	-2.912	$PbCl_2 + 2e^- \Longrightarrow Pb + 2Cl^-$	-0.2675
$Sr^{2+} + 2e^- \Longrightarrow Sr$	-2.89	$Ni^{2+} + 2e^- \Longrightarrow Ni$	-0.257
$Ca^{2+} + 2e^- \Longrightarrow Ca$	-2.868	$V^{3+} + e^- \Longrightarrow V^{2+}$	-0.255
$Na^+ + e^- \Longrightarrow Na$	-2.71	$H_2GeO_3 + 4H^+ + 4e^- \Longrightarrow Ge + 3H_2O$	-0.182
$La^{3+} + 3e^- \Longrightarrow La$	-2.379	$AgI + e^- \Longrightarrow Ag + I^-$	-0.15224
$Mg^{2+} + 2e^- \Longrightarrow Mg$	-2.372	$Sn^{2+} + 2e^- \Longrightarrow Sn$	-0.1375
$Ce^{3+} + 3e^- \Longrightarrow Ce$	-2.336	$Pb^{2+} + 2e^- \Longrightarrow Pb$	-0.1262
$H_2(g) + 2e^- \Longrightarrow 2H^-$	-2.23	① $CO_2(g) + 2H^+ + 2e^- \Longrightarrow CO + H_2O$	-0.12
$AlF_6^{3-} + 3e^- \Longrightarrow Al + 6F^-$	-2.069	$P(white) + 3H^+ + 3e^- \Longrightarrow PH_3(g)$	-0.063
$Th^{4+} + 4e^- \Longrightarrow Th$	-1.899	$Hg_2I_2 + 2e^- \Longrightarrow 2Hg + 2I^-$	-0.0405
$Be^{2+} + 2e^- \Longrightarrow Be$	-1.847	$Fe^{3+} + 3e^- \Longrightarrow Fe$	-0.037
$U^{3+} + 3e^- \Longrightarrow U$	-1.798	$2H^+ + 2e^- \Longrightarrow H_2$	0.0000
$HfO^{2+} + 2H^+ + 4e^- \Longrightarrow Hf + H_2O$	-1.724	$AgBr + e^- \Longrightarrow Ag + Br^-$	0.07133
$Al^{3+} + 3e^- \Longrightarrow Al$	-1.662	$S_4O_6^{2-} + 2e^- \Longrightarrow 2S_2O_3^{2-}$	0.08
$Ti^{2+} + 2e^- \Longrightarrow Ti$	-1.630	① $TiO^{2+} + 2H^+ + e^- \Longrightarrow Ti^{3+} + H_2O$	0.1
$ZrO_2 + 4H^+ + 4e^- \Longrightarrow Zr + 2H_2O$	-1.553	$S + 2H^+ + 2e^- \Longrightarrow H_2S(aq)$	0.142
$[SiF_6]^{2-} + 4e^- \Longrightarrow Si + 6F^-$	-1.24	$Sn^{4+} + 2e^- \Longrightarrow Sn^{2+}$	0.151
$Mn^{2+} + 2e^- \Longrightarrow Mn$	-1.185	$Sb_2O_3 + 6H^+ + 6e^- \Longrightarrow 2Sb + 3H_2O$	0.152
$Cr^{2+} + 2e^- \Longrightarrow Cr$	-0.913	$Cu^{2+} + e^- \Longrightarrow Cu^+$	0.153
$Ti^{3+} + e^- \Longrightarrow Ti^{2+}$	-0.9	$BiOCl + 2H^+ + 3e^- \Longrightarrow Bi + Cl^- + H_2O$	0.1583
$H_3BO_3 + 3H^+ + 3e^- \Longrightarrow B + 3H_2O$	-0.8698	$SO_4^{2-} + 4H^+ + 2e^- \Longrightarrow H_2SO_3 + H_2O$	0.172
① $TiO_2 + 4H^+ + 4e^- \Longrightarrow Ti + 2H_2O$	-0.86	$SbO^+ + 2H^+ + 3e^- \Longrightarrow Sb + H_2O$	0.212
$Te + 2H^+ + 2e^- \Longrightarrow H_2Te$	-0.793	$AgCl + e^- \Longrightarrow Ag + Cl^-$	0.22233
$Zn^{2+} + 2e^- \Longrightarrow Zn$	-0.7618	$HAsO_2 + 3H^+ + 3e^- \Longrightarrow As + 2H_2O$	0.248
$Ta_2O_5 + 10H^+ + 10e^- \Longrightarrow 2Ta + 5H_2O$	-0.750	$Hg_2Cl_2 + 2e^- \Longrightarrow 2Hg + 2Cl^-$(饱和 KCl)	0.26808
$Cr^{3+} + 3e^- \Longrightarrow Cr$	-0.744	$BiO^+ + 2H^+ + 3e^- \Longrightarrow Bi + H_2O$	0.320
$Nb_2O_5 + 10H^+ + 10e^- \Longrightarrow 2Nb + 5H_2O$	-0.644	$UO_2^{2+} + 4H^+ + 2e^- \Longrightarrow U^{4+} + 2H_2O$	0.327
$As + 3H^+ + 3e^- \Longrightarrow AsH_3$	-0.608	$2HCNO + 2H^+ + 2e^- \Longrightarrow (CN)_2 + 2H_2O$	0.330
$U^{4+} + e^- \Longrightarrow U^{3+}$	-0.607	$VO^{2+} + 2H^+ + e^- \Longrightarrow V^{3+} + H_2O$	0.337
$Ga^{3+} + 3e^- \Longrightarrow Ga$	-0.549	$Cu^{2+} + 2e^- \Longrightarrow Cu$	0.3419
$H_3PO_2 + H^+ + e^- \Longrightarrow P + 2H_2O$	-0.508	$[Fe(CN)_6]^{3-} + e^- \Longrightarrow [Fe(CN)_6]^{4-}$	0.358
$H_3PO_3 + 2H^+ + 2e^- \Longrightarrow H_3PO_2 + H_2O$	-0.499	$ReO_4^- + 8H^+ + 7e^- \Longrightarrow Re + 4H_2O$	0.368
① $2CO_2 + 2H^+ + 2e^- \Longrightarrow H_2C_2O_4$	-0.49	$Ag_2CrO_4 + 2e^- \Longrightarrow 2Ag + CrO_4^{2-}$	0.4470
$Fe^{2+} + 2e^- \Longrightarrow Fe$	-0.447	$H_2SO_3 + 4H^+ + 4e^- \Longrightarrow S + 3H_2O$	0.449
$Cr^{3+} + e^- \Longrightarrow Cr^{2+}$	-0.407	$Cu^+ + e^- \Longrightarrow Cu$	0.521
$Cd^{2+} + 2e^- \Longrightarrow Cd$	-0.4030	$I_2 + 2e^- \Longrightarrow 2I^-$	0.5355
$Se + 2H^+ + 2e^- \Longrightarrow H_2Se(aq)$	-0.399	$I_3^- + 2e^- \Longrightarrow 3I^-$	0.536
$PbI_2 + 2e^- \Longrightarrow Pb + 2I^-$	-0.365	$H_3AsO_4 + 2H^+ + 2e^- \Longrightarrow HAsO_2 + 2H_2O$	0.560
$Eu^{3+} + e^- \Longrightarrow Eu^{2+}$	-0.36	$Sb_2O_5 + 6H^+ + 4e^- \Longrightarrow 2SbO^+ + 3H_2O$	0.581
$PbSO_4 + 2e^- \Longrightarrow Pb + SO_4^{2-}$	-0.3588	$TeO_2 + 4H^+ + 4e^- \Longrightarrow Te + 2H_2O$	0.593

方　程　式	$E^{\ominus}/V$	方　程　式	$E^{\ominus}/V$
$UO_2^{+}+4H^{+}+e^{-}=\!=\!U^{4+}+2H_2O$	0.612	②$Cr_2O_7^{2-}+14H^{+}+6e^{-}=\!=\!2Cr^{3+}+7H_2O$	1.33
②$2HgCl_2+2e^{-}=\!=\!Hg_2Cl_2+2Cl^{-}$	0.63	$HBrO+H^{+}+2e^{-}=\!=\!Br^{-}+H_2O$	1.331
$[PtCl_6]^{2-}+2e^{-}=\!=\![PtCl_4]^{2-}+2Cl^{-}$	0.68	$HCrO_4^{-}+7H^{+}+3e^{-}=\!=\!Cr^{3+}+4H_2O$	1.350
$O_2+2H^{+}+2e^{-}=\!=\!H_2O_2$	0.695	$Cl_2(g)+2e^{-}=\!=\!2Cl^{-}$	1.35827
$[PtCl_4]^{2-}+2e^{-}=\!=\!Pt+4Cl^{-}$	0.755	$ClO_4^{-}+8H^{+}+8e^{-}=\!=\!Cl^{-}+4H_2O$	1.389
①$H_2SeO_3+4H^{+}+4e^{-}=\!=\!Se+3H_2O$	0.74	$ClO_4^{-}+8H^{+}+7e^{-}=\!=\!1/2Cl_2+4H_2O$	1.39
$Fe^{3+}+e^{-}=\!=\!Fe^{2+}$	0.771	$Au^{3+}+2e^{-}=\!=\!Au^{+}$	1.401
$Hg_2^{2+}+2e^{-}=\!=\!2Hg$	0.7973	$BrO_3^{-}+6H^{+}+6e^{-}=\!=\!Br^{-}+3H_2O$	1.423
$Ag^{+}+e^{-}=\!=\!Ag$	0.7996	$2HIO+2H^{+}+2e^{-}=\!=\!I_2+2H_2O$	1.439
$2NO_3^{-}+4H^{+}+2e^{-}=\!=\!N_2O_4+2H_2O$	0.803	$ClO_3^{-}+6H^{+}+6e^{-}=\!=\!Cl^{-}+3H_2O$	1.451
$OsO_4+8H^{+}+8e^{-}=\!=\!Os+4H_2O$	0.8	$PbO_2+4H^{+}+2e^{-}=\!=\!Pb^{2+}+2H_2O$	1.455
$Hg^{2+}+2e^{-}=\!=\!Hg$	0.851	$ClO_3^{-}+6H^{+}+5e^{-}=\!=\!1/2Cl_2+3H_2O$	1.47
$SiO_2(石英)+4H^{+}+4e^{-}=\!=\!Si+2H_2O$	0.857	$HClO+H^{+}+2e^{-}=\!=\!Cl^{-}+H_2O$	1.482
$Cu^{2+}+I^{-}+e^{-}=\!=\!CuI$	0.86	$BrO_3^{-}+6H^{+}+5e^{-}=\!=\!1/2Br_2+3H_2O$	1.482
$2HNO_2+4H^{+}+4e^{-}=\!=\!H_2N_2O_2+2H_2O$	0.86	$Au^{3+}+3e^{-}=\!=\!Au$	1.498
$2Hg^{2+}+2e^{-}=\!=\!Hg_2^{2+}$	0.920	$MnO_4^{-}+8H^{+}+5e^{-}=\!=\!Mn^{2+}+4H_2O$	1.507
$NO_3^{-}+3H^{+}+2e^{-}=\!=\!HNO_2+H_2O$	0.934	$Mn^{3+}+e^{-}=\!=\!Mn^{2+}$	1.5415
$Pd^{2+}+2e^{-}=\!=\!Pd$	0.951	$HClO_2+3H^{+}+4e^{-}=\!=\!Cl^{-}+2H_2O$	1.570
$NO_3^{-}+4H^{+}+3e^{-}=\!=\!NO+2H_2O$	0.957	$HBrO+H^{+}+e^{-}=\!=\!1/2Br_2(aq)+H_2O$	1.574
$HNO_2+H^{+}+e^{-}=\!=\!NO+H_2O$	0.983	$2NO+2H^{+}+2e^{-}=\!=\!N_2O+H_2O$	1.591
$HIO+H^{+}+2e^{-}=\!=\!I^{-}+H_2O$	0.987	$H_5IO_6+H^{+}+2e^{-}=\!=\!IO_3^{-}+3H_2O$	1.601
$VO_2^{+}+2H^{+}+e^{-}=\!=\!VO^{2+}+H_2O$	0.991	$HClO+H^{+}+e^{-}=\!=\!1/2Cl_2+H_2O$	1.611
$[AuCl_4]^{-}+3e^{-}=\!=\!Au+4Cl^{-}$	1.002	$HClO_2+2H^{+}+2e^{-}=\!=\!HClO+H_2O$	1.645
$V(OH)_4^{+}+2H^{+}+e^{-}=\!=\!VO^{2+}+3H_2O$	1.00	$NiO_2+4H^{+}+2e^{-}=\!=\!Ni^{2+}+2H_2O$	1.678
$H_6TeO_6+2H^{+}+2e^{-}=\!=\!TeO_2+4H_2O$	1.02	$MnO_4^{-}+4H^{+}+3e^{-}=\!=\!MnO_2+2H_2O$	1.679
$N_2O_4+4H^{+}+4e^{-}=\!=\!2NO+2H_2O$	1.035	$PbO_2+SO_4^{2-}+4H^{+}+2e^{-}=\!=\!PbSO_4+2H_2O$	1.6913
$N_2O_4+2H^{+}+2e^{-}=\!=\!2HNO_2$	1.065	$Au^{+}+e^{-}=\!=\!Au$	1.692
$IO_3^{-}+6H^{+}+6e^{-}=\!=\!I^{-}+3H_2O$	1.085	$Ce^{4+}+e^{-}=\!=\!Ce^{3+}$	1.72
$Br_2(aq)+2e^{-}=\!=\!2Br^{-}$	1.0873	$N_2O+2H^{+}+2e^{-}=\!=\!N_2+H_2O$	1.766
$Pt^{2+}+2e^{-}=\!=\!Pt$	1.18	$H_2O_2+2H^{+}+2e^{-}=\!=\!2H_2O$	1.776
$SeO_4^{2-}+4H^{+}+2e^{-}=\!=\!H_2SeO_3+H_2O$	1.151	$Co^{3+}+e^{-}=\!=\!Co^{2+}(2mol \cdot L^{-1}\ H_2SO_4)$	1.83
$ClO_3^{-}+2H^{+}+e^{-}=\!=\!ClO_2+H_2O$	1.152	$Ag^{2+}+e^{-}=\!=\!Ag^{+}$	1.980
$ClO_4^{-}+2H^{+}+2e^{-}=\!=\!ClO_3^{-}+H_2O$	1.189	$O_3+2H^{+}+2e^{-}=\!=\!O_2+H_2O$	2.076
$2IO_3^{-}+12H^{+}+10e^{-}=\!=\!I_2+6H_2O$	1.195	$S_2O_8^{2-}+2e^{-}=\!=\!2SO_4^{2-}$	2.010
$ClO_3^{-}+3H^{+}+2e^{-}=\!=\!HClO_2+H_2O$	1.214	$F_2O+2H^{+}+4e^{-}=\!=\!2F^{-}+H_2O$	2.153
$MnO_2+4H^{+}+2e^{-}=\!=\!Mn^{2+}+2H_2O$	1.224	$FeO_4^{2-}+8H^{+}+3e^{-}=\!=\!Fe^{3+}+4H_2O$	2.20
$O_2+4H^{+}+4e^{-}=\!=\!2H_2O$	1.229	$O(g)+2H^{+}+2e^{-}=\!=\!H_2O$	2.421
$Tl^{3+}+2e^{-}=\!=\!Tl^{+}$	1.252	$F_2+2e^{-}=\!=\!2F^{-}$	2.866
$ClO_2+H^{+}+e^{-}=\!=\!HClO_2$	1.277	$F_2+2H^{+}+2e^{-}=\!=\!2HF$	3.053
$2HNO_2+4H^{+}+4e^{-}=\!=\!N_2O+3H_2O$	1.297		

注：表中注解同附表10-2注解。

附表 10-2　在碱性溶液中

方　程　式	$E^{\ominus}/V$	方　程　式	$E^{\ominus}/V$
$Ca(OH)_2+2e^{-}=\!=\!Ca+2OH^{-}$	-3.02	$Fe(OH)_3+e^{-}=\!=\!Fe(OH)_2+OH^{-}$	-0.56
$Ba(OH)_2+2e^{-}=\!=\!Ba+2OH^{-}$	-2.99	$S+2e^{-}=\!=\!S^{2-}$	-0.47627
$La(OH)_3+3e^{-}=\!=\!La+3OH^{-}$	-2.90	$Bi_2O_3+3H_2O+6e^{-}=\!=\!2Bi+6OH^{-}$	-0.46
$Sr(OH)_2 \cdot 8H_2O+2e^{-}=\!=\!Sr+2OH^{-}+8H_2O$	-2.88	$NO_2^{-}+H_2O+e^{-}=\!=\!NO+2OH^{-}$	-0.46
$Mg(OH)_2+2e^{-}=\!=\!Mg+2OH^{-}$	-2.690	①$[Co(NH_3)_6]^{2+}+2e^{-}=\!=\!Co+6\ NH_3$	-0.422
$Be_2O_3^{2-}+3H_2O+4e^{-}=\!=\!2Be+6OH^{-}$	-2.63	$SeO_3^{2-}+3H_2O+4e^{-}=\!=\!Se+6OH^{-}$	-0.366

方　程　式	$E^{\ominus}/V$	方　程　式	$E^{\ominus}/V$
$HfO(OH)_2 + H_2O + 4e^- \Longrightarrow Hf + 4OH^-$	-2.50	$Cu_2O + H_2O + 2e^- \Longrightarrow Cu + 2OH^-$	-0.360
$H_2ZrO_3 + H_2O + 4e^- \Longrightarrow Zr + 4OH^-$	-2.36	$Tl(OH) + e^- \Longrightarrow Tl + OH^-$	-0.34
$H_2AlO_3^- + H_2O + 3e^- \Longrightarrow Al + 4OH^-$	-2.33	①$[Ag(CN)_2]^- + e^- = Ag + 2CN^-$	-0.31
$H_2PO_2^- + e^- \Longrightarrow P + 2OH^-$	-1.82	$Cu(OH)_2 + 2e^- \Longrightarrow Cu + 2OH^-$	-0.222
$H_2BO_3^- + H_2O + 3e^- \Longrightarrow B + 4OH^-$	-1.79	$CrO_4^{2-} + 4H_2O + 3e^- \Longrightarrow Cr(OH)_3 + 5OH^-$	-0.13
$HPO_3^{2-} + 2H_2O + 3e^- \Longrightarrow P + 5OH^-$	-1.71	①$[Cu(NH_3)_2]^+ + e^- \Longrightarrow Cu + 2NH_3$	-0.12
$SiO_3^{2-} + 3H_2O + 4e^- \Longrightarrow Si + 6OH^-$	-1.697	$O_2 + H_2O + 2e^- \Longrightarrow HO_2^- + OH^-$	-0.076
$HPO_3^{2-} + 2H_2O + 2e^- \Longrightarrow H_2PO_2^- + 3OH^-$	-1.65	$AgCN + e^- \Longrightarrow Ag + CN^-$	-0.017
$Mn(OH)_2 + 2e^- \Longrightarrow Mn + 2OH^-$	-1.56	$NO_3^- + H_2O + 2e^- \Longrightarrow NO_2^- + 2OH^-$	0.01
$Cr(OH)_3 + 3e^- \Longrightarrow Cr + 3OH^-$	-1.48	$SeO_4^{2-} + H_2O + 2e^- \Longrightarrow SeO_3^{2-} + 2OH^-$	0.05
①$[Zn(CN)_4]^{2-} + 2e^- \Longrightarrow Zn + 4CN^-$	-1.26	$Pd(OH)_2 + 2e^- \Longrightarrow Pd + 2OH^-$	0.07
$Zn(OH)_2 + 2e^- \Longrightarrow Zn + 2OH^-$	-1.249	$S_4O_6^{2-} + 2e^- \Longrightarrow 2S_2O_3^{2-}$	0.08
$H_2GaO_3^- + H_2O + 3e^- \Longrightarrow Ga + 4OH^-$	-1.219	$HgO + H_2O + 2e^- \Longrightarrow Hg + 2OH^-$	0.0977
$ZnO_2^{2-} + 2H_2O + 2e^- \Longrightarrow Zn + 4OH^-$	-1.215	$[Co(NH_3)_6]^{3+} + e^- \Longrightarrow [Co(NH_3)_6]^{2+}$	0.108
$CrO_2^- + 2H_2O + 3e^- \Longrightarrow Cr + 4OH^-$	-1.2	$Pt(OH)_2 + 2e^- \Longrightarrow Pt + 2OH^-$	0.14
$Te + 2e^- \Longrightarrow Te^{2-}$	-1.143	$Co(OH)_3 + e^- \Longrightarrow Co(OH)_2 + OH^-$	0.17
$PO_4^{3-} + 2H_2O + 2e^- \Longrightarrow HPO_3^{2-} + 3OH^-$	-1.05	$PbO_2 + H_2O + 2e^- \Longrightarrow PbO + 2OH^-$	0.247
①$[Zn(NH_3)_4]^{2+} + 2e^- \Longrightarrow Zn + 4NH_3$	-1.04	$IO_3^- + 3H_2O + 6e^- \Longrightarrow I^- + 6OH^-$	0.26
①$WO_4^{2-} + 4H_2O + 6e^- \Longrightarrow W + 8OH^-$	-1.01	$ClO_3^- + H_2O + 2e^- \Longrightarrow ClO_2^- + 2OH^-$	0.33
①$HGeO_3^- + 2H_2O + 4e^- \Longrightarrow Ge + 5OH^-$	-1.0	$Ag_2O + H_2O + 2e^- \Longrightarrow 2Ag + 2OH^-$	0.342
$[Sn(OH)_6]^{2-} + 2e^- \Longrightarrow HSnO_2^- + H_2O + 3OH^-$	-0.93	$[Fe(CN)_6]^{3-} + e^- \Longrightarrow [Fe(CN)_6]^{4-}$	0.358
$SO_4^{2-} + H_2O + 2e^- \Longrightarrow SO_3^{2-} + 2OH^-$	-0.93	$ClO_4^- + H_2O + 2e^- \Longrightarrow ClO_3^- + 2OH^-$	0.36
$Se + 2e^- \Longrightarrow Se^{2-}$	-0.924	①$[Ag(NH_3)_2]^+ + e^- \Longrightarrow Ag + 2NH_3$	0.373
$HSnO_2^- + H_2O + 2e^- \Longrightarrow Sn + 3OH^-$	-0.909	$O_2 + 2H_2O + 4e^- \Longrightarrow 4OH^-$	0.401
$P + 3H_2O + 3e^- \Longrightarrow PH_3(g) + 3OH^-$	-0.87	$IO^- + H_2O + 2e^- \Longrightarrow I^- + 2OH^-$	0.485
$2NO_3^- + 2H_2O + 2e^- \Longrightarrow N_2O_4 + 4OH^-$	-0.85	①$NiO_2 + 2H_2O + 2e^- \Longrightarrow Ni(OH)_2 + 2OH^-$	0.490
$2H_2O + 2e^- \Longrightarrow H_2 + 2OH^-$	-0.8277	$MnO_4^- + e^- \Longrightarrow MnO_4^{2-}$	0.558
$Cd(OH)_2 + 2e^- \Longrightarrow Cd(g) + 2OH^-$	-0.809	$MnO_4^- + 2H_2O + 3e^- \Longrightarrow MnO_2 + 4OH^-$	0.595
$Co(OH)_2 + 2e^- \Longrightarrow Co + 2OH^-$	-0.73	$MnO_4^{2-} + H_2O + 2e^- \Longrightarrow MnO_2 + 4OH^-$	0.60
$Ni(OH)_2 + 2e^- \Longrightarrow Ni + 2OH^-$	-0.72	$4AgO + 2H_2O + 4e^- \Longrightarrow 2Ag_2O + 4OH^-$	0.607
$AsO_4^{3-} + 2H_2O + 2e^- \Longrightarrow AsO_2^- + 4OH^-$	-0.71	$BrO_3^- + 3H_2O + 6e^- \Longrightarrow Br^- + 6OH^-$	0.61
$Ag_2S + 2e^- \Longrightarrow 2Ag + S^{2-}$	-0.691	$ClO_3^- + 3H_2O + 6e^- \Longrightarrow Cl^- + 6OH^-$	0.62
$AsO_2^- + 2H_2O + 3e^- \Longrightarrow As + 4OH^-$	-0.68	$ClO_2^- + H_2O + 2e^- \Longrightarrow ClO^- + 2OH^-$	0.66
$SbO_2^- + 2H_2O + 3e^- \Longrightarrow Sb + 4OH^-$	-0.66	$H_3IO_6^{2-} + 2e^- \Longrightarrow IO_3^- + 3OH^-$	0.7
①$ReO_4^- + 2H_2O + 3e^- \Longrightarrow ReO_2 + 4OH^-$	-0.59	$ClO_2^- + 2H_2O + 4e^- \Longrightarrow Cl^- + 4OH^-$	0.76
①$SbO_3^- + H_2O + 2e^- \Longrightarrow SbO_2^- + 2OH^-$	-0.59	$BrO^- + H_2O + 2e^- \Longrightarrow Br^- + 2OH^-$	0.761
$ReO_4^- + 4H_2O + 7e^- \Longrightarrow Re + 8OH^-$	-0.584	$ClO^- + H_2O + 2e^- \Longrightarrow Cl^- + 2OH^-$	0.841
①$2SO_3^{2-} + 3H_2O + 4e^- \Longrightarrow S_2O_3^{2-} + 6OH^-$	-0.58	①$ClO_2(g) + e^- \Longrightarrow ClO_2^-$	0.95
$TeO_3^{2-} + 3H_2O + 4e^- \Longrightarrow Te + 6OH^-$	-0.57	$O_3 + H_2O + 2e^- \Longrightarrow O_2 + 2OH^-$	1.24

① 摘自 J. A. Dean ed，Lange's Handbook of chemistry，B[th]. edition，1985。

注：摘自 David R. Lide，Handbook of chemistry and physics，8-25-8-30，78th. edition，1997-1998。

参 考 文 献

［1］ 大连理工大学无机化学教研室编．无机化学．第 5 版．北京：高等教育出版社，2006.
［2］ 杨秋华主编．无机化学实验．北京：高等教育出版社，2011.
［3］ 章文伟主编．综合化学实验．北京：高等教育出版社，2009.
［4］ 吴茂英，肖楚民主编．微型无机化学实验．北京：化学工业出版社，2006.
［5］ 刘翠格，杨述韬主编．无机和分析化学实验．北京：化学工业出版社，2010.
［6］ 邓建成主编．大学化学基础．北京：化学工业出版社，2003.
［7］ 王尊本主编．综合化学实验．北京：科学出版社，2003.
［8］ 北京师范大学无机化学教研室等编．无机化学实验．第 3 版．北京：高等教育出版社，2001.
［9］ 周宁怀主编．微型无机化学实验．北京：科学出版社，2000.
［10］ 吴泳主编．大学化学新体系实验．北京：科学出版社，1999.
［11］ 陈寿椿编．重要无机化学反应．第 3 版．上海：科学技术出版社，1994.

元素周期表

IUPAC 2013

氧化态(单质的氧化态为0,未列入;常见的为红色)

以 ¹²C=12 为基准的原子量
(注◆的是半衰期最长同位素的原子量)

图例说明:

95	— 原子序数
Am	— 元素符号(红色的为放射性元素)
镅	— 元素名称(注▲的为人造元素)
5f⁷7s²	— 价层电子构型
243.06138(2)◆	

氧化态: +2 +3 +4 +6

区分图例: s区元素　p区元素　ds区元素　d区元素　f区元素　稀有气体

电子层: K L M N O P Q

主表(族 / 周期)

周期1
- **1 H 氢** 1s¹ 1.008 (IA)　氧化态 -1 +1
- **2 He 氦** 1s² 4.002602(2) (ⅧA(0))

周期2
- **3 Li 锂** 2s¹ 6.94　(+1)
- **4 Be 铍** 2s² 9.0121831(5)　(+2)
- **5 B 硼** 2s²2p¹ 10.81　(+3)
- **6 C 碳** 2s²2p² 12.011　(-4 +2 +4)
- **7 N 氮** 2s²2p³ 14.007　(-3 +1 +2 +3 +4 +5)
- **8 O 氧** 2s²2p⁴ 15.999　(-2 -1)
- **9 F 氟** 2s²2p⁵ 18.998403163(6)
- **10 Ne 氖** 2s²2p⁶ 20.1797(6)

周期3
- **11 Na 钠** 3s¹ 22.98976928(2)　(+1)
- **12 Mg 镁** 3s² 24.305　(+2)
- **13 Al 铝** 3s²3p¹ 26.9815385(7)　(+3)
- **14 Si 硅** 3s²3p² 28.085　(-4 +4)
- **15 P 磷** 3s²3p³ 30.973761998(5)　(-3 +1 +3 +5)
- **16 S 硫** 3s²3p⁴ 32.06　(-2 +4 +6)
- **17 Cl 氯** 3s²3p⁵ 35.45　(-1 +1 +3 +5 +7)
- **18 Ar 氩** 3s²3p⁶ 39.948(1)

周期4
- **19 K 钾** 4s¹ 39.0983(1)　(+1)
- **20 Ca 钙** 4s² 40.078(4)　(+2)
- **21 Sc 钪** 3d¹4s² 44.955908(5)　(+3)
- **22 Ti 钛** 3d²4s² 47.867(1)　(-1 +2 +3 +4)
- **23 V 钒** 3d³4s² 50.9415(1)　(-1 +2 +3 +4 +5)
- **24 Cr 铬** 3d⁵4s¹ 51.9961(6)　(-2 +1 +2 +3 +6)
- **25 Mn 锰** 3d⁵4s² 54.938044(3)　(-3 +2 +3 +4 +6 +7)
- **26 Fe 铁** 3d⁶4s² 55.845(2)　(-2 +2 +3 +4 +6)
- **27 Co 钴** 3d⁷4s² 58.933194(4)　(-1 +2 +3 +4 +5)
- **28 Ni 镍** 3d⁸4s² 58.6934(4)　(0 +2 +4)
- **29 Cu 铜** 3d¹⁰4s¹ 63.546(3)　(+1 +2 +3)
- **30 Zn 锌** 3d¹⁰4s² 65.38(2)　(+2)
- **31 Ga 镓** 4s²4p¹ 69.723(1)　(+3)
- **32 Ge 锗** 4s²4p² 72.630(8)　(-4 +2 +4)
- **33 As 砷** 4s²4p³ 74.921595(6)　(-3 +3 +5)
- **34 Se 硒** 4s²4p⁴ 78.971(8)　(-2 +4 +6)
- **35 Br 溴** 4s²4p⁵ 79.904　(-1 +1 +3 +5 +7)
- **36 Kr 氪** 4s²4p⁶ 83.798(2)　(+2)

周期5
- **37 Rb 铷** 5s¹ 85.4678(3)　(+1)
- **38 Sr 锶** 5s² 87.62(1)　(+2)
- **39 Y 钇** 4d¹5s² 88.90584(2)　(+3)
- **40 Zr 锆** 4d²5s² 91.224(2)　(+2 +4)
- **41 Nb 铌** 4d⁴5s¹ 92.90637(2)　(+1 +2 +3 +4 +5)
- **42 Mo 钼** 4d⁵5s¹ 95.95(1)　(-2 +2 +3 +4 +5 +6)
- **43 Tc 锝** 4d⁵5s² 97.90721(3)◆　(-3 +2 +4 +5 +6 +7)
- **44 Ru 钌** 4d⁷5s¹ 101.07(2)◆　(-2 +2 +3 +4 +5 +6 +7 +8)
- **45 Rh 铑** 4d⁸5s¹ 102.90550(2)　(-1 +2 +3 +4 +5 +6)
- **46 Pd 钯** 4d¹⁰ 106.42(1)　(0 +2 +4)
- **47 Ag 银** 4d¹⁰5s¹ 107.8682(2)　(+1 +2 +3)
- **48 Cd 镉** 4d¹⁰5s² 112.414(4)　(+1 +2)
- **49 In 铟** 5s²5p¹ 114.818(1)　(+3)
- **50 Sn 锡** 5s²5p² 118.710(7)　(-4 +2 +4)
- **51 Sb 锑** 5s²5p³ 121.760(1)　(-3 +3 +5)
- **52 Te 碲** 5s²5p⁴ 127.60(3)　(-2 +4 +6)
- **53 I 碘** 5s²5p⁵ 126.90447(3)　(-1 +1 +3 +5 +7)
- **54 Xe 氙** 5s²5p⁶ 131.293(6)　(+2 +4 +6 +8)

周期6
- **55 Cs 铯** 6s¹ 132.90545196(6)　(+1)
- **56 Ba 钡** 6s² 137.327(7)　(+2)
- **57~71 La~Lu 镧系**
- **72 Hf 铪** 5d²6s² 178.49(2)　(+4)
- **73 Ta 钽** 5d³6s² 180.94788(2)　(+5)
- **74 W 钨** 5d⁴6s² 183.84(1)　(-2 +2 +3 +4 +5 +6)
- **75 Re 铼** 5d⁵6s² 186.207(1)　(-3 +2 +4 +5 +6 +7)
- **76 Os 锇** 5d⁶6s² 190.23(3)　(-2 +2 +3 +4 +5 +6 +7 +8)
- **77 Ir 铱** 5d⁷6s² 192.217(3)　(-3 +2 +3 +4 +5 +6)
- **78 Pt 铂** 5d⁹6s¹ 195.084(9)　(0 +2 +4)
- **79 Au 金** 5d¹⁰6s¹ 196.966569(5)　(-1 +2 +3 +5)
- **80 Hg 汞** 5d¹⁰6s² 200.592(3)　(+1 +2)
- **81 Tl 铊** 6s²6p¹ 204.38　(+1 +3)
- **82 Pb 铅** 6s²6p² 207.2(1)　(+2 +4)
- **83 Bi 铋** 6s²6p³ 208.98040(1)　(-3 +3 +5)
- **84 Po 钋** 6s²6p⁴ 208.98243(2)◆　(+2 +4 +6)
- **85 At 砹** 6s²6p⁵ 209.98715(5)◆　(-1 +1 +3 +5 +7)
- **86 Rn 氡** 6s²6p⁶ 222.01758(2)◆　(+2)

周期7
- **87 Fr 钫** 7s¹ 223.01974(2)◆　(+1)
- **88 Ra 镭** 7s² 226.02541(2)◆　(+2)
- **89~103 Ac~Lr 锕系**
- **104 Rf 𬬻▲** 6d²7s² 267.122(4)◆
- **105 Db 𬭊▲** 6d³7s² 270.131(4)◆
- **106 Sg 𬭳▲** 6d⁴7s² 269.129(3)◆
- **107 Bh 𬭛▲** 6d⁵7s² 270.133(2)◆
- **108 Hs 𬭶▲** 6d⁶7s² 270.134(2)◆
- **109 Mt 鿏▲** 6d⁷7s² 278.156(5)◆
- **110 Ds 𫟼▲** 281.165(4)◆
- **111 Rg 𬬭▲** 281.166(6)◆
- **112 Cn 鿔▲** 285.177(4)◆
- **113 Nh 鿭▲** 286.182(5)◆
- **114 Fl 𫓧▲** 289.190(4)◆
- **115 Mc 镆▲** 289.194(6)◆
- **116 Lv 𫟷▲** 293.204(4)◆
- **117 Ts 鿬▲** 293.208(6)◆
- **118 Og 鿫▲** 294.214(5)◆

镧系(★)

- **57 La 镧** 5d¹6s² 138.90547(7)　(+3)
- **58 Ce 铈** 4f¹5d¹6s² 140.116(1)　(+2 +3 +4)
- **59 Pr 镨** 4f³6s² 140.90766(2)　(+2 +3 +4)
- **60 Nd 钕** 4f⁴6s² 144.242(3)　(+2 +3 +4)
- **61 Pm 钷▲** 4f⁵6s² 144.91276(2)◆　(+3)
- **62 Sm 钐** 4f⁶6s² 150.36(2)　(+2 +3)
- **63 Eu 铕** 4f⁷6s² 151.964(1)　(+2 +3)
- **64 Gd 钆** 4f⁷5d¹6s² 157.25(3)　(+2 +3)
- **65 Tb 铽** 4f⁹6s² 158.92535(2)　(+3 +4)
- **66 Dy 镝** 4f¹⁰6s² 162.500(1)　(+2 +3 +4)
- **67 Ho 钬** 4f¹¹6s² 164.93033(2)　(+3)
- **68 Er 铒** 4f¹²6s² 167.259(3)　(+3)
- **69 Tm 铥** 4f¹³6s² 168.93422(2)　(+2 +3)
- **70 Yb 镱** 4f¹⁴6s² 173.045(10)　(+2 +3)
- **71 Lu 镥** 4f¹⁴5d¹6s² 174.9668(1)　(+3)

锕系(★)

- **89 Ac 锕** 6d¹7s² 227.02775(2)◆　(+3)
- **90 Th 钍** 6d²7s² 232.0377(4)　(+2 +3 +4)
- **91 Pa 镤** 5f²6d¹7s² 231.03588(2)　(+3 +4 +5)
- **92 U 铀** 5f³6d¹7s² 238.02891(3)　(+3 +4 +5 +6)
- **93 Np 镎** 5f⁴6d¹7s² 237.04817(2)◆　(+3 +4 +5 +6 +7)
- **94 Pu 钚** 5f⁶7s² 244.06421(4)◆　(+3 +4 +5 +6 +7)
- **95 Am 镅** 5f⁷7s² 243.06138(2)◆　(+2 +3 +4 +5 +6)
- **96 Cm 锔** 5f⁷6d¹7s² 247.07035(3)◆　(+3 +4)
- **97 Bk 锫** 5f⁹7s² 247.07031(4)◆　(+3 +4)
- **98 Cf 锎** 5f¹⁰7s² 251.07959(3)◆　(+2 +3 +4)
- **99 Es 锿** 5f¹¹7s² 252.0830(3)◆　(+2 +3)
- **100 Fm 镄▲** 5f¹²7s² 257.09511(5)◆　(+2 +3)
- **101 Md 钔▲** 5f¹³7s² 258.09843(3)◆　(+2 +3)
- **102 No 锘▲** 5f¹⁴7s² 259.1010(7)◆　(+2 +3)
- **103 Lr 铹▲** 5f¹⁴6d¹7s² 262.110(2)◆　(+3)